全国高等职业技术院校楼宇智能化专业教材

公共广播与会议系统应用技术

人力资源和社会保障部教材办公室组织编写

中国劳动社会保障出版社

图书在版编目(CIP)数据

公共广播与会议系统应用技术/人力资源和社会保障部教材办公室组织编写. —北京：中国劳动社会保障出版社，2013

全国高等职业技术院校楼宇智能化专业教材

ISBN 978-7-5167-0595-7

Ⅰ.①公… Ⅱ.①人… Ⅲ.①广播系统-技术-高等职业教育-教材②多媒体会议系统-技术-高等职业教育-教材 Ⅳ.①TN93②TN948.63

中国版本图书馆 CIP 数据核字(2013)第 267488 号

中国劳动社会保障出版社出版发行

(北京市惠新东街 1 号 邮政编码：100029)

*

北京北苑印刷有限责任公司印刷装订 新华书店经销

787 毫米×1092 毫米 16 开本 14 印张 306 千字

2014 年 4 月第 1 版 2014 年 4 月第 1 次印刷

定价：27.00 元

读者服务部电话:(010) 64929211/64921644/84643933

发行部电话:(010) 64961894

出版社网址：http://www.class.com.cn

简 介

本书为全国高等职业技术院校楼宇智能化专业教材，由人力资源和社会保障部教材办公室组织编写。

本书主要介绍了智能楼宇公共广播和会议系统的基本原理和各主要构成部分，并遵循行动导向理念，以学习任务的形式，引导学生完成公共广播系统的基础设计、安装与配置，以及有线会议系统和红外无线会议系统的连接与配置。书中每个项目都有明确的学习目标，每个任务均设有任务描述、基础知识、任务实施、拓展知识等栏目。

- “任务描述”是行动导向教学中信息收集阶段的前奏，可为信息收集工作指引方向。
- “基础知识”和“拓展知识”是信息收集阶段的主要参考，也是制定工作计划阶段和决定阶段的依据。其中“基础知识”包含完成工作任务的核心信息，“拓展知识”则是对前者的补充。
- “任务实施”对应行动导向教学中的实施阶段，是进行实际操作的蓝本。此外，学生可在操作前对照此处列出的实训步骤，分析自己所定工作计划的优缺点，从而加深对工艺的理解。

本书在介绍理论和技能的同时，还注重培养学生的职业规范意识和综合职业素质，旨在全面发展学生的职业能力，为其顺利进入工作岗位提供帮助。

本书由周赟山任主编，黄洪程、陈坚刚、周丽任副主编，钟叶军、周默、刘宇平、孙雄英、李健康、陆世伟参加编写，朱叶审稿。

目　录

前 导 知 识

一、公共广播系统简介

公共广播系统发展到现在已经有几十年的历史，基于现代办公生活的特点，现代化办公生活环境普遍设置公共广播系统。目前公共广播系统的应用主要包括背景音乐系统、业务广播系统、紧急事故广播系统三部分。

1. 背景音乐系统

背景音乐系统主要应用在公共区域，定时播出音乐或广播节目，可以创造舒适和谐的氛围。随着人们生活水平的不断提高、文化修养的不断提升和思想观念的不断更新，背景音乐系统的应用领域不断拓展，不再局限于军营、学校、公园、宾馆、酒店、餐厅、商场、医院等特定场所，已经广泛地应用于所有的现代化建筑和生活小区之中。

2. 业务广播系统

业务广播系统主要用于生产调度和现场管理，按照生产车间、办公室或楼层设置分区广播，在指定区域内进行针对性寻呼广播、新闻播报和定时广播，起到辅助管理的作用。

3. 紧急事故广播系统

在智能建筑设计中，紧急事故广播系统是作为消防自动控制系统的一个联动部分，而在实际施工中，它是作为广播系统的一个部分。在广播系统中，消防广播、紧急事故广播具有最高优先权，这些信号所到之处畅通无阻，无条件地切断相应区域内所有扬声器的其他广播和音控器，这些扬声器启动全功率工作模式，同时自动启动录制好的广播信息或人工播放紧急事故通知。

二、公共广播系统构成及原理

公共广播系统由节目源设备、信号放大和处理设备、传输线路以及扬声器四个部分组成，其构成原理如图 0—0—1 所示。

公共广播系统的控制设备采用单片机通过串行总线接口，发送或接收控制信号。MCS－51 系列单片机是最基础的一种，其串行发送或接收数据端口是 TXD 或 RXD。利用串行总线接口芯片 MAX1487 可构成一个完整的双线控制数据发送接收系统。

1. 公共广播系统控制设备的组成

采用串行总线接口的公共广播系统的控制设备由前端控制设备遥控传声器、分区控制译码器、分区控制扩展器和层译码器构成。

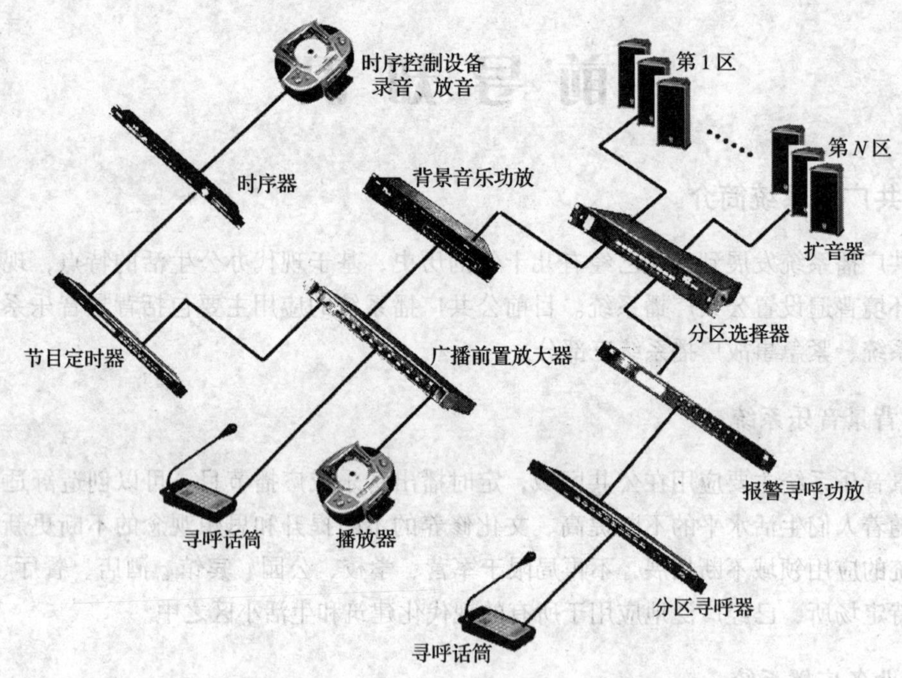

图0—0—1　公共广播系统构成原理图

2. 公共广播系统控制设备的工作原理

(1) 遥控传声器

遥控传声器由传声器、传声放大器、级联控制电路、MCS－51系列单片机和串行总线接口芯片MAX1487构成。分区控制输入由功能开关键、0～9共10个数字键以及4个功能键“全呼”“开/关”“输入”“讲话”组成。功能开关键主要用于消防紧急广播和普通呼叫广播的切换。当功能开关键拨到“消防”时，遥控传声器只能进行消防紧急广播。当功能开关键拨到“正常”时，遥控传声器只能进行呼叫广播。

使用分区呼叫广播时，须先按“开/关”键，通过数字键输入要广播的分区号，再按“讲话”键；使用全区呼叫广播时，须先按“开/关”键，再按“全呼”键；使用消防紧急广播时，须先按“开/关”键，再输入要广播的分区对应的数字键，按照消防报警的有关要求进行广播。控制信号通过串口发出。

(2) 分区控制译码器

分区控制译码器由串行总线接口芯片MAX1487、MCS－51系列单片机、控制锁存输出电路构成。分区控制译码器从串行总线上接收到控制信号后，自动区分是消防紧急广播模式控制信号还是呼叫广播模式控制信号，并将其译码输出到控制输出端。

(3) 分区控制扩展器

分区控制扩展器主要用来扩展分区范围，其电路原理与分区控制译码器相同，不同的是分区控制扩展器多了一个编码控制开关，用于设定要扩展的控制分区号范围，每台分区控制扩展器能够扩展16个分区。

（4）层译码器

层译码器由MCS－51系列单片机、编码开关、继电器切换电路构成。层译码器接收到串行总线上的控制信号，能够自动识别控制信号的种类，若接收到的控制信号与译码器有关，则继电器进行背景音乐广播、呼叫广播或紧急广播的电路切换动作。

三、会议系统概述

会议系统是指与会者聚集在一起，通过某种通信手段在专用的电子会议设备支持下举行的本地或异地会议。它是一种或多种语言的声场、视频图像的环境系统，不受时间与空间的限制。会议系统也是一种让本地或异地的与会者通过某种传输介质实现实时、可视、交互的多媒体通信技术。通过现有的高速电、光或无线传输媒体，将人物的动静态图像、语音、文字等多种信息分送到各个与会者的终端设备上，使得在会场上或者是在地理位置上分散的与会者都可以共同主讲、聆听或讨论，通过图形、声音、文字等多种方式交流信息，方便了与会者对内容的理解，使异地的与会者犹如参加本地会场一样身临其境。

会议的发展历史可追溯到远古时期的部落氏族，当时的会场中根本没有现代会议系统中的任何电气设备。会议形式是把大家召集到一个空旷的地方共同讨论一些重要的事情。这种形式的会议历经原始社会、奴隶社会、封建社会，占据了人类发展的多个历史时期。随着近代工业革命的发展，特别是现代电子科技的进步，电子设备技术有了突破性的发展，采用会议设备的新的会议形式逐步取代了过去的模式，会议系统进入了崭新的阶段。在现代会议系统中，电子设备在会议系统的沟通和表达中发挥了重要作用。

1. 会议系统的特点

现代会议系统与传统会议系统比较，各自特点更加清晰。传统会议系统一般是采用麦克风和喇叭、音箱、音柱等扬声器组织会议，这种模式一直持续了很长时间。据科研机构统计，在人类的交流过程中，有效信息的55%～60%来自于视觉感官，33%～38%来自于听觉感官，只有7%依赖于内容，所以，仅有声音的表现远远不能满足现代会议的要求。现代会议要求简洁明快地表达主题，生动清晰地展示形象，多种手段控制现场环境。现代会议系统是采用中央控制设备的智能化多媒体会议系统，高质量的音频信号、高清晰的视频动态画面、静态图像以及实物资料，准确无误的数据表达及一套智能化的实用高效的中央控制系统，可以方便实现所有自动控制操作。现代会议系统不但组织状态有序，而且运行模式高效。本书后面如无特别指明，所有会议系统都是指现代会议系统。现代会议系统具有以下特点：

（1）集成化设计使会议室中的所有多媒体设备有机地统一在中央控制设备下，增加了主持人对整个会议的控制度，明显地提高了效率。

（2）专业化的数字会议系统保证会议和谐有序地进行。

（3）运用触摸屏技术，控制繁多设备变得简便、快捷。

(4) 科技化、智能化的集成技术充分体现了现代会议的高品位。

(5) 规范化、系统化的会议配置有助于提高单位形象。

(6) 数字会议网络及同声传译系统能够保证传送稳定、纯正的音频信号。

(7) 应用电子化会议签到和投票表决，更加便于快速准确地统计。

(8) 实现即时多语种同声传译功能。

(9) 使用多媒体周边设备，包括各种视频、音频信号的输入输出设备，多媒体电教设备及现场环境的最终实施设备，极大地丰富了会议系统的表现力。

2. 会议系统的分类

在会议系统几十年的发展中，各种类型的系统相继出现，其划分方法也有多种。会议系统按照传输介质划分，可以分为有线会议系统、无线会议系统和有线无线综合会议系统三种类型；会议系统按照会议规模、功能、设备配置、信息流类型、会场地域范围、安装形式和通信传输网络的结构等也有多种分类方法。

(1) 按会议规模分类

按照会议规模大小可分为大、中、小型三类会议系统。

1) 大型会议系统。大型会议系统主要应用场所是高档会议厅和大型多功能厅，其功能主要是举行大型会议、论坛、技术交流、培训、新闻发布和文艺演出等。大型会议系统要求扩声系统性能达到“语言扩声一级标准”，具有智能控制管理和切换功能，支持多点视频会议和远程会议功能。配备数字音频、视频多媒体设备及同声传译系统、红外无线旁听系统等。

在视频设计方面，主要选择大屏幕投影设备、等离子显示器或者 LCD 液晶显示器，对会议实况进行实时记录和监控。

在环境控制方面，设置可自动调整控制的灯光系统，配备具有电动升降功能的投影机、液晶屏，可遥控的电动幕布、电动窗帘、电控门等电动装置。

2) 中型会议系统。主要应用场所是中型会议室和多功能厅，其功能以会议为主，具备表决、同声传译、红外旁听、远程会议等功能和高保真音响效果，支持多点视频会议。

3) 小型会议系统。主要应用场所是小型会议室，其功能以小型会议为主，支持多点视频、电话会议，具备多种数字会议系统功能。

(2) 按功能分类

会议系统按会议功能划分为三个系统：会议讨论系统、会议表决系统、会议同声传译系统。

1) 会议讨论系统。会议讨论系统是主持人和与会者在各自的座位上使用传声器发言，利用扬声器分散扩声或集中扩声，达到相互交流目的的数字控制系统。系统一般设置主持人具有“优先权”的控制功能，主持人利用优先权功能可以控制与会者扬声器的打开或关闭，控制发言次序，调整会场氛围。系统可选择手动控制、半自动控制和自动控制三种方式。系统具有录音和扩声输出功能。

2）会议表决系统。会议表决系统由中心数据控制与处理系统和若干表决终端组成。表决终端至少设有“同意”“反对”“弃权”三种可供选择的按钮。中心控制设备供主持人启动表决程序和设置表决记录方式，并将表决结果反馈给与会者。

3）会议同声传译系统。同声传译是指基本同步的翻译，也称即时翻译。同声传译系统是在不同语种的会议环境中，将发言者的语言同时由译员译出传给听众的系统。翻译方式分为直接翻译和二次翻译。译语传输方式可以采用有线、无线两种方式，无线方式又可分为感应无线和红外无线两种。

（3）按设备配置分类

会议系统按设备配置可分为电视电话会议系统和计算机会议系统。

1）电视电话会议系统。电视电话会议系统是一种用于会议用途的电视电话系统，传送的主要是视、音频信号，也可以用传真机和资料摄像机等辅助设备传送会议文件。电视电话会议终端一般安装在专用会议室内，用于大型会议。在会议室中配置了专用的高质量硬件和软件、大屏幕显示器以及音响系统。系统通常使用专用的宽带通信信道，传输的模拟信号能为与会者提供接近广播级的视频通信质量，因而视频效果好。这种系统主要用于有固定地点和时间的大型会议。

2）计算机会议系统。计算机会议系统是以计算机为终端的会议系统。计算机会议系统的特点是：把会议系统的视频音频编解码器和通信接口集成到计算机中，使用计算机对会议进行有效的控制和管理；使用公共通信网络进行通信；利用计算机可以随时参加远程会议，与他人讨论问题，与会者交互性强，可实现应用程序和工作空间的共享。计算机会议又可分为异步会议和同步会议。在异步会议中，会议用户不必同时处于激活状态，可通过公告板、电子邮件方式召开通信会议；在同步会议中，所有用户同时处于激活状态，他们通过实时的视频、音频或数据消息进行交流。

（4）按信息流类型分类

会议系统按信息流类型可分为音频图形会议系统、视频会议系统和数据会议系统。

1）音频图形会议系统。音频图形会议系统主要利用语音进行多方交流，并辅以传真机等通信设备传送图形文件。这是一种早期的会议系统形式。

2）视频会议系统。视频会议系统是利用数字视频压缩技术，在会议中使用视频信息流的系统，这类系统又称为视听会议。在视频会议中，与会者不仅能够听到发言者的声音，而且能够看到其他人的面部表情和手势。

3）数据会议系统。数据会议系统是利用计算机系统集成多种媒体的信息流，在窄带通信网络上交换数据信息的会议系统。在会议终端计算机上运行的是支持会议系统的用户应用程序。作为协同工作的支撑工具，数据会议系统支持用户应用程序共享，提供会议讨论的电子白板和文字交谈程序。数据会议可以采用同步或异步形式。

（5）按会场地域范围分类

会议系统按会场地域范围可分为本地会议系统和远程会议系统。本地会议系统是指在本地同一个会议室的系统。远程会议系统是指由异地会议点组成，通过远程通信传输通道和传输设备完成会议信息传输的系统。

(6) 按安装形式分类

会议系统按安装形式可分为固定式、半固定式和移动式三种。

固定式是指会议系统设备和线缆的安装布置是固定的，一般指本地会议系统。

半固定式是指会议系统的某些大型设备（如扩声功放、大屏幕投影等）安装在会议室的固定位置，其他设备可以采用移动终端的会议系统。

移动式是指所有会议系统设备都采用可插拔、可移动形式的会议系统。

(7) 按通信传输网络的结构分类

支持会议系统的通信网络有很多种，各种通信网络各有特性，因此，在不同通信网络上，会议系统的设计、部署和功能各不相同。根据结构的不同，通信传输网络可分为通用电话网络（PSTN，即公共业务电话网）、综合业务数字网（ISDN）、有线电视网（CATV）、以太网（Ethernet）、数字数据网（DDN）、卫星通信网（VSAT）等。

四、会议系统的发展历程

随着国内经济和信息技术高速发展，我国社会民主化决策进程也得到快速发展。人们对会议的效率和质量的要求愈来愈高，简单的会议扩声系统已经不能满足时代的要求。综合了高清视频、高保真音频、高速计算机网络、计算机软硬件的智能化多媒体会议系统取代传统会议系统是会议系统发展的必然趋势。

会议系统的发展经历了从模拟信号到数字信号传输和处理技术的发展过程。简单归纳为三代：第一代会议系统采用全模拟技术；第二代会议系统在原有模拟技术的基础上，引入了数字控制技术，形成“模拟音频传输 + 数字控制技术”模式；第三代则采用全数字技术，即“数字音频传输 + 数字控制技术”模式。其中，第二代和第三代的会议系统由于应用了数字技术，系统的智能化水平明显提高，所以也称为数字会议系统或智能会议系统。

1. 全模拟会议系统

第一代会议系统音频信号调制与传输都采用模拟技术，这时的会议系统一般不传输视频信号，也不能处理数字信号。全模拟会议系统结构和功能都比较简单，控制部分只有一个开关键，主讲者只需按动开关即可发言，系统中没有智能化的中央控制器，也没有复杂的控制功能。这种会议系统主要适用于小型会议室。

2. 模拟数字混合会议系统

第二代会议系统在保留音频模拟传输的基础上，引入数字控制技术，实现了发言管理、投票表决、会议签到、同声传译和视像跟踪等多项管理控制功能。由于采用数字控制技术，第二代会议系统的智能化水平明显提高，系统的功能也日益强大，这些改进大大提高了会议的效率。但由于系统中音频传输仍使用模拟方式，易受到外界设备和线路信号的干扰。

在线缆布放中，会议单元信号线必须与其他强电设备线路（如灯光、动力电缆线，电视摄像线缆，音箱线缆等）拉开距离单独布放，避免模拟音频信号在传输过程中因受到干扰而失真，影响信号质量。此外，模拟音频信号电平衰减程度随传输距离的增加而增加，因此，模拟音频信号在超过 50 m 距离传输时存在音质变差问题；模拟音频传输的每一路语音都需要专门的音频传输线，在布线中需要铺设大量音频线缆，这样增大了狭小空间布线的难度。为了获得较好的听觉效果，需加装混音器设备，从而增加了系统操作控制的复杂程度。

会议系统作为特殊的专用电子系统，无论采用全模拟还是模拟数字混合模式，最重要的是声音采集和还原功能，能够清晰且高保真地播放发言人的声音，因此，会议系统设备应能够稳定清晰地传送和播放声音，并有效地消除干扰、杂音、失真、串音的影响。模拟音频传输难以完全解决上述问题，所以，全数字化会议系统取代全模拟和模拟数字混合会议系统是会议系统发展的必然。

3. 全数字会议系统

第三代会议系统是全数字会议系统，系统中的音频信号和控制信号都以数字信号的方式进行传输和处理。其核心技术是多通道数字音频传输技术，即通过采用模/数（A/D）和数/模（D/A）转换技术，将会议设备采集到的音频信号进行数字化处理，并将数字信号编码后在通信线路上传输，实现在一条物理线路上同时传输多路音频信号。

第三代会议系统从根本上解决了音频信号模拟传输存在的设备干扰、失真串音、长距离传输信号衰减等问题，音频信号传输和处理的数字化，使系统抗干扰能力显著增强，可以长距离、无损耗、低噪声地传输会议音频信号，系统效率和保真度显著提高。同时，会议系统设备之间更易于使用标准接口连接，有利于在各类型会议室、大型会议场馆、体育场馆等多种场合广泛应用。

4. 全数字会议系统的特点

与第一代和第二代会议系统相比，第三代全数字会议系统具有以下几个显著特点：

（1）系统采用模块化结构，具有良好的扩充性。将数字会议单元以“手拉手”的方式连接起来，组成多种形式和功能的会议系统。在已建立起来的系统中可以加入更多的会议单元而不会造成失真和衰减。

（2）中央控制器与会议单元之间的通信采用数字通信方式，会议信息不易被外界截获，并能有效防止外界对会议设备进行的非法操作。

（3）一条电缆可传输多达 64 路高质量音频信号和各种数据信息，有效避免采用复杂的多芯电缆，大大方便了施工布线，增强了系统的可靠性。

5. 全数字会议系统的产品

目前已有多家国内外公司研发了第三代全数字会议技术，并推出了相关产品。比较有代表性的国外公司有德国博世、德国贝拉和丹麦 DIS。在国内企业中，北京飞利信科技股份有限公司自主研发的 PRSMBus（流媒体实时总线）技术是具有代表性的第三代全数字会议技术。

基于第三代全数字会议技术，会议系统的功能以及可靠性和安全性均获得大幅度提升，与用户业务的融合度也进一步加深，从原来仅应用于会议室的孤立电子系统，逐渐发展成为用户整体业务信息系统的重要一环。

五、会议系统的发展趋势

1. 智能化的会议系统成为市场需求的主流

随着客户对会议功能和效率的期望越来越高，以及信息控制技术的成熟与广泛应用，会议系统的主要功能已实现了从人工到电子智能化的跨越，会议系统已从最初的模拟系统发展到现在的全数字会议系统，通过集中的控制器，配合会议需要，对话筒、音响、灯光、投影等设备进行便捷管理，实现对会场各类设备的智能化控制；通过统一的软件系统，实现对会议流程、信息发布、会务信息的统一管理，已成为客户需求的主流。

2. 现场会议系统和远程视频会议系统的融合度将进一步提高

为节省差旅时间和成本，未来将有更多的会议是在多个地点同时召开，因此远程视频会议系统成了客户的重要选择之一。近年来，随着我国通信基础设施的日益完备，原来制约远程视频会议系统发展的通信带宽瓶颈得以突破，远程视频会议系统获得了快速的发展。

人类是一种社会化动物，面对面的讨论交流仍然是最有效率和最为可靠的沟通方式，远程视频会议系统的发展，并没有限制和阻碍现场会议系统的发展。一方面，未来将会有更多的现场会议系统通过增加网络通信模块，将会议的参与范围延伸至外地，拓展会议系统的市场空间；另一方面，在召开远程视频会议时，客户也希望尽可能地仿真现场会议的声场和视觉效果，满足人们面对面交流的愿望，从而对会议系统的产品和技术提出了更高的要求。因此，现场会议系统和远程视频会议系统之间高度融合，是未来现代会议系统的必然趋势。

3. 会议系统的技术发展趋势在于数字化控制与传输

现代会议需要高质量的音频信号、视频画面和实物资料，需要各种性能良好的会议设备，以及能够兼容多种设备并提供高效控制功能的会议控制系统。随着大规模、超大规模集成电路投入使用的数字时代的到来，数字会议系统因为其高保真度的语音、高清晰度的图像受到使用者的青睐，会议系统由模拟时代过渡到全面数字化时代。

技术的发展趋势以用户需求为导向，要更好地满足用户对会议系统的智能化、集成化、仿真化、自动化、多媒体化等需求，就必须发展数字化的音视频数据流处理技术。

六、视频会议系统的标准

视频会议系统主要由视音频会议终端、多点控制器、信道及控制软件组成。

视音频会议终端的主要功能是完成视频信号的采集、编辑处理及显示输出，音频信号的采集、编辑处理及输出，视音频数字信号的压缩编码和解码，最后将符合国际标准的压缩码流经线路接口送到信道，或从信道上将标准压缩码流经线路接口送到终端中。

多点控制器是多点会议的汇接中心，实现音频和视频的混合与切换以及会议共享数据的交换，接收和发送各种通信控制信息，同步输入比特流与导频时钟，同步控制和指示信号，处理信令通道，控制远端摄像机工作，定义帧结构、呼叫规程、加密标准，传送管理密钥等。

信道又被称为通道或频道，是信号在通信系统中传输的通道，由信号从发射端传输到接收端所经过的传输媒质所构成。

控制软件是接收输入设备的控制命令，通过计算机程序控制受控设备按照控制者意图运行。

在20世纪80年代，国际电信联盟（ITU）专门成立了一个小组研究视频会议并建立了一系列建议和标准，其中最著名的是H.320系列标准和T.120系列标准。H系列的标准是专门针对交互式电视会议业务制定的，而T系列的标准是针对其他媒体的管理功能做出规定，两种协议结合使多媒体会议通信更加完善。

1994年以Intel为首的90多家计算机公司和通信公司联合制定了一个个人会议标准PCS（Personal Conferecing Specification）。

1. H.320系列标准

H.320系列标准支持ISDN、E1、T1，带宽从64 kbps到2 Mbps，几乎所有的会议系统厂家都支持，甚至许多LAN会议系统的产品也支持H.320标准。

H.320标准包括视频、音频的压缩和解压缩，以及静止图像、多点会议、加密等方面。

H.320标准可分为通用系统、音频、多点会议、加密、数据传送五个部分。目前包括15个标准，简述如下：

（1）H.221定义了视听服务中64～1 290 kbps信道的帧结构，后又增加了多点会议及加密内容。

（2）H.230传递帧同步控制和指示信号，负责处理基于H.320的编解码器（CODEC）设备之间传送的控制信息。

（3）H.242描述了在带宽高至2 Mbps的数字信道上，会议电视终端之间建立通信和设置呼叫的规程，定义了基于H.320设备之间传送压缩视频和音频信号的协议。

（4）H.261 Px 64 kbps是音频视频业务的视频编码解码器标准，采取中间格式兼容不同电视制式间的差异，是一种有运动补偿的帧间预测编码+变换编码（ZDDCT）+量化+可变长编码+传输缓存器控制的混合编码方式。视频编码器按照图像内容进行帧内/帧间判决和处理。

（5）G.711 64 kbps PCM（Pulse Code Modulation）电话质量（3.5 kHz）语音压缩标准。

（6）G.722 48/56/64 kbps ADPCM（Adaptive Differential Pulse Code Modulation）高保真

质量（7 kHz）语音压缩标准。

（7）G. 728 16 kbps LD－CELP 语音压缩标准。

（8）H. 231 定义了多点控制单元及如何连接 3 个或更多基于 H. 320 的 CODEC 设备。

（9）H. 243 主要处理多个终端之间建立通信的过程，它定义了 H. 320 CODEC 与 MCU 之间控制过程。

（10）H. 244 是使用 H. 221 LSD/HSD/MCP 信道的远端摄像机控制协议。

（11）H. 281 是远端摄像机控制协议，指示采用数据链路协议。

（12）H. 233 提供 H. 320 设备加密标准。

（13）H. 234 确定了如何在不同点之间传送密钥管理标准。

（14）H. 263 低速率通信的视频编码解码器。

（15）G. 723 5. 3 kbps 和 6. 3 kbps 多媒体通信的双速率语音编码，将改名 G. 723. 1。

2. T. 120 系列标准

T. 120 系列标准是由国际电信联盟 ITU－T 制定的，用于计算机多媒体会议环境的多点数据应用服务的标准。它包括一系列支持实时和多点数据通信的通信协议、应用协议和服务协议。通过 T. 120 系列标准可以实现计算机数据会议中的文件传输及各种多用户的数据应用，包括电子白板、应用程序共享、文件传输等。

T. 120 系列建议适用于许多不同类型的网络，如 PSTN、ISDN、CSDN、PSDN、B－ISDN、LAN 等，可以使得在不同网络上的会议终端无缝连接。T. 120 系列标准可以支持一个或多个同时进行的会议，一个会议终端可以同时参加多个会议。

T. 120 系列标准是一个层次性的协议族。T. 120 协议族可以包含在 H 系列协议框架之中，也可以独立出来专门支持数据会议。

在 T. 120 的分层结构中可以分成两大部分：底层核心通信架构和高层应用协议。

底层核心通信架构包括 T. 123 多媒体会议特殊数据网络协议栈（Network Specific Data Protocol Stack for Multimedia Conferencing）、T. 122 声音图像和声音视觉会议服务定义多点通信服务（Multipoint Communication Service for Audiographic and Audiovisual Conferencing Service Definition）、T. 125 多点通信服务协议特点（Multipoint Communication Service Protocol Specification）和 T. 124 通用会议控制（Generic Conferencing Control），它们在会议和群组工作环境中提供多点数据通信服务机制，是 T. 120 系列协议的基础。

高层应用协议包括 T. 126 多点静态图像和标注协议（Multipoint Still Image and Annotation Protocol）和 T. 127 多点二进制文件传输协议（Multipoint Binary File Transfer Protocol），它们定义了数据会议具体应用的方法和协议标准。

（1）T. 121 通用应用模板（GAT）：T. 121 提供了一个用于 T. 120 资源管理的模板，开发者必须根据规定来建立应用程序的协议。如果使用的是标准应用，则必须使用 T. 121 标准；如果是非标准应用，则不强求使用 T. 121 标准，但也建议采用 T. 121 标准。

（2）T. 122/T. 125 多点通信服务（MCS）：T. 122 定义了多点通信服务，T. 125 声明了

数据的传输协议。它们共同构成了 MCS – T. 120 数据会议多点“引擎”功能的主要部分。MCS 依赖于 T. 123 提供的数据传输服务。MCS 是解决各种多点应用设计需求的有力工具，它是对复杂多点通信机制的一个抽象总结。因此，很好地了解 MCS 是开发数据会议应用系统的关键。

（3）T. 123 多媒体会议特殊数据网络协议栈：T. 123 期望下层能够提供可靠的协议数据单元（Protocol Data Units，PDU）传输，并对数据进行分片和序列化操作。所以，由 T. 123 分别声明了在 PSTN、ISDN、CSDN、PSDN、LAN 等网络上传输。T. 123 为多点通信服务（MCS）层提供了一个统一的 OSI 传输界面和服务。

（4）T. 124 通用会议控制（GCC）：通用会议控制为上层应用提供了能建立和管理多点会议的一套完整的会议管理功能，它最重要的职责是管理会议中所有节点和应用的信息。通过 GCC 提供的服务可以明显地感觉到电子会议的功能。GCC 的核心是一个关于各种会议状态的信息库。通过 GCC 提供的机制，应用程序创建会议、加入会议或邀请他人参加会议。GCC 还提供了会议的安全性控制机制等其他功能。

（5）T. 126 多点静态图像存储和注释协议（MSIAP）：T. 126 定义了用于浏览和标注两个应用之间传输静态图像的应用协议。T. 126 的一个优点就是支持不同平台上应用系统之间方便地进行可视化信息共享。应用终端在一个共享可视空间上工作，每个空间可以包括一个对象集合，存储位图和注释。

（6）T. 127 多点二进制文件传输（MBFT）：T. 127 提供了在会议进行中多端点应用程序之间进行二进制文件传输的功能。文件可以传输给会议中所有的参加者或是其中的一部分，甚至是其中的一个参加者。多个文件传输操作可以同时进行，并可以指定优先级，这个优先级对应了传输层中不同速率的传输通道。T. 127 还提供了数据发送前的压缩功能。

3. PCS 标准

由于基于微机的桌面会议系统日益增多，由 Intel、AT&T、Lotus、HP、DEC 等 96 个计算机公司和通信公司联合成立了一个个人会议工作组，简称 PCWG（Personal Conferencing Work Group）。该工作组于 1994 年制定了一个适合于任何网络（数字、模拟、LAN 或 WAN）的个人会议标准 PCS。

PCS 标准的目的是基于文本的会议可以在各种操作系统、硬件平台和传输媒体中操作。与 H. 320 不同，PCS 是专为个人计算机设计的，并与各种个人计算机标准兼容，其中包括 TAPI 和 TSAPI 两种电话 API、Intel 公司的 Intel Indeo Video 编程和解码，以及 Microsoft 公司的 DVI 图形/图像标准接口。

在本书中，现代会议系统、全数字化会议系统、智能会议系统、多媒体会议系统、视频会议系统等均统一简称为会议系统。

项目一　公共广播系统的安装与配置

学习目标

全面了解公共广播系统和IP网络公共广播系统的概念、功能、分类、用途、特点、系统组成和网络拓扑。全面掌握有关公共广播系统和IP网络公共广播系统的多项技能：①能够进行公共广播系统设计，正确选择系统供声方案，合理布局室内扬声器位置；②正确选用广播扬声器设备，在常见的五种不同环境下灵活选用广播扬声器设备；③正确选用广播功放设备，掌握广播功放设备容量的计算方法，根据规范要求选用合适的功放设备；④能够根据公共广播系统的分区规则，确定哪些区域需分布广播、哪些区域需暂停广播、哪些区域需插入紧急广播；⑤能够正确安装IP网络公共广播系统软件；⑥能够正确完成IP网络公共广播系统服务器软件配置与使用；⑦能够正确完成IP网络公共广播系统工作站软件配置与使用；⑧能够利用工具软件制作MP3节目；⑨能够根据IP网络公共广播系统网络拓扑结构图，进行硬件系统安装。

任务一　公共广播系统的设计

任务描述

以本校教学楼为案例，完成如下任务：

1. 公共广播系统的设计
2. 广播扬声器的选用
3. 广播功放的选用
4. 公共广播系统控制的分区

基础知识

1. 公共广播系统概述

公共广播系统（Public Address System，PAS）是由单位自行管理，在单位范围内对公共区域进行背景音乐广播、业务广播和紧急广播的声音广播系统。公共广播系统广泛用于学校、公园、车站、军营、机场、宾馆、商厦、医院、商场、超市、高档住宅小区和各类大厦，提供背景音乐和广播节目。近年来，公共广播系统与消防报警中心结合，利用消防短路信号来触发播放消防报警声音，因此又兼作紧急广播使用。

公共广播系统是扩声音响系统的一个分支，扩声音响系统综合了电声、建声和乐声

三种学科。公共广播系统的最佳效果需具备合理正确的电声系统设计和调试，良好的建声条件和声音传播环境，以及精确的现场调音三个方面，三者有效结合，相辅相成，缺一不可。

在进行公共广播系统设计时，首先需选择性能良好的电声设备，其次要进行周密的系统设计和仔细的系统调试，最后营造良好的建声环境布局，从而达到悦耳自然的音响效果。

2. 公共广播系统的功能

公共广播系统离不开性能良好的电声设备、周密细致的系统设计和系统调试、良好的建声环境布局这三项条件。以背景音乐（Back Ground Music，BGM）为例，其主要作用是掩盖噪声并创造一种轻松和谐的气氛。若不专心听，很难辨别其声源位置，音量较小和乐声舒缓。因此，背景音乐的效果有两个：一是掩盖环境噪声；二是创造与室内环境相适应的气氛。其广泛应用于宾馆、酒店、餐厅、商场、医院、办公楼等场所。

3. 公共广播系统的分类与用途

公共广播系统从技术应用上主要分为模拟广播和数字广播。其中，传统模拟信号的AM、FM无线调幅调频广播和电视广播属于模拟广播。IP网络广播系统是数字广播，它是目前功能最完善、扩展性最强、施工最方便的公共广播系统。

数字广播是指各种音频信号、视频信号经过数字化后，在数字状态下进行各种编码、调制、传输等过程的广播。数字广播是一项有别于传统的AM、FM的广播技术，它通过地面发射站发射数字信号来达到广播以及数据资讯传输目的。

随着技术的发展，数字广播除了传统意义上仅传输音频信号外，还可以传送包括音频、视频、数据、文字、图形等在内的多媒体信号。

目前，数字广播已经进入了数字多媒体广播的时代，受众可通过手机、计算机、便携式电子接收终端、车载电子接收终端等多种接收装置，收听收看到丰富多彩的数字多媒体节目。

利用数字广播技术，提供非实时的推送式广播服务，是近年来出现的新的趋势，IP广播和IP电视带给广大用户全新的体验，为数字广播技术的推广拓展了一片全新的天地。

公共广播系统按用途分为室外广播系统、室内广播系统、公共广播系统和会议系统四类。

(1) 室外广播系统

室外广播系统主要用于体育场、车站、公园、艺术广场、音乐喷泉、高档住宅区等。它的特点是：①服务区域面积大，空间宽广；②背景噪声大；③声音传播以直达声为主；④要求声压级（Sound Pressure Level）高。周围的高楼大厦都是声波反射物体，如果扬声器布局不合理，声波经多次反射形成超过50 ms以上的延迟，就会引起双重声或多重声，严重时会出现回声问题，影响声音的清晰度和声响定位。此外，室外广播系统的音响效果还受气候条件、风向和环境干扰等因素影响。

（2）室内广播系统

室内广播系统是应用最广泛的公共广播系统，广泛应用于各类影剧院、歌舞厅、电教室、会议厅等。它的特点是专业性强，音质要求高。系统设计时要考虑电声技术和建筑声学问题，一些房间的房型因素对音质有较大影响。

（3）公共广播系统

公共广播系统应用范围较广，能够为宾馆、商厦、港口、机场、地铁、学校等提供业务宣传、时事政策广播、播送背景音乐、广播寻呼，以及火灾事故和突发事件的紧急广播。公共广播系统的特点是：①控制功能较多，如有分区广播、全呼广播、强制功能切换和优先广播权等功能；②扬声器负载多而分散，传输线路长；③声压要求不高，音质多以中音和中高音为主。

（4）会议系统

随着国内、国际交流的增多，近年来电话会议、电视会议和数字化会议系统发展很快。会议系统广泛用于会议中心、宾馆、企业集团和政府机关，包括会议讨论系统、表决系统、同声传译系统和电视会议系统等。会议系统要求音频、视频（图像）系统同步，全部采用计算机控制并储存会议资料。

4. 公共广播音响系统的组成

（1）公共广播音响系统包含扩声系统和放声系统两大部分。

1）扩声系统。扬声器与话筒处于同一声场内，存在声反馈和房间共振引起的啸叫、失真和振荡现象。要保证系统稳定和正常运行，最高可用的系统增益比发生声反馈自激的临界增益低 6 dB。

2）放声系统。系统中只有磁带机、光盘机等声源，没有话筒，不存在声反馈，声反馈系数为 0，这是广播系统一个特例。

（2）公共广播音响系统设备包括节目源设备、信号放大与处理设备、传输线路和扬声器系统四个部分。

1）节目源设备。节目源设备通常有无线电广播、激光唱机、录音卡座、传声器、电子乐器等设备。

2）信号放大与处理设备。包括均衡器、前置放大器、功率放大器和各种控制器以及音响加工设备等。这些设备的首要任务是信号放大，其次是信号选择。调音台与前置放大器的作用和地位相似，其基本功能是完成信号的选择和前置放大，此外，还担负音量调整和音响效果控制功能。

3）传输线路。传输线路简单，不同传输方式对应不同的传输线路。由于功率放大器与扬声器的距离较近，一般采用低阻抗大电流的直接馈送方式，传输线要求使用专用喇叭线；由于公共广播系统服务区域广，距离长，为了减少传输线路引起的损耗，往往采用高压传输方式。

4）扬声器系统。扬声器系统要求与整个系统匹配，同时，其位置的选择也要切合实际。礼堂、剧场、歌舞厅等对音色要求高，扬声器一般用大功率音箱；而公共广播系统对音色要求不高，一般用3～6 W的天花喇叭即可。

5. 公共广播系统设计

公共广播系统设计通常都从声场（扬声器的放置位置）开始，然后再向后推进到功率放大器、声处理系统、调音台，直至话筒和其他音源设备。这种逐步向后推进的逆向设计步骤是十分合理的。因为声场设计是满足系统功能和音响效果的基础，它涉及扬声器系统的选型、供声方案和信号途径等。只有确定扬声器系统，才能进行功率放大器驱动功率的计算和驱动信号途径的确定，然后再根据驱动功率的分配方案，进一步确定信号处理方案和调音台的选型等。

声场设计是公共广播系统设计的基础，涉及系统最终的音响效果，是非常复杂烦琐的工作。由于计算机技术的飞跃发展，可采用声学工具软件进行计算，最终获得满足预期要求的声场设计报告。声场设计过程可能需要反复多次才能达到要求。图1—1—1是声场设计的流程图。

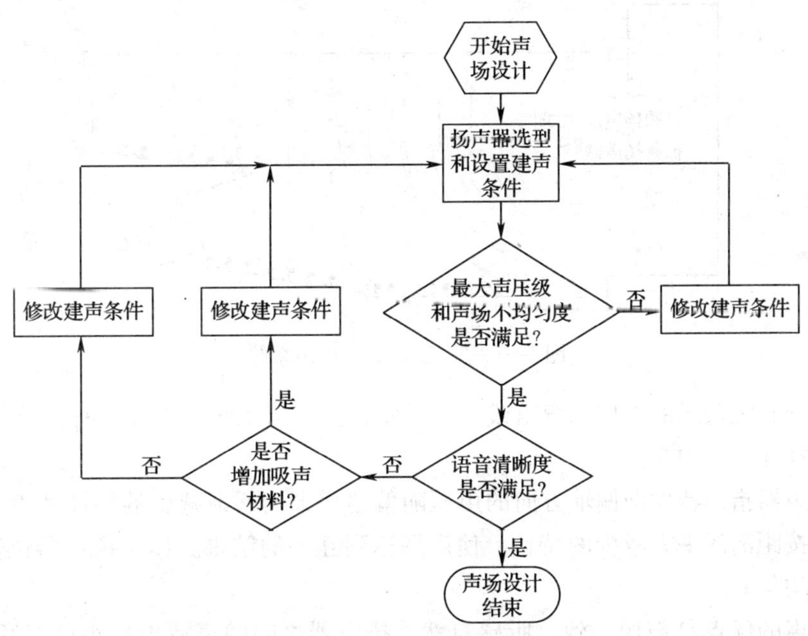

图1—1—1　声场设计流程图

（1）广播系统供声方案

根据建筑物的功能、空间高度及布局等因素，可分为集中供声、分散供声和分区供声三种供声方案。良好的公共广播工程应能有效地控制扬声器的声场分布，满足投射距离的声压级要求。

1）集中供声。集中供声是把一组扬声器集中安装在一个固定位置上的供声系统。对于剧场的舞台或多功能厅，扬声器组通常安装在靠近自然声源的舞台台口上方，如图 1—1—2 所示。

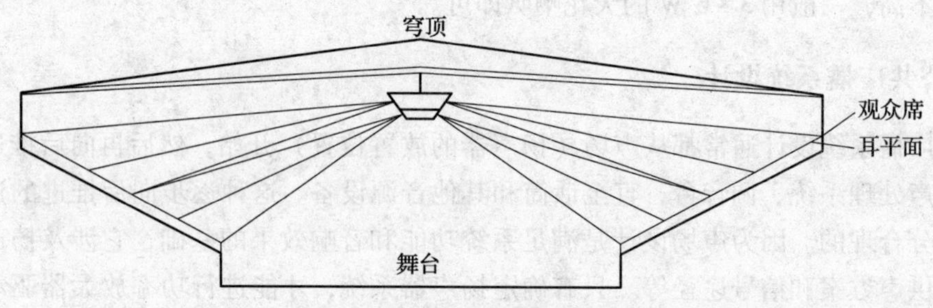

图 1—1—2　大型厅堂集中供声系统

由于声音来自舞台方向，与观众的视听方向一致，听感自然。为使全部观众区声场均匀，扬声器应置于较高的位置。为克服前几排观众区“头顶感”声像，可在台口两侧或台唇部位设置若干小功率辅助扬声器，利用哈斯效应解决前区观众声像一致的问题，如图 1—1—3 所示。

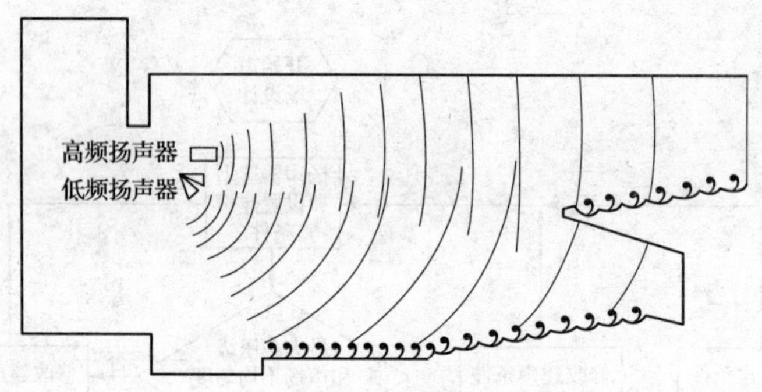

图 1—1—3　剧场集中供声系统

对四面均有观众区的大型体育馆或大型厅堂，扬声器系统通常以一种“声塔”形式的阵列组合吊挂在大厅中央。

利用扬声器指向特性即偏轴方向的声压随偏角增大而逐渐减少的特性和声压级随投射距离的增加按距离的平方减少的特性，使声场达到互补的结果。如果扬声器位置得当，可使声场更为均匀。

集中供声的优点是声像一致，听感自然；扬声器之间的声波干扰小；声音清晰度高。缺点是对于形状复杂，又有多层楼厅和眺台的厅堂，声场不易做到均匀；对于狭长的厅堂，由于投射距离远，后部观众区的声压级可能会偏低。为此，利用强指向性的远投射扬声器增强后部观众区的声压级，以及在眺台下面的声影区适当增设几个补声扬声器，增加这部分区域的直达声和声压级，抑制混响声的影响，提高声音的清晰度。

2）分散供声。对于无法采用集中供声的大型或狭长空间且高度低于 6 m 以及空间结构可分为几部分的大厅，对于难以获得较好语言清晰度的混响时间较长的大型礼堂，宜采用分散供声。

分散供声有两种形式：一种是以天花板安装扬声器为供声单元的分散供声系统；另一种是以功率为 25 ~ 60 W 小功率声柱或音箱为供声单元的分散供声系统。

分散供声系统能获得均匀的声场，是由于扬声器与听众之间的距离很近，可保持较高的直达声与混响声的声能比，在混响时间较长的条件下也能获得较高的清晰度，并且不容易发生回声问题。

吊顶天花板扬声器大都是口径为 130 ~ 160 mm（5 ~ 6.5 in）的 3 ~ 6 W 中频纸盆扬声器，最大声压级为 90 ~ 93 dB（1 m），适合播放语言节目，高音与低音性能较差。

天花板扬声器的布局设计应根据服务区域的建筑结构、空间、环境噪声和扬声器的最大声压级等参数综合考虑。图 1—1—4 是扬声器的放射角 $\alpha = 90°$ 的圆锥形服务区的计算图。单个天花板扬声器的声场覆盖面积 S_1 为：

$$S_1 = 0.785[2(H - 1.5)\tan\alpha]^2 \quad (1—1—1)$$

当 $\alpha = 90°$ 时，式（1—1—1）可简化为：

$$S_1 = 0.785[2(H - 1.5)]^2$$

如果需要覆盖的面积为 S，按 80% 的覆盖分布，需要的扬声器总数量 N 为：

$$N = S/S_1 \quad (1—1—2)$$

式中　S——声场覆盖的总面积，m^2；

S_1——单个扬声器的声场覆盖面积，m^2；

H——天花板离地面的高度，m。

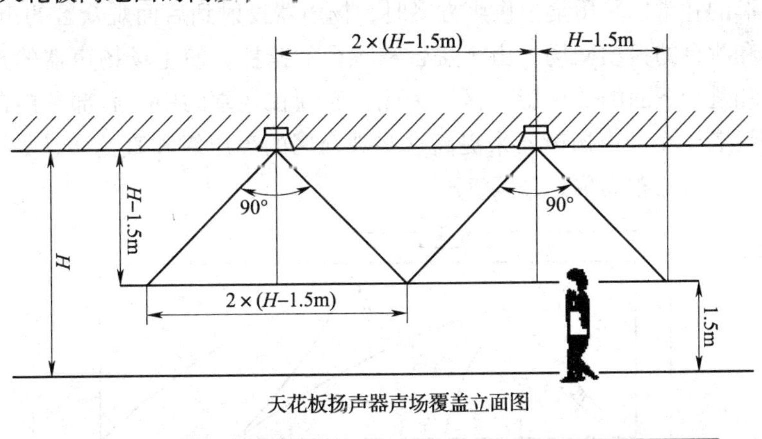

天花板扬声器声场覆盖立面图

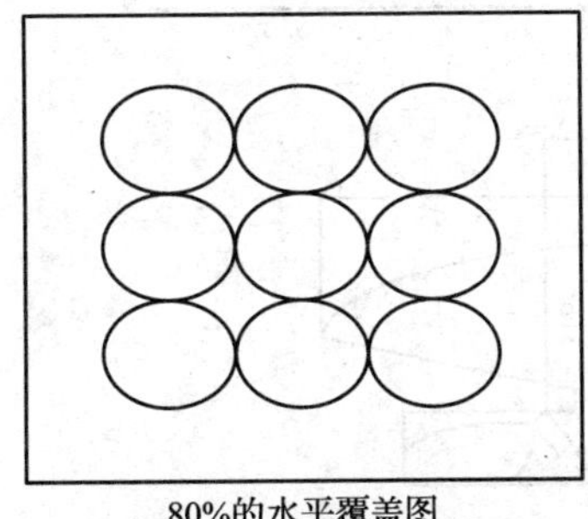

80%的水平覆盖图

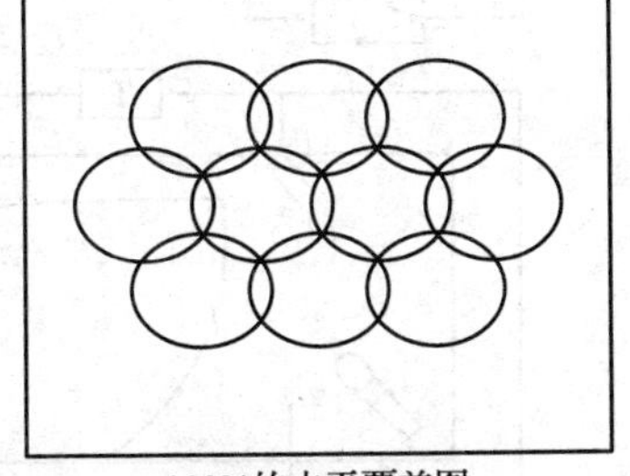

100%的水平覆盖图

图 1—1—4　天花板扬声器分散供声系统

扬声器功率增加一倍，声压级提高 3 dB，反之降低；测试距离增加一倍，声压级降低 6 dB，反之提高。

小功率天花板扬声器常用于空间高度 H 不大于 4 m 的会场或公共场所。例如，在一个高度 $H=4$ m、环境噪声为 45 dB 的会场采用天花板扬声器提供分散供声时，可选用灵敏度为 86 dB/mW、额定功率为 3 W 的天花板扬声器。为使听众能获得良好的清晰度，要求听众处的直达声声压级高于 25 dB，那就要求扬声器的最低声压级超过 45 dB + 25 dB = 70 dB。

扬声器发出的声音到达某点的声压级数值 = 扬声器的灵敏度 + 10 lg（扬声器的输入功率）−20 lg（听音位置到扬声器的距离）。

扬声器发出的声音到达人耳的声压级为 86 dB + 10lg3 − 20lg2.5 = 86 dB + 4.8 dB − 8 dB = 82.8 dB，高于环境噪声声压级 82.8 dB − 45 dB = 37.8 dB，远大于 25 dB，因此可满足良好清晰度要求，如图 1—1—4 所示。也可计算出天花板扬声器之间的间隔距离为：2 ×（H − 1.5 m）= 5 m。

为了前后各扬声器的声音能够同时到达各听众位置，还需要对主声扬声器发出的声音进行时差补偿，在距离较近的扬声器通道上设置延时单元，以期获得清晰一致的声音效果。

分散供声的最大优点是声场均匀，直达声与混响声的声能比高；它的最大缺点是视听感觉不一致和多声源之间的声音干扰较大，影响声音清晰度。采用小功率高密度低声压分散供声，可在混响时间较长的特大型会场中获得较好的声音效果。

3）分区供声

对于狭长形的礼堂，采用集中供声方案时，扬声器投射到后面观众区的声压级会偏低；具有较深楼台和眺台的大型剧场，由于楼台和眺台的遮挡，使主场扬声器的直达声无法抵达，造成楼台和眺台下面的“声影”区。为此，必须在礼堂的中、后部及楼台下面的“声影”区内，布设若干个补声扬声器来提高这些观众区的声压级和直达声，如图 1—1—5 所示。这种补声扬声器的布局称为分区供声。

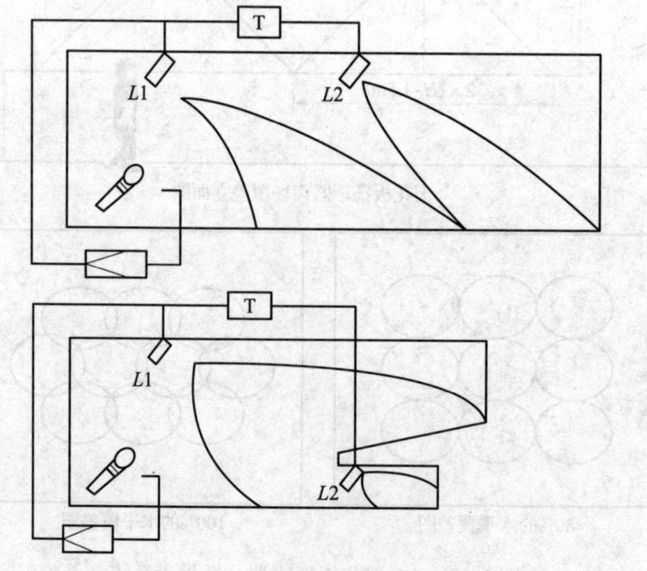

图 1—1—5　室内分区扬声器系统

在分区供声系统中，由于主扬声器与补声扬声器之间的距离较大，两个声源到达听众位置的相对延时较大，如果不经延时处理，到达中、后部观众区的声音会产生两重声效果，影响这部分观众区的声音清晰度。为防止这种现象发生，可在补声扬声器的信号通道中插入一个延时单元，使两组扬声器的声音能够同时到达听众区。为保证声像定位效果，要求补声扬声器的声压级低于主扬声器的声压级。

分区供声的扬声器系统如果设计和调试不当，很容易产生声波干扰，影响系统的清晰度。

集中供声、分散供声和分区供声三种供声方案各有优缺点，必须具体情况具体分析，在实际应用中坚持统一规划、灵活运用的原则。为保证系统声像感觉一致，音质清晰自然，应优先考虑集中供声方案。

（2）室内扬声器的布置

室内扬声器系统布置得合理与否，直接关系到整个系统的音响效果，扬声器的布置一般应遵循以下原则：

1）使听众区的声场尽可能达到均匀一致。

2）视听方向一致，声音听感自然。

3）有利于克服声反馈，提高传声增益。

4）扬声器的覆盖角应能覆盖全部听众。

5）听众区的声压级应能满足总技术条件要求。

6）各扬声器发出的声音到达听众区各点的时间差应小于 5 ~ 30 ms。

7）便于安装、调试和维护。

6. 公共广播系统设计中必须考虑的几个技术参数

公共广播系统设计中必须考虑传声增益、声音清晰度、最大声压级三个技术参数。

（1）传声增益

传声增益是扩声系统达到最高可用增益（临界增益减去 6 dB 增益余量）时，在指定的各听众位置上测得的平均声压级与话筒处声压级的 dB 数差值。

另一个声反馈物理量是声音增益，它是指扩声系统打开并增大到最高可用增益时，在指定的各听众位置上测得的平均声压级（dB）减去系统关闭时在相同听众位置上测得的平均声压级（dB）的差值。

传声增益与声音增益表达同一个声反馈物理现象，它们的区别仅在于测量方法的不同和表达方法不同而已。声音增益的概念明确，容易理解，用来说明观众区使用扩声系统与不使用扩声系统相比可获得提高的声压级数值。但在实际测量中，如果测量点离原始声源较远，环境噪声又较大时，很难准确测出系统关闭时声源到达测量点的声压级。传声增益表示观众区的平均声压级与话筒处声压级的差值（dB），如果我们知道了话筒处的声压，那么马上就可算出观众区的平均声压级了。例如，通常演讲人的嘴巴离话筒 0.5 m 时，话筒处的声压级约为 70 dB，如果系统的传声增益为 -6 dB，那么可求得观众区的平均声压级为 70 dB - 6 dB = 64 dB，如果还要提高观众区的声压级，则可把话筒靠近讲话人的嘴巴。

如果讲话人与话筒的距离从 0.5 m 减小到 0.125 m，那么话筒处的声压级可提高到 82 dB，也就是说距离缩短 4 倍，声压级提高了 12 dB。此时观众区的平均声压级也可提高到 82 dB − 6 dB = 76 dB。注意：声音增益是 + dB 数值；传声增益则是 − dB 数值。

从上面的分析可以得出如下结论：

1）声音增益或传声增益不依赖讲话人的声压级。

2）缩短讲话人与话筒之间的距离，可有效提高话筒处的声压级。

3）增加话筒和扬声器之间的距离，可增加声音增益。

4）利用强指向性和指向性优良的扬声器系统可提高传声增益。

（2）声音清晰度

声音清晰度是扩声系统的重要技术指标。声音清晰度是评价系统可懂度的一种方法。影响声音清晰度的主要因素有以下三个方面：

1）声压级。良好的声音清晰度要求声音声压级大于背景噪声声压级 25 dB。如果这个比例在 10 ~ 15 dB 时，清晰度指标会相应降低，但还是在允许范围。背景噪声来源于室内外的环境噪声、空调通风噪声和人群发出的噪声等。

2）混响时间。声源停止发声后，声音还继续一段时间的现象叫作混响，这段持续时间叫作混响时间。混响时间的长短是音乐厅、剧院、礼堂等建筑物的重要声学特性。

对于讲演厅，混响时间不能太长。我们正常语速讲话，每秒钟发出 2 ~ 3 个单字，假定发出两个单字“梦想”，设想混响时间是 3 s，那么，在发出“梦”字的声音之后，虽然声强逐渐减弱，但还要持续一段时间（3 s），在发出“想”字的声音的时刻，“梦”字的声强还相当大。因而两个单字的声音混在一起，什么也听不清楚了。但是，混响时间也不能太短，太短则响度不够，也听不清楚。因此需要选择一个最佳混响时间。

不同用途的厅堂，最佳混响时间也不相同。一般来说，音乐厅和剧场的最佳混响时间比讲演厅要长些，而且因情况不同而不同。轻音乐要求节奏鲜明，混响时间要短些；交响乐的混响时间可以长些。难以听懂的剧种如昆曲之类，混响时间一长，就更难听懂；节奏较慢而偏于抒情的剧种，混响时间则可以长些。总之，要有一定的恰当的混响时间，才能把演奏和演唱的感情色彩表现出来，收到应有的艺术效果。

3）直达声与混响声。当声源向空间辐射声波时，该声波存在的区域称为声场。如果声波传播时不受阻碍和干扰，这样的声场称为自由声场。

在室内，声源辐射的声波传播到界面上时，部分声能被吸收，部分被反射。通常要经过多次反射后，声能密度才减弱到可以被忽略的程度。当声源连续稳定地辐射声波时，空间各点的声能是来自各方向声波叠加的结果。其中，未经反射而直接由声源传播到某点的声波称为直达声；一次和多次反射声波的叠加称为混响声。

室内声场由直达声和混响声合成，能有效降低或消除混响声，有助于获得清晰的声音，在房间天花板和墙壁上安装吸声材料就能达到目的。

（3）最大声压级

最大声压级（Maximum Sound Pressure Level）是扩声系统完成调试后，在观众席内各测

量点可能产生的稳态最大有效值总声压级的平均值。扩声系统在最高可用增益状态下，馈入扬声器系统的电压相当于设计使用功率（或扬声器额定功率）的电压值，在系统要求的频率范围内，求出各测量点上测出的各个 1/3 倍频程带内的声压级的平均值，然后再加上 6 dB 的信号峰值因子，就可得到最大声压级。

7. 广播扬声器选用

原则上应视环境差异选用不同品种规格的广播扬声器。

（1）在有天花板吊顶的室内，宜用嵌入式无后罩的天花板扬声器。这类扬声器结构简单，价格便宜，便于施工。主要缺点是没有后罩，易被昆虫、鼠类齿咬。

在仅有框架吊顶而无吊顶天花板的室内，如开架式商场，宜用吊装式球形音箱或有后罩的天花板扬声器。由于天花板相当于一块无限大的障板，所以，在有天花板的条件下，使用无后罩的扬声器也不会引起声音短路①；而没有天花板时情况就大不相同，如果仍用无后罩的天花板扬声器，效果会很差。这时，原则上应使用吊装音箱。但若考虑投资大，可改用有后罩天花板扬声器。天花板扬声器的后罩不仅有一般的机械防护作用，而且在一定程度上起到防止扬声器声音短路的作用。

（2）在无吊顶的室内，例如地下停车场，则宜选用壁挂式扬声器或室内音柱。

（3）在室外，宜选用室外音柱或号角。这类音柱和号角不仅要有防雨功能，而且要求音量大，音质也比较讲究。由于室外环境空旷，没有混响效应，宜选择音量较大的品种。在园林草地，宜选用草地音箱。这类音箱不仅防雨，而且造型优美多样。

（4）在装修讲究、顶棚高阔的厅堂，宜选用造型优雅、色调和谐的吊装式扬声器。

8. 广播功放选用

广播功放最主要的特征是具有 70 V 和 100 V 恒压输出端子。这是由于广播线路通常都相当长，须用高压传输才能减小线路损耗。

广播功放的最重要指标是额定输出功率。应选用多大的额定输出功率，须视广播扬声器的总功率而定。对于广播系统来说，只要广播扬声器的总功率小于或等于功放的额定功率，而且电压参数相同，即可随意配接，但考虑到线路损耗、老化等因素，应适当留有功率余量。

9. 公共广播系统控制分区

一个公共广播系统通常划分成若干个区域，由管理人员或预编程序决定哪些区域需分布广播、哪些区域需暂停广播、哪些区域需插入紧急广播。

分区方案原则上取决于客户的需要，通常可参考下列原则：

（1）大厦通常以楼层分区；商场、游乐场通常以部门分区；运动场通常以看台分区；住宅小区、度假村通常按物业管理分区。

---

① 扬声器短路是指扬声器的声音被强大的扬声器后空间吸收而未达听众。

(2) 管理部门与公众场所宜分别设区。

(3) 重要部门或广播扬声器音量有必要由现场人员任意调节的应单独设区。

总之，分区是为了便于管理。凡是需要分别对待的部分，都应分割不同的区。每一个区内，广播扬声器的总功率不能太大，要同该分区内功放的容量相适应。若每一个区的功率容量为500 V·A，总共有10个分区，要求10个分区的功率总容量不应超过1 000 V·A，则10个区满负荷运行，平均每个区功率容量不应超过100 V·A。

任务实施

1. 访问后勤、教务、学生管理等部门，了解学校对教学楼公共广播系统的功能要求并填写表1—1—1。

表1—1—1　　客户（学校）需求表

项目名称	内　容
需求描述	（教学楼公共广播系统的需求阐述）
解决思路描述	（教学楼公共广播系统解决思路描述）

2. 实地勘察本校教学楼内部环境，重点是普通教室和阶梯教室。

3. 根据建筑物的功能、空间高度及布局等因素，确定广播系统供声方案。

4. 分析各教室及走廊听众区的声场，确定传声增益、声音清晰度、最大声压级等参数，从而决定室内扬声器的布置。扬声器的布置应保持教室视听方向一致，使扬声器的覆盖角、声音到达听众区各点的时间差符合设计原则和学校要求，并便于扬声器安装调试和维护。

5. 根据各教室和走廊的环境差异，确定各处扬声器的品种、规格和颜色。

6. 根据扬声器的总功率确定广播功放的额定输出功率，从而决定选用广播功放的品种和规格。

7. 根据教学楼各区域功能的不同，划分控制区域，使每一分区内广播扬声器的总功率，同该分区内功放的容量相适应。

总结评价

1. 主题讨论

通过本次任务，完成了公共广播系统设计、广播扬声器的选用、广播功放的选用和公

共广播系统的分区划分。请各个小组讨论并回答下列问题：

（1）广播系统有几种供声方案？各有什么优缺点？

（2）广播扬声器选用分几种情况？各种情况的具体内容是什么？

（3）广播功放选用应考虑哪些因素？功放设备的容量如何确定？

（4）公共广播系统的分区原则是什么？一个公共广播系统的分区是唯一的吗？为什么？

2. 填写实训评价表

为了检验本次任务的学习实践效果，考查对公共广播系统的概念、分类、用途、特点、音响系统的组成等基本知识和系统设计（三种供声方案）、室内扬声器布置、重要参数的计算方法的掌握情况，根据实训表现和实训效果，结合口试成绩，以分值的方式进行总结评价并填写评价表1—1—2，给出本任务完成情况的实训成绩。

表1—1—2　　公共广播系统学习评价表

能力	评价项目		配分（总分100）	自我评价	同学评价	教师评价
职业能力	理论	准确理解公共广播系统的概念	5			
		准确理解公共广播系统的特点	5			
		准确理解公共广播系统的分类与用途	10			
		准确理解公共广播音响系统的组成	5			
	实践	能正确记录实验室设备的名称及型号	5			
		能根据实际情况正确设计供声方案	10			
		能正确连接公共广播系统设备	10			
		能正确布置室内扬声器	10			
		能正确计算重要技术参数	10			
		能正确选用扬声器和功放设备	5			
		能正确进行公共广播系统的分区规划	5			
		现场整理与设备移交（其中，未切断总电源扣2分，未移交扣1分，未清理扣1分，清理不干净扣1分）	5			
通用能力	观察能力		5			
	动手能力		5			
	自我提高能力		5			
自我评价			综合评分	自己签名：		

续表

能力	评价项目	配分（总分100）	自我评价	同学评价	教师评价
小组评价		综合评分	组长签名：		
教师评价		综合评分	教师签名：		

任务二　IP 网络公共广播系统的安装与配置

任务描述

1. IP 网络公共广播系统软件安装
2. IP 网络公共广播系统服务器软件配置
3. IP 网络公共广播系统服务器软件使用
4. IP 网络公共广播系统工作站软件配置与使用
5. MP3 节目制作
6. 硬件系统安装

基础知识

1. IP 网络公共广播系统简介

IP 网络公共广播系统采用 TCP/IP 网络技术，将音频信号以 IP 数据包的协议形式在局域网和广域网上进行传送，解决了传统广播系统存在的传输距离短、音质不佳、维护管理困难、控制复杂、互动性差等问题。

IP 网络公共广播系统能够进行复杂的控制，可控制每个终端播放不同的声音；不仅能够完全实现传统广播系统的基本功能，如定时广播、分区播放、广播寻呼等基本功能，而且还具备音频自由点播、远程安排节目播放等功能。

IP 网络公共广播系统可以运行在单网关小型局域网、多网关局域网和 Internet 互联网上，音频传输距离可无限延伸，支持大范围广播应用。适合异地多分部企业实现集中广播，进行快速可靠的信息沟通。

IP 网络公共广播系统是数字化广播，在音质方面实现了飞跃，达到 CD 级别，每个发音都清晰可辨，适合于日常外语听力训练，也适合在中考、高考、大学英语、四六级听力等音质要求较高的教学中应用。

2. IP 网络公共广播系统的功能特点

（1）涵盖传统广播系统所有功能

具有定时广播、背景音乐、广播寻呼、分区广播和转播电台节目等功能。

（2）基于 TCP/IP 协议的 IP 网络

在基于 TCP/IP 协议的 IP 网络上实现语音广播系统的控制与传输，一网多用，多网合一。充分利用 IP 网络资源，避免重复架设线缆，有以太网接口的地方就可以接入数字广播终端，非常有益于公共广播系统普及应用。此外，在 IP 网络上架设公共广播系统，还有抗干扰能力强，远距离传输仍能保证质量，便于实现统一的综合业务控制等优点。

（3）自由点播

通过遥控器控制分布在每个房间的数字广播终端，完成服务器资料库中资源的任意点播，操作简单方便。在教学中，教师只需用遥控器选择相应的课程内容，按一下播放按钮即可播放需要的教学内容，无须倒带、换面等烦琐费时的操作。

（4）实时采播

将外接音频（卡座、CD、收音机、话筒等）采集到的实时音频信息，通过调制设备转换为数字音频信息，并输入到音频服务器，然后通过应用软件，将这些数字音频信息压缩成高音质数据流，并通过 IP 网络发送到各个广播终端，数字广播终端即可实时接收播放。

（5）定时广播

数字广播终端具有独立的 IP 地址，可以单独接收服务器上所有个性化定时播放节目。在服务器端通过控制软件编制播放计划，系统将按任务计划实现全自动播放。

（6）多路分区播音

系统先规划并设定播放分区，哪些位置的广播终端属于哪个分区，然后就可以对指定的一个、多个或所有区域进行广播；服务软件可远程控制每台终端的播放内容、时长、次数甚至音量等。

（7）IP 数字广播

使用 IP 网络上的任意一台计算机，通过麦克风实现 IP 数字广播。IP 数字广播输入终端只需要增加一个麦克风，就可实现广播目的，不仅投入少，而且操作非常方便。

3. IP 网络公共广播系统拓扑图

基于 IP 网络的公共广播系统多应用于学校总部与分校区，或企业公司总部与地区分部架构，如图 1—2—1 所示的网络拓扑结构图是其典型应用模式。

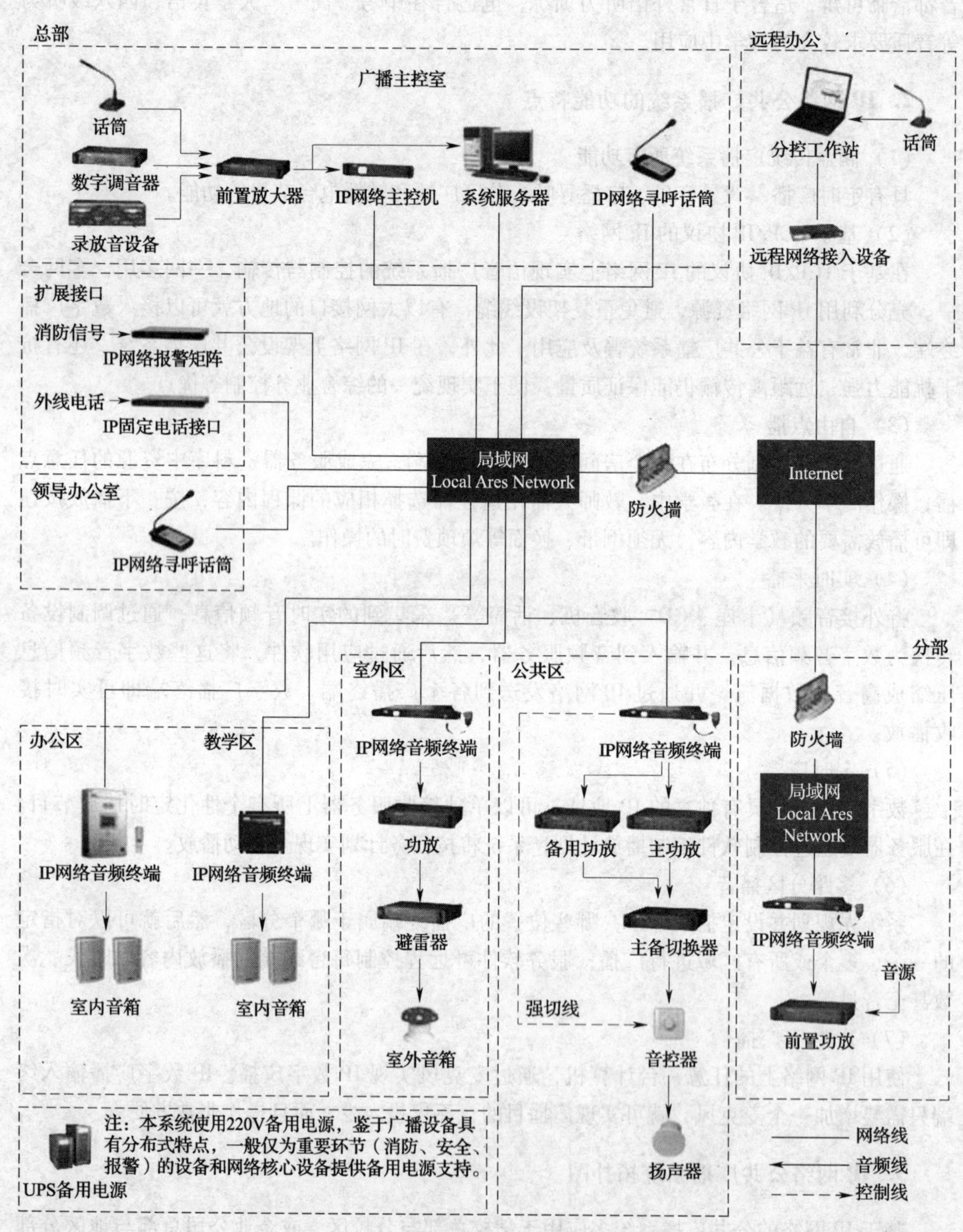

图 1—2—1　IP 网络公共广播系统拓扑图

任务实施

本任务是学校 IP 网络公共广播系统的一个应用，其具体实施步骤如下：

1. 系统软件安装

IP 网络公共广播系统软件分为服务器软件和工作站软件。

（1）服务器软件安装

由于防火墙软件可能会影响 IP 网络广播系统服务软件正常运行，安装调试广播系统时，要先关闭所有防火墙软件，也包括 Windows 系统自带的防火墙，如图 1—2—2 所示，调试完毕后，再设置开启防火墙软件允许其访问网络。

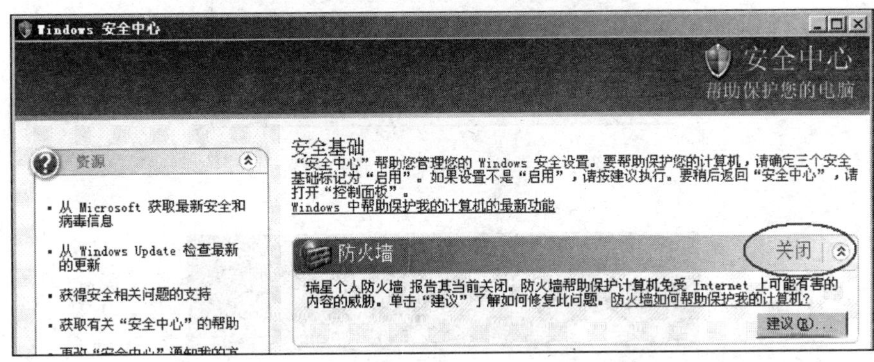

图 1—2—2　Windows 系统防火墙设置

1）运行环境

CPU：酷睿双核 1 G 及以上。

内存：1 G 及以上。

硬盘：250 G 硬盘（7 200 转/分）及以上。

网卡：10 M/100 M 自适应。

2）安装步骤

①选择安装软件的计算机，在该计算机上应安装 Windows XP 操作系统，最好是 Windows Server 版或 Professional 版。

②确认计算机具有 100 M 网卡，并且其驱动程序安装正确。

③局域网地址为 192.168.0.0/24，在网卡的 TCP/IP 属性设置中，指定 IP 地址：192.168.0.6，子网掩码：255.255.255.0，网关：192.168.0.1，如图 1—2—3 所示。

注意：服务器必须使用静态 IP 地址，不能自动获取。

④放入系统安装光盘，自动弹出欢迎界面，运行"主程序"，如图 1—2—4 所示。

⑤运行主程序后，按"下一步"按钮，进入安装选项界面，如图 1—2—5 所示。去掉"数字 IP 网络广播工作站"的选项，只保留"数字 IP 网络广播服务器"的选项，然后按"下一步"按钮，根据安装向导指示进行操作，直到安装完毕。

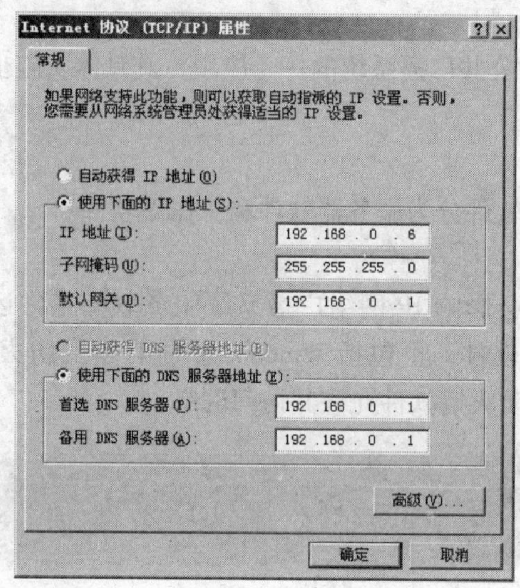

图 1—2—3 服务器 IP 地址设置

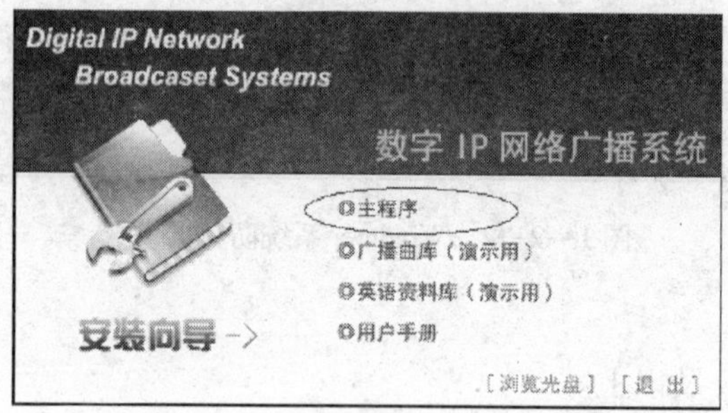

图 1—2—4 IP 网络广播系统安装引导界面

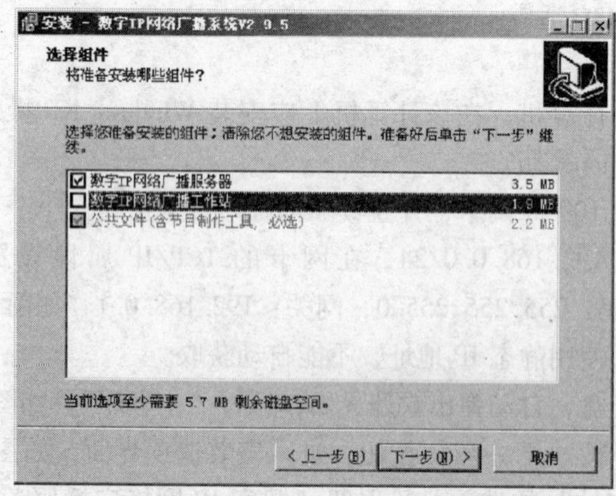

图 1—2—5 IP 网络广播系统安装选项界面

⑥回到欢迎界面，按下“广播曲库”按钮，将目录下的内容复制到硬盘。

⑦回到欢迎界面，按下“英语资料库”按钮，将目录下的内容复制到硬盘。

⑧服务器软件安装完毕，取出光盘。

（2）工作站软件安装

工作站软件一般安装在用户单位现有的台式机或笔记本计算机上，所以运行环境上要求比较宽松，如果需要实时采播功能，则要求配备声卡。它的安装过程和服务器软件基本相同。

1）运行环境

CPU：P4 800 M 及以上。

内存：512 M 及以上。

硬盘：80 G 硬盘及以上。

声卡：全双工声卡。

网卡：10 M/100 M 自适应。

2）安装步骤

①检查计算机上是否安装 Windows 2000/XP 操作系统。

②确认计算机具有全双工声卡，并且其驱动程序安装正确。

③确认计算机具有 100 M 网卡，并且其驱动程序安装正确。

④在网卡的 TCP/IP 设置中，可设为自动获取 IP 地址；如果网络没有配置 DHCP 服务，则须设置静态 IP 地址、子网掩码和缺省网关。

⑤放入系统安装光盘，自动弹出欢迎界面，运行“主程序”；按“下一步”按钮，进入安装选项界面，如图 1—2—5 所示，去掉“数字 IP 网络广播服务器”选项，保留“数字 IP 网络广播工作站”选项，按“下一步”按钮，根据安装向导指示进行操作，直到安装完毕，并在桌面创建快捷图标。

2. 服务器软件配置

服务器软件是 IP 网络公共广播系统的核心，负责音频流点播服务、计划任务处理、终端管理和权限管理等功能；管理节目库资源，为所有数字广播终端提供定时播放和点播服务，响应各终端的播放请求；为工作站提供数据接口服务。

服务器软件主界面分为三个区域：工具栏、页面选择区、页面区，如图 1—2—6 所示。

①工具栏，主要控制“开启服务”和“关闭服务”，软件运行后默认开启服务。如果手动关闭服务，工作站和终端的请求将不会响应，服务器只能完成配置方面的工作。

②页面选择区，分类选择运行状态、定时打铃、定时节目、实时采播等页面。

③页面区，根据页面选择，显示相应的功能界面。

服务器软件配置只在系统安装时进行，调试好后基本不需改变，其配置步骤如下：

图1—2—6　服务器软件主界面

（1）选择“终端设置”页面，如图1—2—7所示。在属性区选择实际终端数目后，按“更新”按钮，重新启动软件。

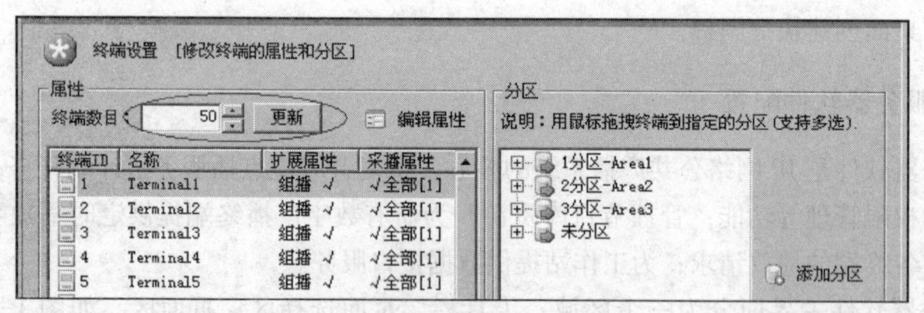

图1—2—7　终端配置界面

重启软件后，回到“终端设置”页面，双击任意一行，弹出编辑名称对话框，根据终端安装的位置取名，例如：“Terminal1”改名为“楼宇1211”，如图1—2—8所示。

软件中用到一些名称及“音频接收”设置需要解释说明一下，详见表1—2—1。

（2）在“终端设置”页面右侧，如图1—2—9所示，可根据工程实际情况按“添加分区”或“删除分区”按钮，规划出分区。

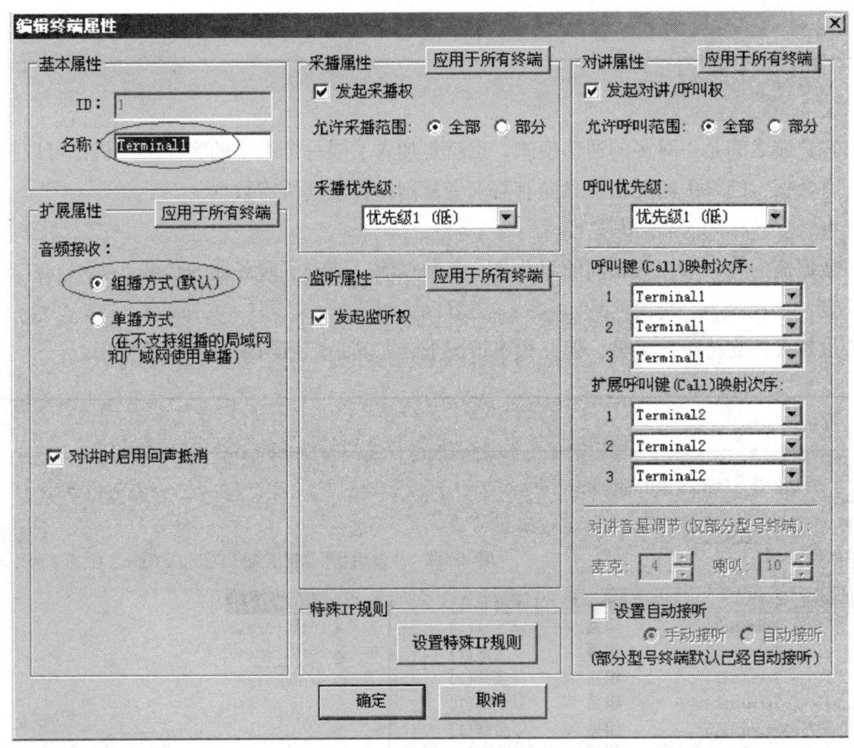

图 1—2—8 编辑终端属性界面

表 1—2—1 **重要说明表**

关于“音频接收”设置的重要说明 在系统软件默认情况下，以“组播方式”发送音频给终端，但是，遇到以下两种网络环境时组播是不能通过的。 ①局域网环境，服务器与客户端不在同一网段，且核心交换机禁止组播报文通过。 ②广域网环境。 如果终端在这两种环境下，请选择“单播方式”，否则客户端无法播出声音。
名词解释： 1. 单播 服务器与客户端之间是一对一的通信模式，网络中的交换机只进行数据转发，不进行数据复制。如果 10 个客户端需要相同的数据，则服务器需要逐一传送，重复 10 次相同的工作。 单播的优点： 服务器针对每个客户端不同的请求发送不同的数据，容易实现个性化服务。 单播的缺点： 服务器针对每个客户端发送的数据流，其流量计算方法为：服务器流量 = 客户端数量 × 客户端流量。在客户端数量大、每个客户端流量大的流媒体应用中，服务器负荷较重。

续表

2. 组播 服务器与客户端之间是一对多的通信模式，也就是加入了同一个组中的客户端主机都可以接收到发往此组内的所有数据，网络中的交换机只向有需求者复制并转发其所需数据。 组播的优点： 需要相同数据流的客户端加入相同的组共享一条数据流，节省了服务器的负载。 组播的缺点： 现行设备虽然大都支持组播传输，但在很多情况下，尤其是广域网限制了组播使用。

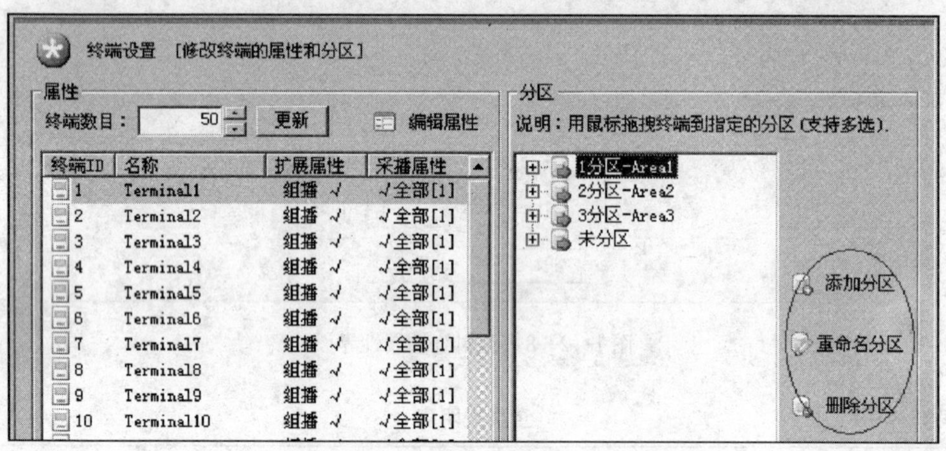

图1—2—9　终端分区规划配置界面

从“默认分区”中用鼠标选择终端，如图1—2—10所示，按住鼠标左键不放，拖拽到指定的分区，例如：1分区-办公楼。注意：如果需要同时选择多个终端，可以按住键盘上的Shift键。

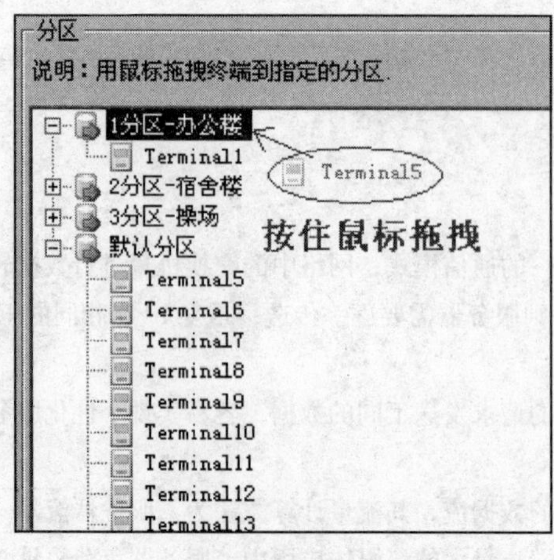

图1—2—10　终端归属分区配置界面

(3) 选择“基本设置”页面，页面区能够进行 IP 地址、任务中断、监听、定时开关计算机、无线遥控器接收、消防报警器接收等设置，如图 1—2—11 所示。

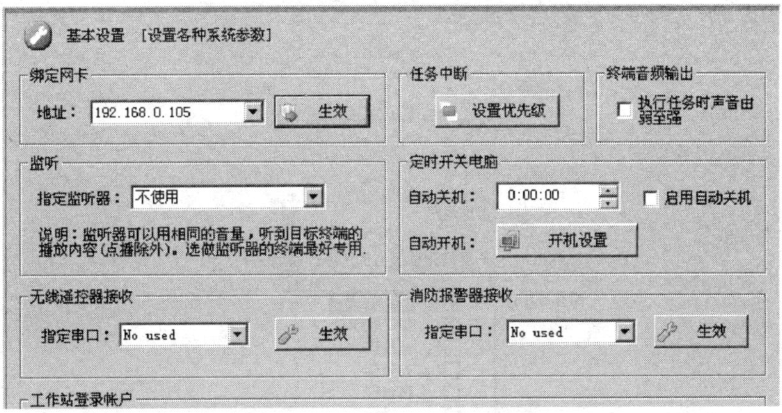

图 1—2—11　基本设置界面

绑定网卡：当服务器有多块网卡时，指定其中一块网卡为数字广播用。

任务中断：当终端同时执行多个任务时，可根据优先级判断先执行哪个任务。

监听：指定一台终端作为监听器，在“运行状态”页面任意选择监听。

定时开关计算机：可以让服务器在夜间自动关闭，早上自动开启。

无线遥控器接收：如果用户选配了无线遥控器套件，请将无线接收模块通过串口与服务器相连接，并设置通信中使用的串口号，设置后按“生效”按钮。

消防报警器接收：如果用户选配了消防报警器，请将消防报警器通过串口与服务器相连接，并设置通信中使用的串口号，设置后按“生效”按钮。

工作站要与服务器连接通信，需要输入用户账号和密码。如图 1—2—12 所示。服务器软件可以为工作站用户分配不同的账户，便于身份验证、权限管理和安全管理与维护。

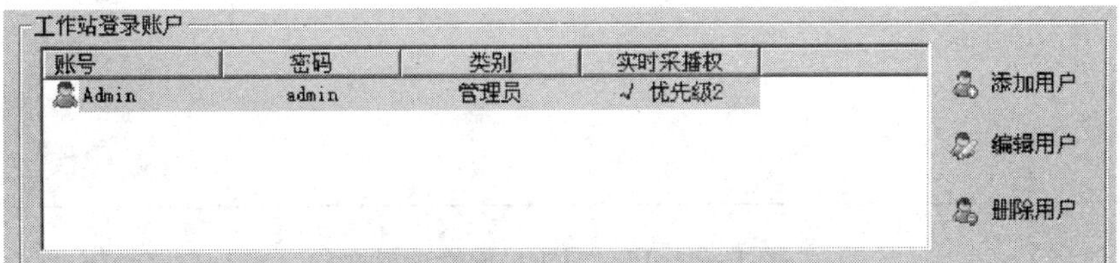

图 1—2—12　账户管理界面

比如添加一个用户，填写用户名、密码、类别，并设置该用户是否可实时采播、优先级及操作的终端范围，按“确定”按钮完成新账号添加，如图 1—2—13 所示。

设置优先级的作用：当多个工作站同时进行实时采播时，如果都选择了相同的目标终端，系统将根据优先级决定该终端优先接收哪一个工作站的音频。优先级最高为 15 级，用于消防，因此可将消防值班室的工作站用户设为 15 级；管理员默认为 14 级；普通用户为 1 ~ 13 级。

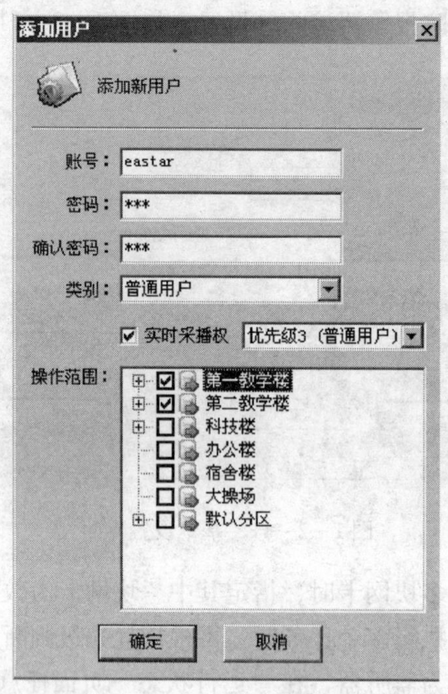

图1—2—13　添加用户账号界面

（4）选择“消防报警”页面，可以管理触发消防报警的任务，如图1—2—14所示。

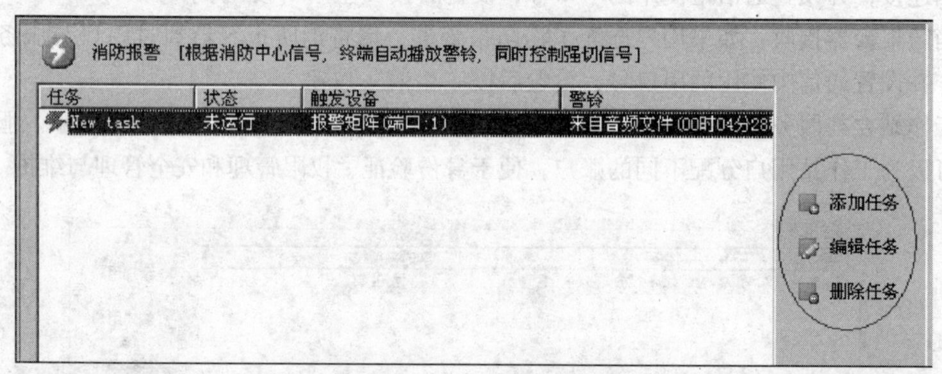

图1—2—14　消防报警管理界面

按“添加任务”按钮，弹出添加报警任务对话框，如图1—2—15所示，将报警端口与报警区域对应，比如消防报警矩阵的端口1与“办公楼”的报警线相连，那么目标区域就选择“办公楼”或该区域的某个终端。由此可见，数字IP网络广播能轻松实现邻层报警、全区报警等功能。

（5）选择“节目管理”页面，页面如图1—2—16所示。按“指定目录”按钮，弹出对话框，定位指定资料所在位置。

然后按“自动搜索”按钮，自动搜索建立节目库，如图1—2—17所示。

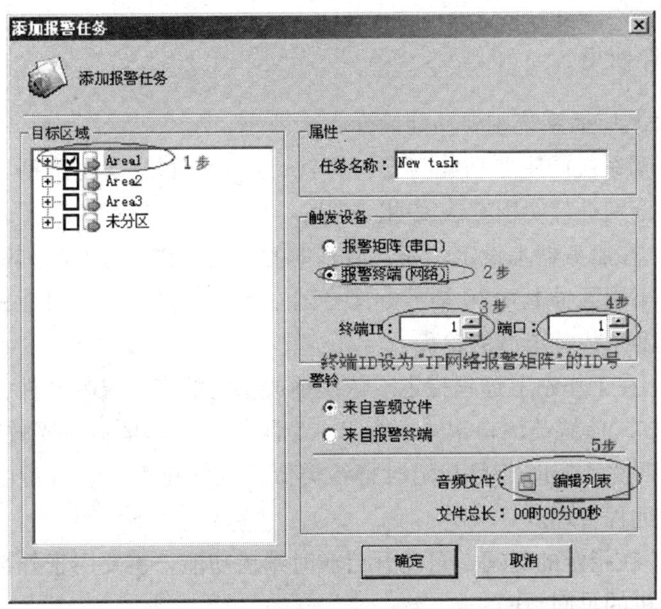

图 1—2—15　添加报警任务界面

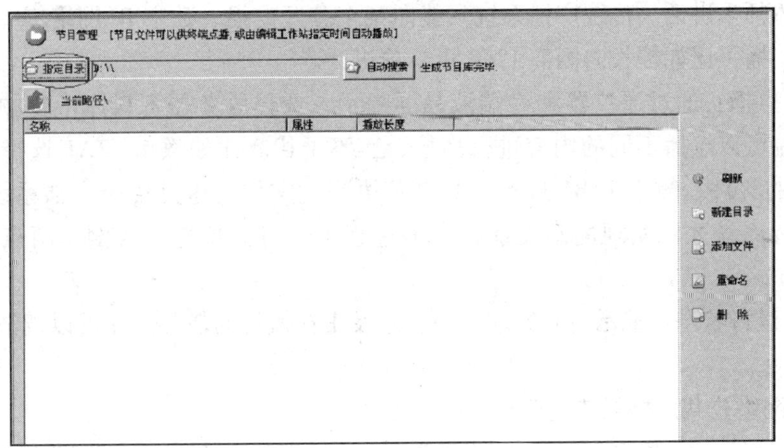

图 1—2—16　节目管理界面

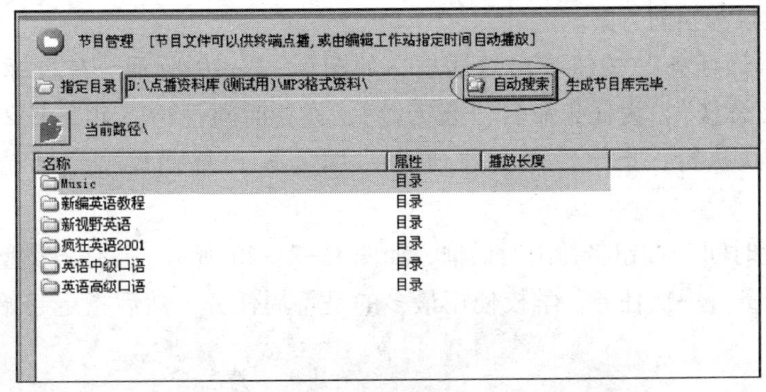

图 1—2—17　自动建立节目库界面

3. 服务器软件使用

（1）IP 网络公共广播系统主要功能简介

IP 网络公共广播系统的主要功能有定时打铃、定时节目、实时采播、自由点播和查看运行状态等，下面分别进行使用方法说明。

1）定时打铃：在服务器上设定。属于最基本的功能，在指定的时刻播放指定的音乐或铃声，比如每周一至周五早上 6:30 播放起床音乐。数字广播系统定时能精确到秒，设置非常灵活，可以使用音乐代替单调的铃声。

2）定时节目：在工作站上远程指定。依次播放指定的多个音频文件，比如每周三晚上 20:00 晚自习时播放《旅游英语口语》的第 1 ~ 5 课。其好处是不需要教师亲自到主控室，也能安排训练学生听力。定时节目与定时打铃类似，区别在于定时打铃由服务器管理，而定时节目由工作站远程管理。

3）定时采播：在指定的时间，自动开启实时采播功能，主要用于外部模拟音频的定时广播，如转播收音机的早间新闻。

4）实时采播：向指定的区域广播讲话或广播节目，最多支持 5 块声卡广播，比如校长向操场的全体师生讲话。传统广播系统只能向某个分区广播，数字 IP 网络广播则可以对任意一个终端广播，比如校长向国商 1264 班单独讲话。

5）自由点播：通过遥控器和终端液晶屏提示，选择服务器资料库中音频文件进行播放，每个终端可以点播不同的内容进行播放，互不干扰。比如教室 12A1 选择《新概念英语第一册》的文件，教室 12B1 选择《疯狂英语》的文件。这是传统广播系统无法做到，只有数字广播系统才能实现的新功能，点播过程中还可以快进、快倒、两点间循环复读等。

6）查看运行状态：显示所有终端登录状态及正在执行的任务，并可以调节全体或个别终端音量。

（2）IP 网络公共广播系统主要功能配置方法

1）定时打铃。选择“定时打铃（服务器）”页面，页面区显示如图 1—2—18 所示。按“新建方案”键，创建一个新的打铃方案，如“夏时制”或“冬时制”，按“执行方案”键则把所选方案设为当前方案。

按右侧“添加任务”按钮弹出对话框，如图 1—2—19 所示。在目标区域栏目中选项，如选中“宿舍楼”，为任务命名“起床铃”，设置时间：2013 年 3 月 20 日起，每周，一二三四五 6:30 执行，指定铃声文件列表：“E: \ 广播曲库 \ 钢琴精选 \ Face128.mp3”。

按下“设置时间”按钮将弹出对话框，如图 1—2—20 所示。在任务类型中可以选择每天任务、每周任务、一次任务，学校使用最多的是每周任务。然后指定起始日期、任务执行时间。

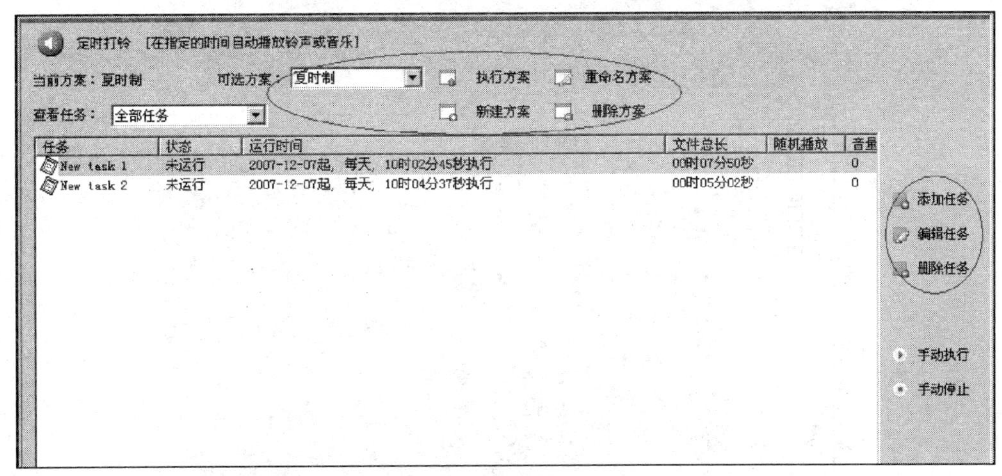

图 1—2—18　定时打铃界面

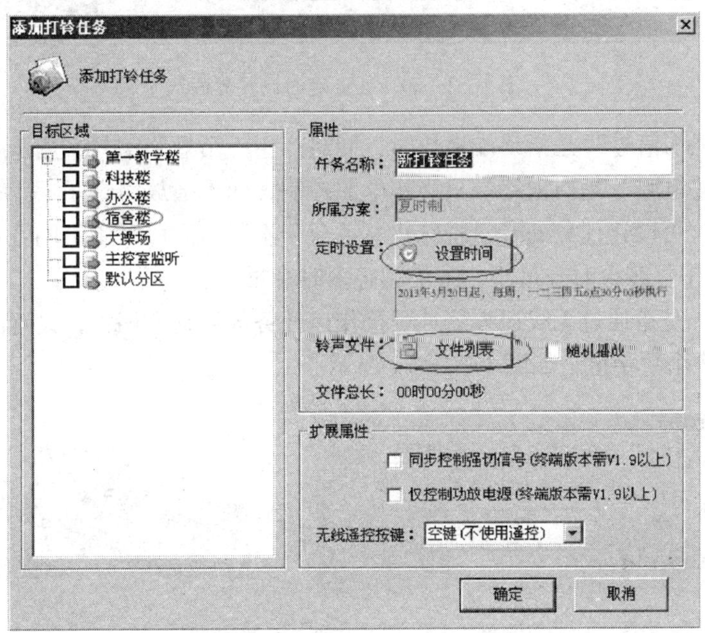

图 1—2—19　添加打铃任务界面

任务持续时间默认，可以不指定，这时播放时间长度就是铃声长度；如果指定的持续时间大于铃声长度，则会循环播放；如果指定的持续时间小于铃声实际长度，则会提前终止播放。

终止日期默认，可以不指定，系统每天检测任务是否符合播放的条件而采取相应动作。

其他扩展属性根据需要设置如下：

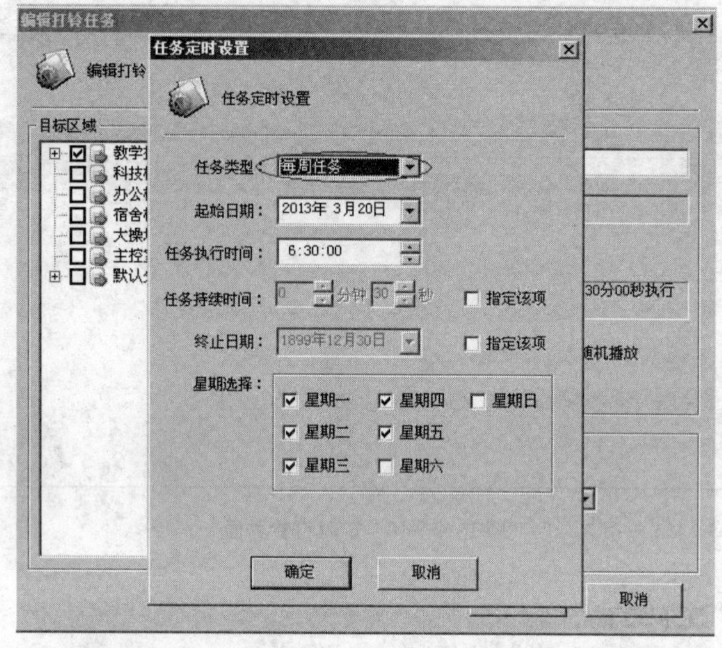

图 1—2—20　任务定时设置界面

“同步控制强切信号”是指终端播放时，同时产生一个短路信号，用于强切。

“仅控制功放电源”是指把终端只当作电源控制，而不播放声音。

“音量微调”可以让任务的音量特殊化，适合于不同时间段采用不同音量情况，如商场的背景音乐，上午顾客少时音量小，下午顾客多时音量大。

“无线遥控”是指通过无线遥控器远程操作该任务的启动和停止，设置的遥控键值对应于遥控器上的 12 个数字键，如图 1—2—21 所示。

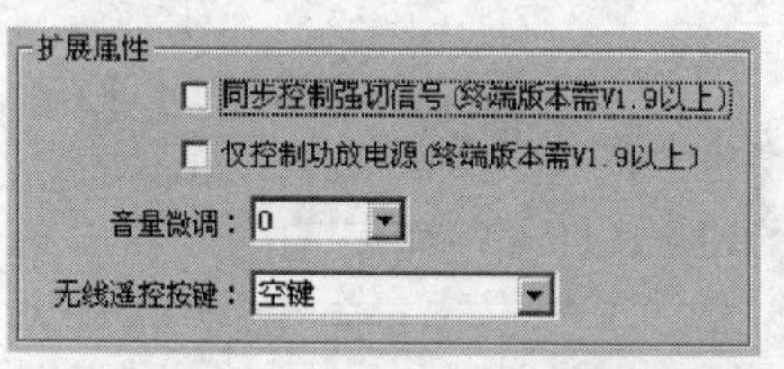

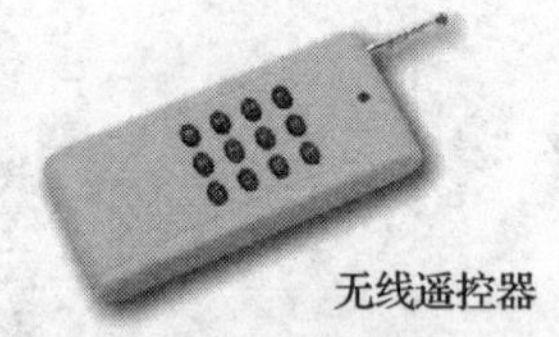

图 1—2—21　扩展属性界面

将添加打铃任务的参数填写完毕，按“确定”按钮，完成设置返回到“定时打铃”管理对话框，可以看到列表中已经增加了新任务项。到指定时间时，该任务会自动运行，特殊情况也可以手动执行。

2）定时节目。服务器上可以查看定时节目任务，但主要的添加编辑操作在工作站上进行。选择“定时节目（工作站）”页面，如图 1—2—22 所示。双击任意一行任务，能查看该任务的详细信息。定时节目任务像定时打铃任务一样，设定时间一到，就会自动运行，特殊情况也可手动执行。

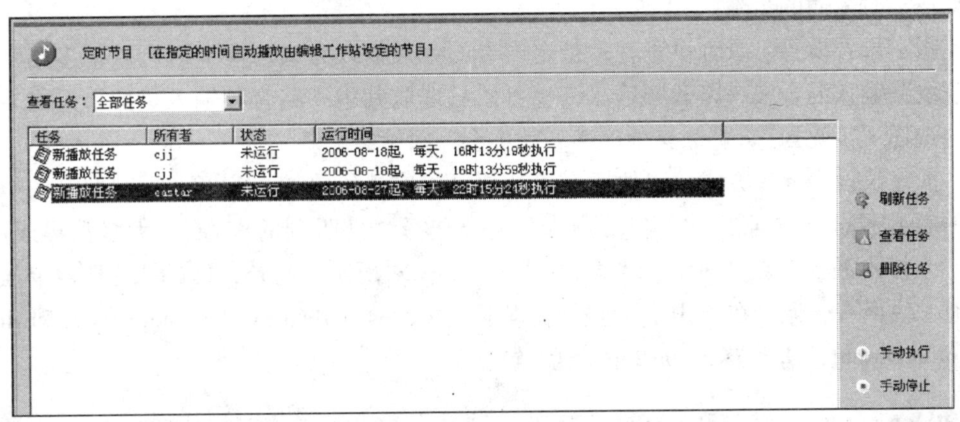

图 1—2—22　定时节目界面

3）定时采播。如前文所讲，定时采播是指在指定的时间，自动开启实时采播功能，主要用于外部模拟音频的定时广播，如转播收音机的早间新闻。有关声卡的参数如录音来源、录音音量等需要在实时采播页面设置好。操作与定时打铃的任务编辑类似，在添加采播任务时，只需选择目标终端和设置时间。

4）实时采播。通过声卡实时采集声音后进行广播，由于借助声卡实现模拟音频到数字音频的转换，音源广泛，包括计算机本身播放的声音和外部的话筒、磁带、CD 机。系统最多支持 5 块声卡，5 块声卡可以选择不同目标终端，同时进行采播，互不影响。其操作界面如图 1—2—23 所示。

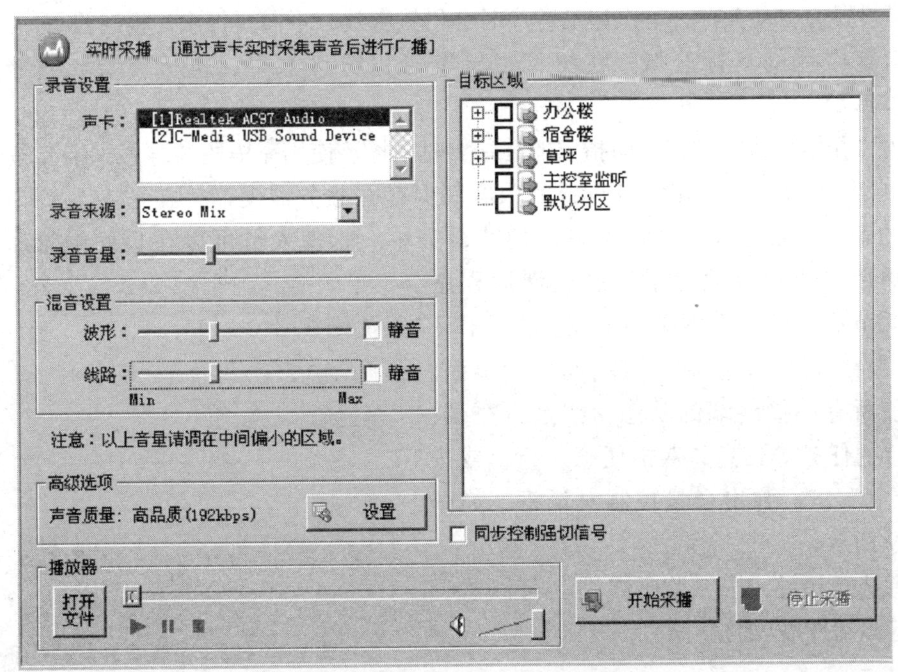

图 1—2—23　实时采播界面

操作实时采播的步骤：

①指定录音设置。录音设置就是指定声卡的音频输入方式。声卡既可以把多路音频如话筒、线路输入混合成一路音频输入，也可以只选取其中一路音频输入。如果只需要话筒声音，选择“麦克风”，那么其他的声音就不会广播给终端。

一般建议设为混音方式，以便所有声音都可以广播给终端。注意：不同型号的声卡对混音的表示不同，如创新 SB - Live 声卡，需要选择“您听到的声音”；大多数集成声卡，选择“立体声混音”或“Stereo Mix”，如图 1—2—24 所示。此外，Realtek HD 声卡虽然实际只有一块声卡，但会在“声卡”多行文本框中显示两行 Realtek HD Audio Input 和 Realtek HD Audio Output，请选择 Audio Input 这一行。

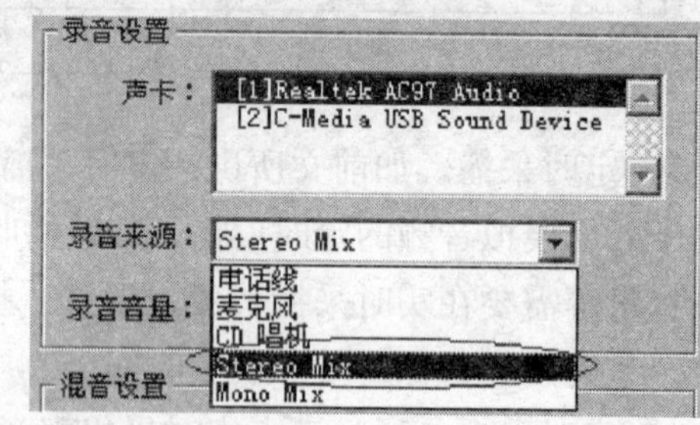

图 1—2—24 录音设置界面

还需要注意的是，录音音量及下方的调音台的音量不要过大，否则容易引起声音失真，建议设在中间位置附近，如图 1—2—25 所示。

录音设置会自动保存，下次启动程序时会仍然有效，不需要每次广播时设置。

②指定广播的目标区域。在树型目录下可以分区选择，也可以单点选择，如图 1—2—26 所示。

③按“开始采播”按钮，向指定的终端实时采播。使用完毕按“停止采播”按钮。

5）自由点播。客户在终端点播的内容都保存在服务器硬盘，在“节目管理”页面中看到的菜单也就是终端屏幕上显示的节目菜单。管理人员可以在页面中管理节目文件，普通用户也可以通过工作站软件远程添加或删除节目文件，而不必到主控室去操作。

6）查看运行状态。在“运行状态”页面，显示当前所有广播终端的状态，如是否登录、当前执行的任务等信息；双击任意一行，或按“音量控制”键，弹出音量控制对话框，如图 1—2—27 所示。

任意选择一行，按“监听终端”可以监听该终端除点播外播放的声音。

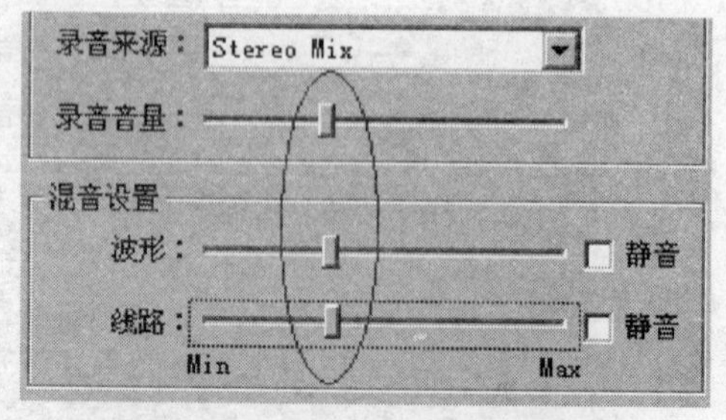

图 1—2—25 录音音量设置界面

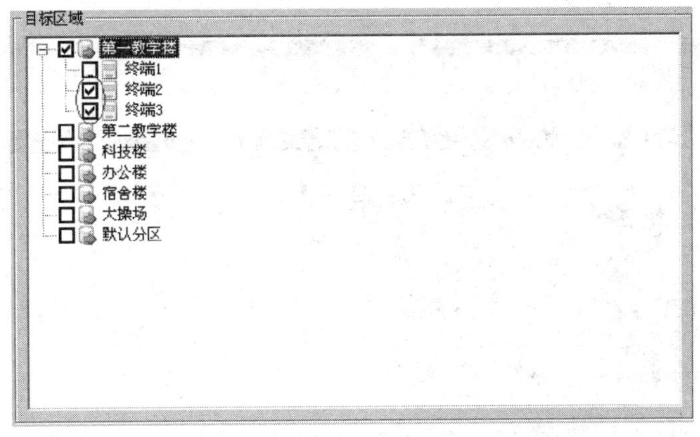

图 1—2—26　选择设置目标界面

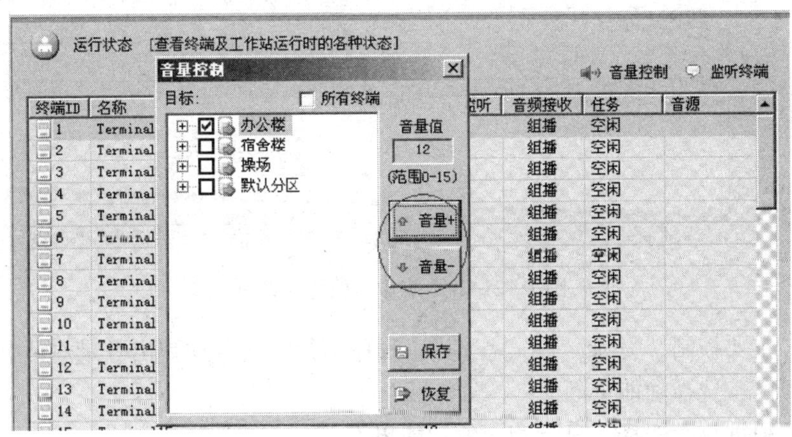

图 1—2—27　音量控制界面

4. 工作站软件配置与使用

工作站软件利用局域网、广域网等 IP 网络远程登录到服务器，实现远程管理。主要完成音频实时采播、节目资源制作和定时编排播放功能，可应用于以下场合：

领导在单位通过局域网或在外地通过 Internet 互联网，对校园直播。将话筒等传来的模拟音频信号接入工作站声卡，实时采集并压缩后直播到各数字广播终端。

软件接收的网上电台节目，对数字广播终端实时播放，使每一个数字广播终端都可以收听到网上纯正的语言电台节目。

教师课前定时编排播放。授课教师可以通过网络预先设定各自授课班级的定时播放内容。可以安排早晚自习定时收听教材同步的语音内容，也可以安排收听与自己授课班级水平相当或稍有提高的真实场景内容。每一个班级都可以有自己个性化的定时播放内容。

工作站软件主界面分为三个区域：工具栏、页面选择区、页面区，如图 1—2—28 所示。

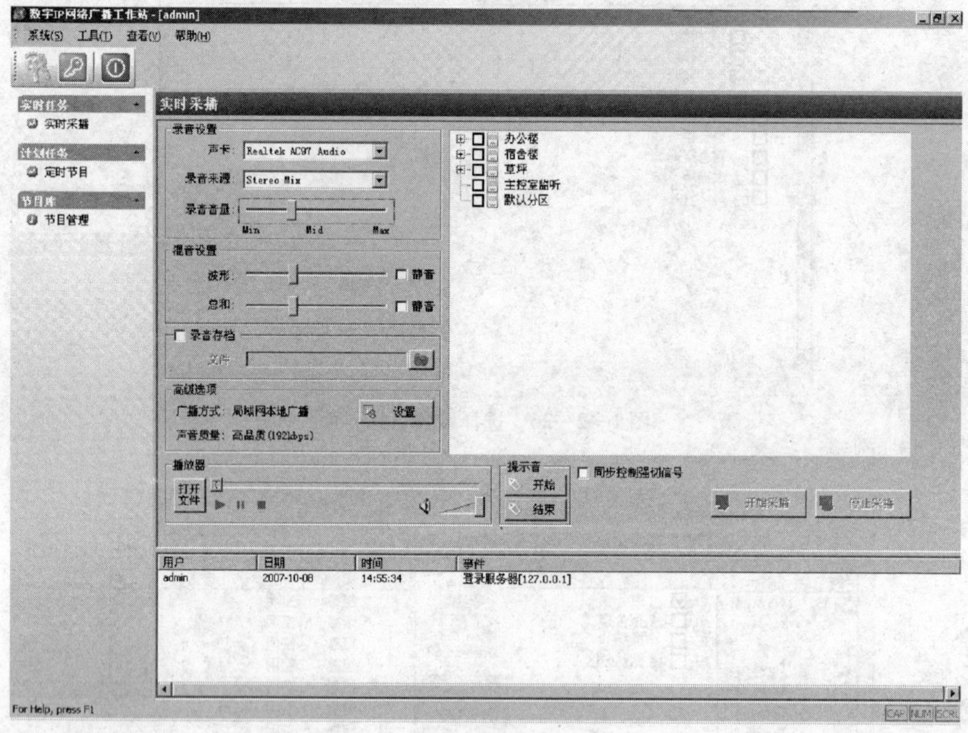

图 1—2—28　工作站软件主界面

工具栏：主要控制“登录”和“注销”，程序运行时会自动弹出登录对话框。

页面选择区：选择功能页面。

页面区：根据页面选择，显示相应的功能界面。

（1）软件配置

工作站的软件配置比较简单，只需填写服务器的 IP 地址即可，具体步骤如下：

运行采播工作站软件后，自动弹出如图 1—2—29 所示的对话框，按“服务器设置”按钮，设置 IP 地址，例如：192. 168. 0. 6。填写用户名和密码后按“登录”按钮，通过用户验证后进入主界面。

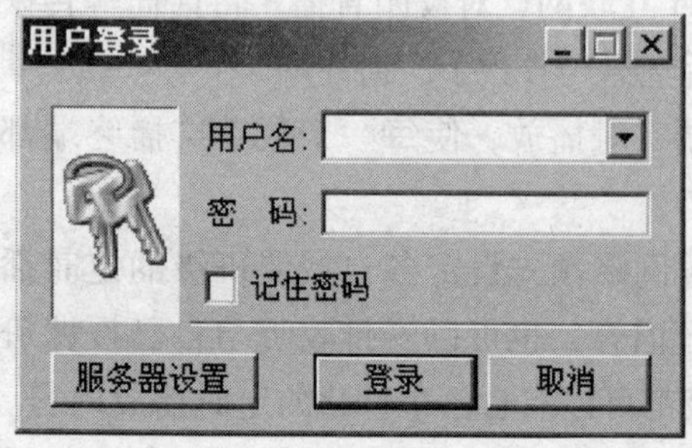

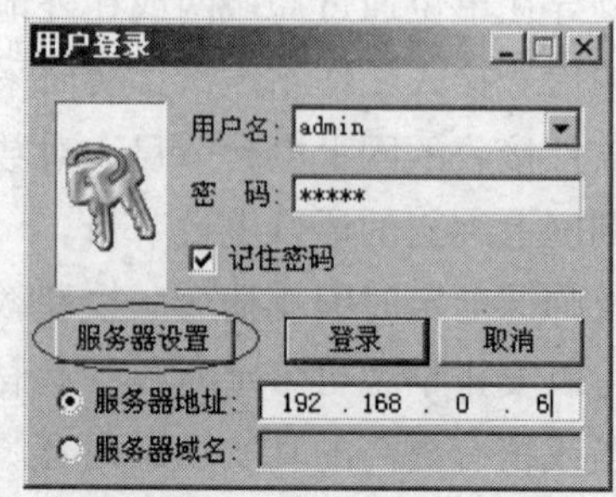

图 1—2—29　用户登录界面

（2）软件使用

工作站软件使用像其配置一样，比服务器软件简单，更加便于用户使用。

1）实时采播。与服务器的实时采播主要步骤相同，不同之处在于“录音存档”和“高级选项”，如图 1—2—30 所示。

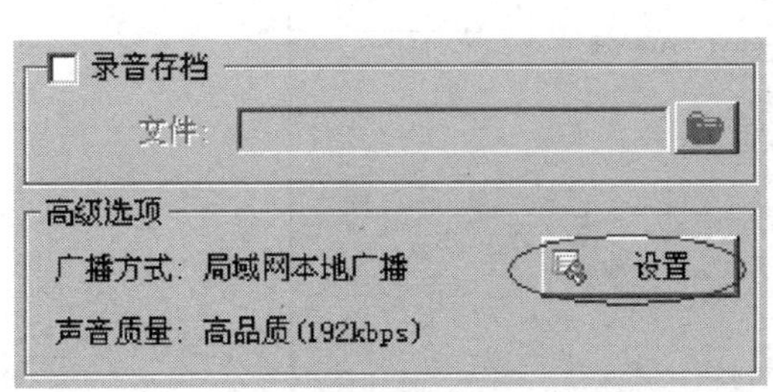

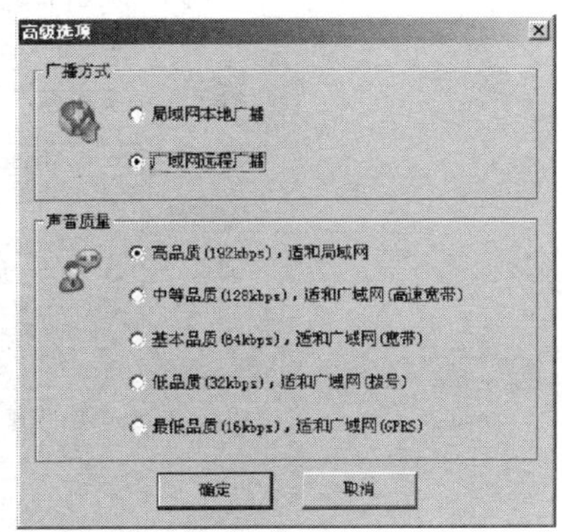

图 1—2—30　“录音存档”和“高级选项”界面

录音存档：实时采播的内容如果需要存档，选中“录音存档”选项，然后指定保存的文件名信息。

高级选项：由于工作站可以在局域网内或广域网内登录服务器，一般局域网内的带宽充足，而广域网受带宽限制，为了保证实时音频的流畅，要进行高级设置，通过按“设置”按钮打开高级选项窗口，根据实际情况选择广播方式和声音质量。

2）定时节目。定时节目是在指定的时刻依次播放指定的多个音频文件，即使教师不到主控室，也能安排学生训练听力。在主界面选择“定时节目”，打开定时节目界面，如图 1—2—31 所示。

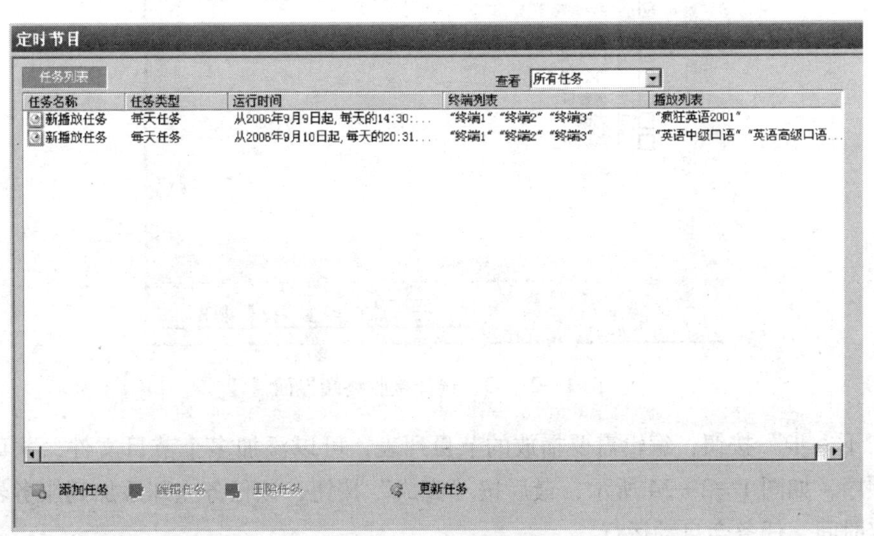

图 1—2—31　定时节目界面

首先按下“添加任务”键，弹出添加任务向导，如图 1—2—32 所示，设置基本信息：任务名称、任务类型、起始日期、终止日期、起始时间、持续时间等。

添加任务向导
排课任务
Step 1: 设置基本信息
任务名称: 新排课任务
任务类型: 每天任务
起始日期: 2005年 8月13日
终止日期: 2005年 8月13日
起始时间: 15:39:28
持续时间: 0:00:00
选项
描述: 从2005年8月13日起，每天的15:39:28开始执行.
< 上一步(B) 下一步(N) > 取消

图 1—2—32　添加任务界面

按“下一步”按钮，选择接收排课任务的终端，可以分区选择，或单独选择某个终端，如图 1—2—33 所示。

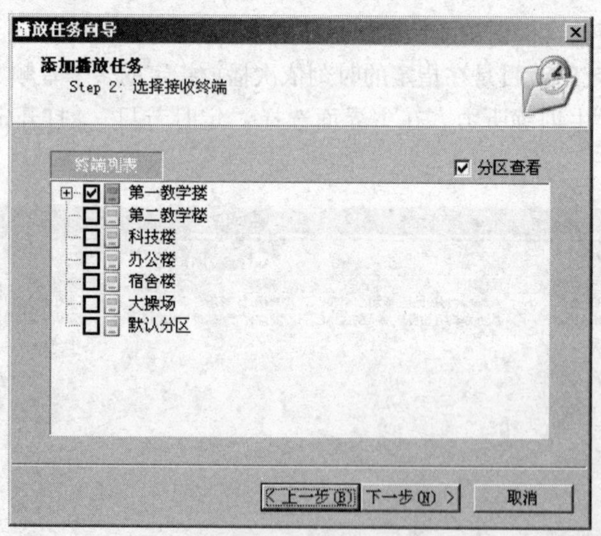

图 1—2—33　选择接收终端界面

按“下一步”按钮，编辑需要播放的节目列表，可以添加多个节目文件，并可自由改变播放顺序，如图 1—2—34 所示，最后按“完成”按钮，该任务立即添加到服务器中。当到达指定时间，任务会自动运行。

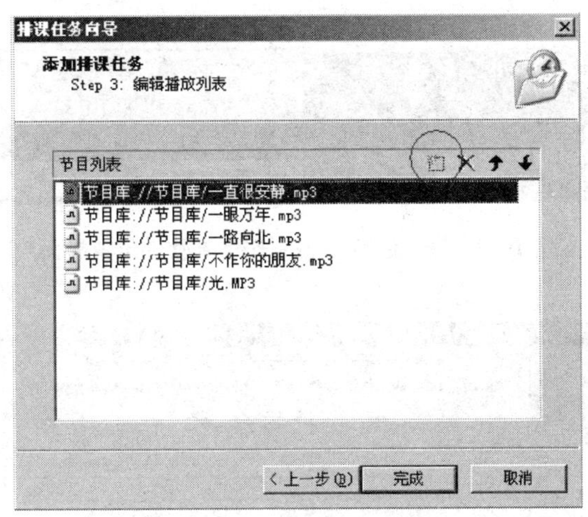

图 1—2—34　选择播放节目界面

3）节目管理。工作站的节目管理是工作站远程操作服务器节目库，对节目库进行新建目录、添加文件、重命名和删除文件等操作。在主界面左侧任务栏选择“节目管理”，打开节目管理界面，如图 1—2—35 所示。

图 1—2—35　节目管理界面

选择“上传文件”功能，在弹出的对话框中定位需要上传的音频文件，传送到服务器的指定音频库中；“下载文件”功能则相反。其他功能，如新建文件夹、删除、重命名和 Windows 系统操作类似。

5. MP3 节目制作

数字 IP 网络广播系统软件内置 MP3 节目制作工具软件，如图 1—2—36 所示。在程序菜单上选择“MP3 节目制作工具”菜单，弹出主界面，如图 1—2—37 所示。

图 1—2—36　MP3 节目制作工具软件位置界面

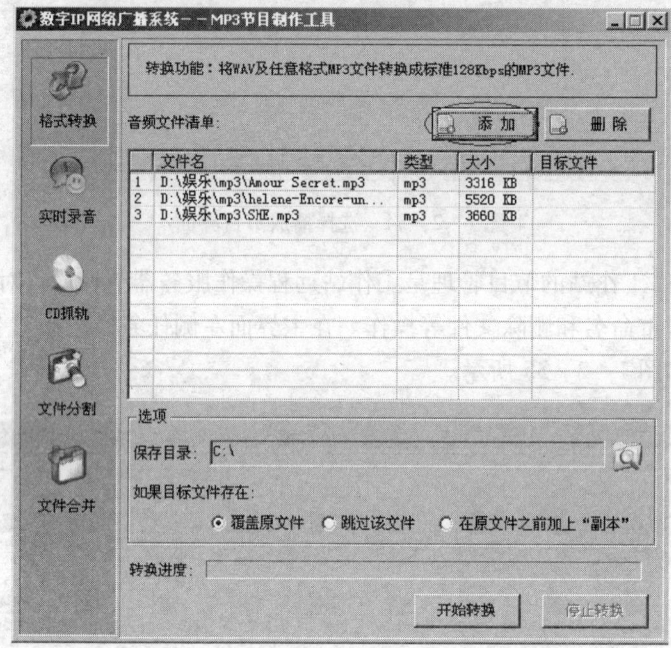

图 1—2—37　MP3 节目制作软件主界面

（1）格式转换

该工具软件能够把 WAV、任意格式的 MP3 音频文件转换成标准 128 kbps 位流的 MP3 文件。文件转换步骤如下：

1）点击“添加”按钮，在打开的对话框中选定想要转换的文件，确定后，就会将选择的文件的具体信息显示在文件列表中。

2）点击“保存目录”右侧的浏览按钮，在打开的对话框中选定保存目录。

3）点击“开始转换”按钮，系统就开始自动转换文件，在“转换进度”进度条中可以显示每个文件转换的进度状态。

（2）实时录音

该功能是将模拟节目源如磁带转换为 MP3 文件，如图 1—2—38 所示，其一般录音步骤为：

1）先指定“保存文件”，为将要保存的文件取名。

2）选取“录音源”为 Stereo Mix 或立体声混音，调节合适的音量。

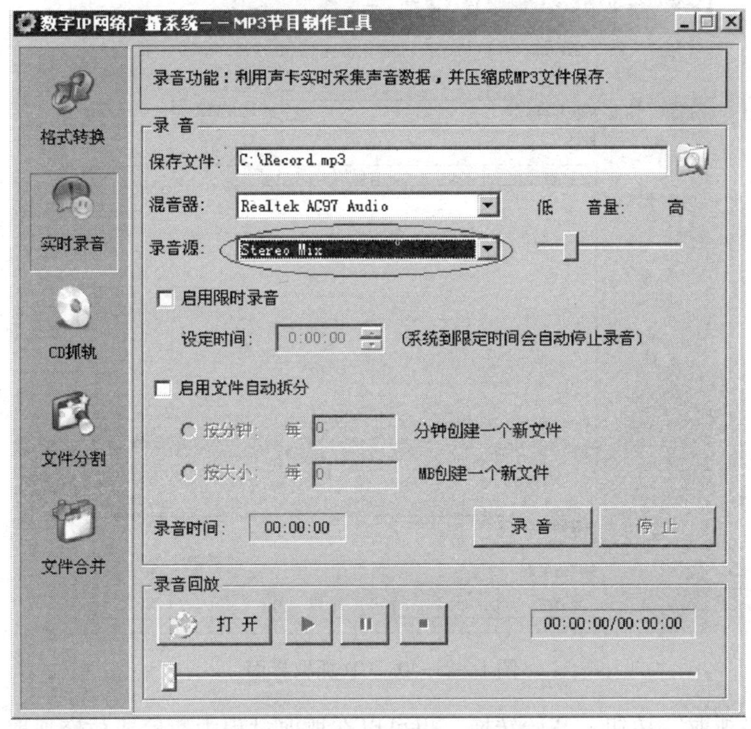

图 1—2—38　MP3 节目实时录音界面

3）按“录音”按钮开始录音，可以看见在指定的目录下产生了一个 MP3 文件，并且文件大小在不断增加。

对录音文件可以进行一些高级设置，其高级录音步骤如下：

1）先指定“保存文件”，选取“录音源”。

2）选择“启用限时录音”，并设定限时时间，如设定 30 min，当录音时间达到 30 min 时，录音将会自动停止；选择“启用文件自动拆分”，并设置按 min 或按大小。如按时间 10 min，当录音时间满 10 min 就重新产生一个新的 MP3 文件；如按文件大小 5 MB，当录音文件达到 5MB 时，就重新产生一个新的 MP3 文件。

3）按“录音”按钮开始录音，如果启用了文件拆分，会自动产生多个 MP3 文件，如图 1—2—39 所示：

录音回放步骤：按“打开”按钮选择已经录音的文件进行播放。

（3）CD 抓取

该功能是将 CD 中的音频文件转换成 WAV 文件格式。如图 1—2—40 所示，其抓取步骤如下：

1）把音乐 CD 放入光驱，软件会自动检测 CD 中的音频文件并添加到文件列表中。

2）点击“保存到目录”右侧的浏览按钮，选择某个文件夹作为保存位置。

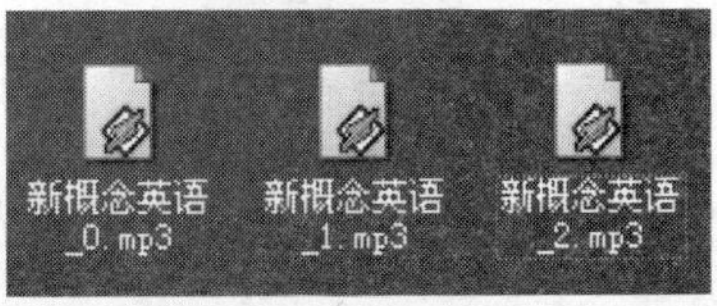

图 1—2—39　多个 MP3 文件生成界面

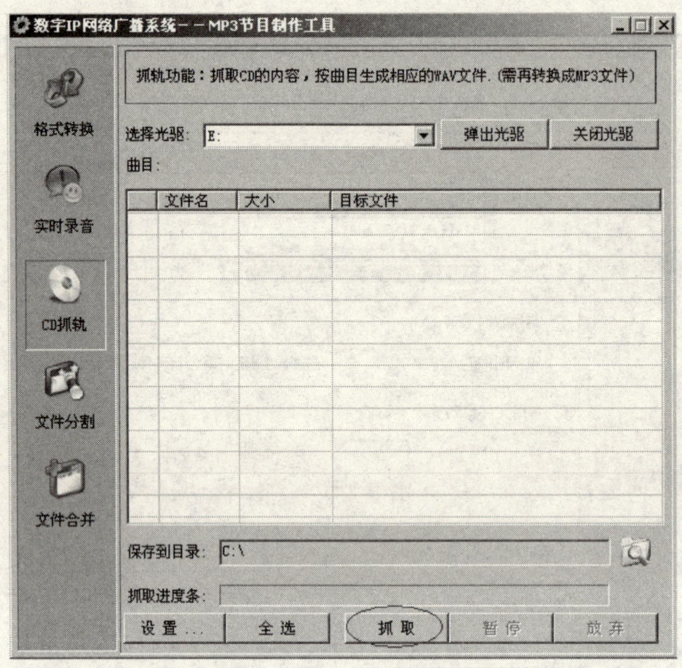

图 1—2—40　CD 抓取界面

3）点击“抓取”按钮，开始转换。也可以在抓取过程中暂停或放弃抓取。

（4）文件分割

该功能是根据时间的长度分割 MP3 文件。如图 1—2—41 所示，其分割步骤为：

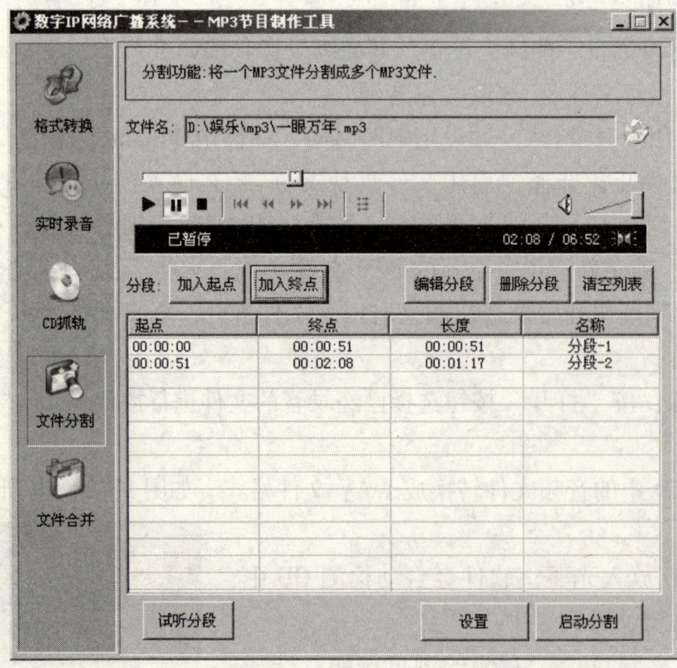

图 1—2—41　文件分割界面

1）打开文件：点击“打开”图标，打开 MP3 文件并自动播放。

2）加入分段：点击“加入起点”按钮，会把当前 MP3 文件播放的时间加入到列表当中的起点列；点击“加入终点”按钮，就会把当前 MP3 文件播放的时间加入到终点列，系统自动暂停播放，并自动算出长度。如果用户忘了给某个分段加入终点，系统默认为文件的结束时间，也可以选中该分段，点击“编辑分段”按钮重新设置起点、终点以及给分段重命名。

3）分割文件：点击“启动分割”按钮后，按列表中的设置自动分割文件。文件分割后，可试听某段音频文件的效果。

（5）文件合并

该功能是将采样频率和位速相同的多个 MP3 文件合并成一个文件，如图 1—2—42 所示，其合并步骤如下：

图 1—2—42 文件合并界面

1）点击“添加”按钮，工具软件会自动把文件的属性显示在文件列表中。如果要再次添加文件，则不能添加与第一个文件的采样频率和位速不同的文件。

2）合并文件至少要两个文件。单击“合并”按钮，会弹出对话框，保存合并后的文件显示其所在目录。合并完成后，单击“试听”按钮，可试听合并后音频文件的效果。

6. 硬件系统安装

（1）主控室设备安装

主控室是 IP 网络广播系统的中心所在，主控设备、功放、系统服务器等需要 24 小时不间断地运行，因此，对主控室有特殊要求，其设计必须遵循国家标准 GB 50174—2008《电子计算机机房设计规范》。另外，必须满足以下几条原则：

1）计算机网络设计通常按功能或区域划分成几个网段管理，如教学楼、图书馆、办公楼一般分配不同的网段。建议将数字 IP 网络广播服务器布置在数字广播终端最多的网段内，如教学楼，这样可以大大减少跨网段数据访问的流量，从而减轻网络整体负荷。

2）为了满足系统干扰最小要求，主控室应选择远离电磁波的地方。

3）主控室电源引入要符合标准要求，地线接地良好，接地电阻应小于 4 Ω。

4）主控室应选择在二楼或以上的楼层。

5）主控室需安装空调设备，温度为 18 ~ 28℃，相对湿度为 40% ~ 70%。

6）建议主控室安装防静电地板，符合现行国家标准《计算机机房用活动地板技术条件》。

7）主控室的装饰材料宜选用阻燃材料、非燃烧材料或难燃烧材料。

8）主控室的各类管线宜暗敷，主体构造材料应满足隔热、防火等要求。

9）一体化控制台与墙体距离不应小于 1.5 m。

主控室设备基本都嵌入在一体化控制台或标准机柜中，只需从外部引入 220 V 交流电源和连接网络的网线。

无线遥控器的接收模块布置在室内，与服务器通过串口连接，遥控器在室外工作。为了保证良好的遥控效果，需将接收天线用同轴线缆引至室外。将同轴线缆室外一端的护套及屏蔽层剥掉 85 cm，保留线芯的绝缘层，并将芯线的末端与屏蔽层末端焊接在一起做成封闭圆环状，垂直固定在室外，完成天线的架设。

（2）数字广播终端安装

数字广播终端根据应用场合不同，分为多种型号，有壁挂式和机架式，可在工程中搭配使用。详细安装步骤参见相关的设备安装使用说明书。

（3）常见安装问题解答

1）广播系统对于网线制作有什么要求？

制作普通网线，用于正常异种设备互联，线缆两端都是 TIA/EIA 568B 标准或 TIA/EIA 568A 标准，如图 1—2—43 所示。

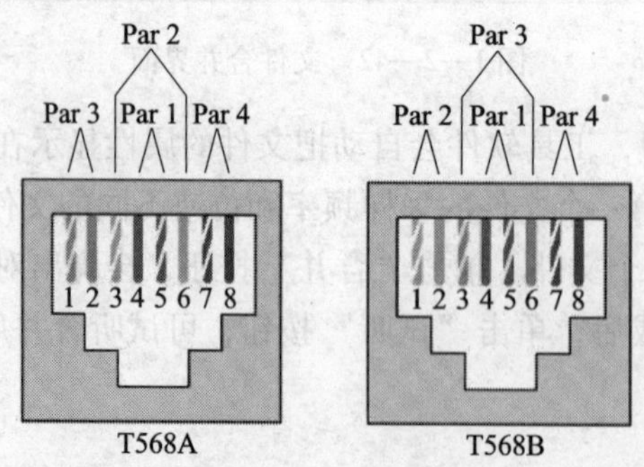

TIA/EIA 568A：白绿 | 绿 | 白橙 | 蓝 | 白蓝 | 橙 | 白棕 | 棕

TIA/EIA 568B：白橙 | 橙 | 白绿 | 蓝 | 白蓝 | 绿 | 白棕 | 棕

图 1—2—43　TIA/EIA 568A/568B 线缆线序图

制作交叉网线，用于同种设备互联，线缆两端一头是 TIA/EIA 568A 标准，另一头是 TIA/EIA 568B 标准。

2）如果用户单位原来没有任何网络，对交换机和布线有什么要求？

交换机：如果是为 IP 网络公共广播布设专用网络，采用二层交换机，推荐使用华为 3COM、锐捷网络、神州数码网络或思科网络等品牌的商用级产品。

布线：80 m 内用超五类网线；80 m 至 2 km 内用多模光纤，配多模光纤收发器；2 km 以上用单模光纤，配单模光纤收发器。

3）如果用户单位已经有网络，有哪些注意事项？

申请 IP 地址：向客户单位的网络管理人员询问可以使用的服务器 IP 地址、终端 IP 地址、网关 IP 地址。注意：服务器 IP 地址必须是静态指定的，终端 IP 地址尽量使用静态地址，如果条件不允许，也可以用自动获取。

判断是否能使用组播，IP 网络公共广播可以采用组播和单播两种方式传输音频数据，默认为组播方式，网络不支持组播时，则使用单播。根据网络环境分类，确定能否使用组播。见表 1—2—2。

表 1—2—2　　组播适用表

网络环境分类	能否使用组播
单网段的局域网	可以
多网段的局域网	可以，需要核心交换机设置允许多播
广域网（包括 ADSL 接入和 VPN）	不可以

4）启动服务软件时，提示“DAO 数据库引擎启动失败”，怎样处理？

DAO 数据库引擎是微软 Windows 自带的系统文件，某些软件卸载时可能会把该系统文件删除，导致提示该错误。解决方法是找到广播软件光盘，运行“\ 工具软件 \ DAO 数据库引擎 V36. exe”，安装丢失的文件。

7. 还原实训现场

整理清洁现场，设备系统还原。通电验收检查，填写设备使用记录，设备移交，实训结束。

总结评价

1. 主题讨论

通过本次任务，完成了 IP 网络公共广播系统软件安装、服务器软件配置、服务器软件使用、工作站软件配置与使用、MP3 节目制作和硬件系统安装。请各个小组讨论并回答下列问题：

（1）IP 网络公共广播系统会发生哪些关键问题？如何维护可以避免？

（2）在 IP 网络公共广播系统安装与配置中，你遇到过哪些困难或走过哪些弯路？如何解决的？

2. 填写实训评价表

为了检验本次任务的学习实践效果，考查对 IP 网络广播系统的概念、功能、特点、拓扑结构等基本知识的掌握情况和实训任务完成情况，根据实训表现和实训效果，结合口试成绩，以分值的方式进行总结评价并填写评价表 1—2—3，给出本任务完成情况的实训成绩。

表 1—2—3　　IP 网络公共广播系统学习评价表

能力	评价项目		配分（总分 100）	自我评价	同学评价	教师评价
职业能力	理论	准确理解 IP 网络公共广播系统的概念	5			
		准确理解 IP 网络公共广播系统的功能特点	5			
		准确理解 IP 网络公共广播系统网络拓扑结构	10			
	实践	能正确记录实验室设备的名称及型号	5			
		能正确连接系统各种设备	10			
		能正确安装系统软件	10			
		能正确完成服务器软件配置与使用	10			
		能正确完成工作站软件配置与使用	10			
		能正确制作 MP3 节目	5			
		能正确完成系统硬件设备安装	10			
		现场整理与设备移交（其中，未切断总电源扣 2 分，未移交扣 1 分，未清理扣 1 分，清理不干净扣 1 分）	5			
通用能力	观察能力		5			
	动手能力		5			
	自我提高能力		5			
自我评价			综合评分	自己签名：		

续表

<table>
<tr><td>能力</td><td>评价项目</td><td>配分
（总分 100）</td><td>自我
评价</td><td>同学
评价</td><td>教师
评价</td></tr>
<tr><td rowspan="2">小组
评价</td><td rowspan="2"></td><td>综合
评分</td><td colspan="3" rowspan="2">组长签名：</td></tr>
<tr><td></td></tr>
<tr><td rowspan="2">教师
评价</td><td rowspan="2"></td><td>综合
评分</td><td colspan="3" rowspan="2">教师签名：</td></tr>
<tr><td></td></tr>
</table>

项目二　有线会议系统的连接与配置

学习目标

全面了解有线会议系统的功能、特色、系统组成、技术原理，以及有线会议系统的发展历程和发展趋势。熟练掌握有关有线会议系统的各项技能：①主机的安装、连接、设置及操作；②会议单元与会议终端的连接及操作；③翻译单元与会议终端的连接、设置及操作；④多系统间的连接、设置及操作；⑤外围设备及附件的连接、设置及操作；⑥有线会议系统环境及维护；⑦有线会议系统各种线缆的制作；⑧有线会议系统联调测试与故障排除。在各个不同领域需求下能够准确应用有线会议系统。

任务一　认识有线会议系统

任务描述

1. 动手拆装有线会议系统，记录其互联设备、线缆类型、接口类型和连接方式
2. 绘制有线会议系统设备连接图，标出设备类型和连接方式
3. 测试并记录有线会议系统各个单元间的通信质量

基础知识

1. 有线会议系统的工作原理

有线会议系统包括有线会议系统控制主机、会议终端、视频服务器、文件和数据服务器（包括文件、海量数据库、外部 Internet 数据等）、会议管理计算机（控制 PC）、会务支持计算机（包括安装在服务间的服务请求控制单元和秘书处的计算机）和会议专用千兆网交换机，如图 2—1—1 所示。

在本系统中，会议专用千兆网交换机连接在有线会议系统控制主机和会议终端之间，它包括一个复用模块和一个以太网接口。复用模块用于将视频信号、文件和数据、会议音频及控制信号复用成一路码流——GMC ~ STREAM 千兆会议媒体流，通过一条 Cat. 6①

① Category 6 cable，6 类双绞线，一般称为 Cat. 6 线，是在千兆以太网以及其他 Cat. 5/Cat - 3 向下兼容网络上所使用到的传输线材标准。相比于 Cat. 5 缆线，Cat. 6 缆线加强了对抗串扰及系统噪声的防护。在规格上，它的信号传输频率高达 250 MHz，适用于 10BASE - T、100BASE - TX 及 1000BASE - T 等各种以太网传送标准。在短距离内，Cat. 6 甚至可用作架构万兆以太网。

千兆网线进行以太网传输，其中，100 M 带宽作为高优先级用于会议音频、表决信息、控制信息等会议重要数据流，剩余的900 M 带宽用于视频、文件、外部 Internet 数据等多媒体数据流，能充分保证会议音频、表决信息、控制信息等会议重要数据流的实时性和稳定性。

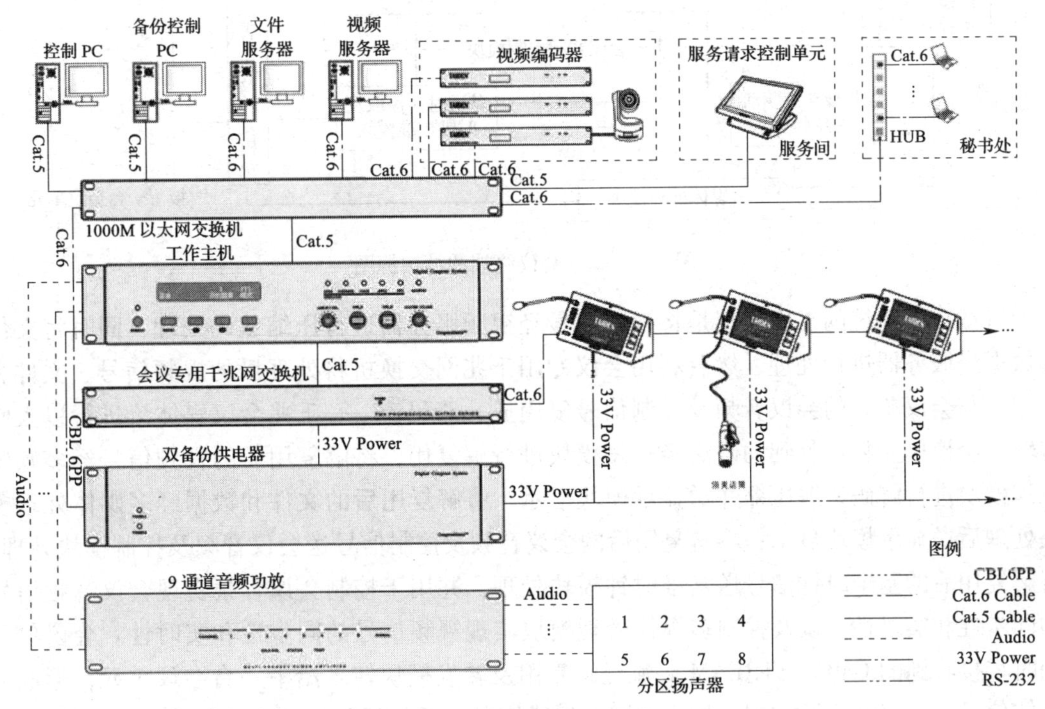

图 2—1—1　有线会议系统设备连接图

会议终端包括会议音频控制模块、显示模块、触摸屏及驱动控制模块、多媒体处理模块和解复用及转发模块等，结构如图 2—1—2 所示。其中，多媒体处理模块具有视频解码、解压缩，以及文件和数据处理功能。会议终端还包括摄像头及驱动控制电路（用于拍照和视频对话）和麦克风及驱动控制电路。会议终端可利用 POE① 技术通过连接会议终端的“手拉手”线缆供电，也可用独立的供电器为会议终端供电。

在本系统中，有线会议系统控制主机还包括一个基准时钟发生模块，用于产生系统基准时钟信号，为会议终端、音频控制模块和视频控制模块提供要提取或校准的时钟信号。会议终端包括解复用及转发模块和会议音频及控制模块相连接的基准时钟提取及时钟校准模块，该模块用于保证会议音频信号的同步性和实时性。在有线会议系统中，视频服务器也包括一个基准时钟提取及时钟校准模块，它用于保证视频信号的同步性和实时性。

---

① POE（Power Over Ethernet）是指在现有以太网布线基础架构不做任何改动的情况下，为一些基于 IP 的终端（如 IP 电话机、无线局域网接入点 AP、网络摄像机等）传输数据信号的同时，还能为此类设备提供直流供电的技术。

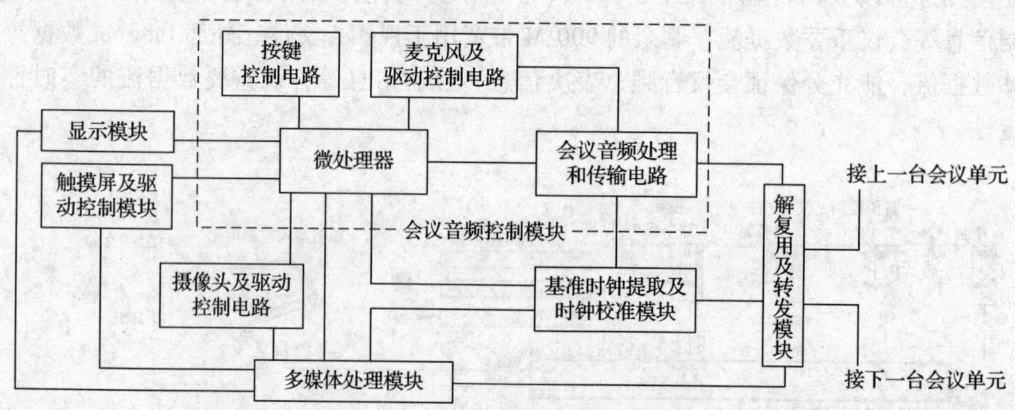

图 2—1—2　会议终端的结构框图

有线会议系统的工作原理是将视频信号经视频服务器进行压缩编码处理，同时将文件和数据经服务器进行处理，然后利用会议专用千兆网交换机将处理后的视频信号、文件和数据，与会议单元的会议音频及控制信号复用成一路码流——千兆会议媒体流进行以太网传输。会议单元将接收到的码流经转发模块进行解复用，将解复用后的视频信号经多媒体处理模块进行解码、解压缩并送显示模块显示；将解复用后的文件和数据经多媒体处理模块处理后送显示模块显示；将解复用后的会议音频及控制信号送会议音频及控制模块处理；将解复用后的基准时钟信号送基准时钟模块处理，并用于控制会议音频实现会议音频信号的同步性和实时性，以及控制多媒体处理模块实现视频信号的同步性和实时性。会议单元同时将接收到的 GMC－STREAM 码流经解复用及转发模块转发给下一台会议单元，形成多媒体信号和会议音频及控制信号通过同一根线缆以“手拉手”连接方式传输。

2. 有线会议系统的功能

图 2—1—3 是有线会议终端，通常具有发言、表决、投票、签到等功能；图 2—1—4 是有线会议系统在大型会议中心的应用。

有线会议系统功能主要体现在会议终端，会议终端的所有音频、视频信号通过一条 Cat. 6 千兆网线传输到后台控制系统，充分保证会议音频、表决信息、控制信息等会议重要数据流的实时性和稳定性，配备高分辨率（1 024 像素 ×600 像素）LCD 触摸屏，内置 300 万像素摄像头，可实现交互式会议控制管理（发言、表决、同声传译）、会议、视频对话、多种视频服务以及会议服务等功能。实现有线会议终端功能要靠有线会议系统主机。下面详细介绍有线会议系统功能。

（1）交互式会议控制管理功能

该管理功能包括会议讨论、表决和同声传译，可利用会议终端的大尺寸 LCD 交互触摸屏，实现查看会场话筒分布、发言列表、发言请求列表等，主席机可进行相应发言控制管理；利用会议终端的摄像头在会议代表进行表决时，拍照记录表决过

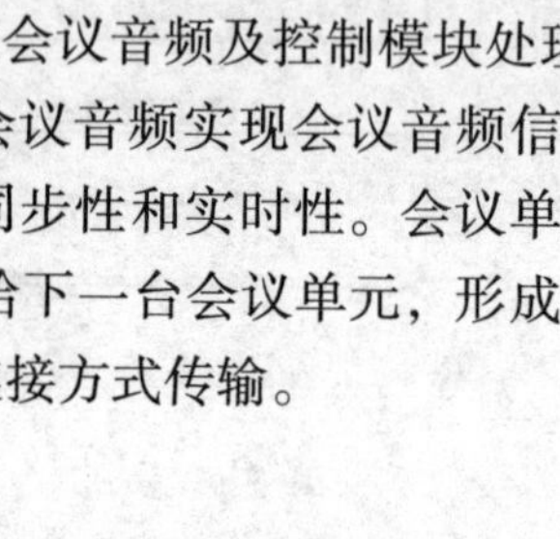

图 2—1—3　会议终端

程，以确定表决的有效性，利用会议终端的 LCD 交互触摸屏实现表决议案的查看、多种形式的投票表决以及多种形式表决结果的显示；可以实现将同声传译通道号及语种的名称全部显示出来，会议代表人员可以通过按键切换语言。

图 2—1—4　大型会议中心 120 座圆形国际会议厅

（2）会议功能

具体包括以下功能：①会议文件管理，通过文件和数据服务器可批量或单独向指定会议终端上传、下载、删除文件，会议终端也可上传、下载文件；会议文件权限管理；文件存档。②讲稿导读，可进行演讲稿自动或手动导读，并可设置自动跟读时间间隔、字体大小、导读界面颜色等。③会议文件查看及批注。④会议记录，可在电子便签本上进行现场记录，并保存会议记录。⑤桌面共享，可将本会议终端的文档显示发送至会场大屏幕和其他会议终端，实现即时汇报。⑥代表信息及座席安排查看。⑦会议日程显示。⑧拍照。⑨重要会议的代表图像确认及记录。⑩上网功能，在会议进行中，可通过互联网或局域网查找相关资料。

（3）视频对话功能

系统内任意两台会议终端可进行内部视频对话；通过视频服务器可实现远程视频会议。

（4）多种视频服务

1）多通道视频广播：通过视频编码器和视频服务器，将各种视频（如高清摄像机、有线电视、视频录像等）对所有单元进行同步高清视频广播。

2）多通道视频点播（可多达 10 通道，800 像素 ×480 像素分辨率）。

3）视频播放：会场大屏幕的视频显示可通过视频编码器和视频服务器在会议终端播放；在会议开始前或休会期间可播放存储在视频服务器内的视频；适时播放存储在会议终端内或 SD 卡内的视频文件。

（5）会议服务功能

1）短信息查看、编辑。

2）服务呼叫、随员呼叫。

（6）其他功能与特色

1）基于全球首创的 Congress Matrix™会议矩阵技术，内置 $N\times8$ 音频矩阵处理器，实现 8 通道分组输出功能。

2）会议单元配备一体化环保会议铭牌，配合专用的铭牌制作软件，实现快速、环保、不炫目的会场桌牌显示系统。

3）采用“环形手拉手”连接，提高了系统可靠性。

4）支持 48 kHz 音频采样频率，传输通道频率响应可达 30 Hz 至 20 kHz。

5）支持 CobraNet 协议，实现与周边设备的数字化无损音质连接。

6）会议主机配备光纤接口，支持远距离会议室合并。

7）会议主机和扩展主机之间的连接采用光纤和 Cat. 5① 线缆双路冗余备份线路。

8）系统电源由中控系统集中控制管理。

9）多种方式的会议室合并/拆分功能。

10）配备多通道的音频输入或输出设备，使得系统的扩展更加灵活。

11）系统可接入其他电容麦克风或动圈麦克风，为用户提供更多选择。

12）会议主机具有 USB 接口，便于系统升级和系统设置参数备份。

任务实施

1. 了解有线会议系统

通过前导知识和本任务基础知识的学习，填写会议系统的概念和分类以及有线会议系统的组成、原理和常见设备，见表 2—1—1。

表 2—1—1　　有线会议系统实训记录表 I

记录项目名称	记录的内容
会议系统的概念	
会议系统的种类	
有线会议系统的组成结构	
有线会议系统的技术原理	
有线会议系统的常见设备	
其他	

2. 拆装有线会议系统

在设备未通电的前提下，观察设备之间的连接情况，可动手拆卸各个设备与线缆的连接处，记录线缆的连接方式以及各设备之间线缆的种类和型号，观察有线会议系统控制主

① Cat. 5 是一种网络电缆，终端配备有 RJ－45 连接器的四对铜质无屏蔽双绞线。它支持的传输频率高达 100 MHz、传输速度高达 1 000 Mbps。

机、会议终端、会议单元、翻译单元、外围设备及附件、连接线缆和接口类型等，填写表2—1—2，并绘制实训现场有线会议系统设备连接图，标出设备类型和连接方式。

上述任务完成后，对设备及相关连接须进行还原操作。

表2—1—2　　有线会议系统实训记录表Ⅱ

序号	设备名称	设备品牌及型号	连接线缆及接口	备注

3. 测试有线会议系统通信质量

有线会议系统设备连接恢复后，接通电源，开启系统，测试会议代表单元与会议主席单元之间的可视通信质量，如发言、表决、同声传译的功能，测试串音、杂音、回声、马赛克、拖尾等干扰情况，填写表2—1—3。

表2—1—3　　有线会议系统实训记录表Ⅲ

序号	测试设备	规格型号	通信质量	备注

4. 还原实训现场

整理清洁实训现场，设备系统还原。通电验收检查，填写设备使用记录，设备移交，实训结束。

总结评价

1. 主题讨论

（1）在工作和生活中哪些地方常会应用到有线会议系统？

有线会议系统最常用于重要的场所，如宾馆、会展中心、图书馆会议室、多媒体教室、会议中心。我们在电影中经常看到有线会议系统的应用，讨论电影片断里有线会议系统的应用场景。

（2）讨论有线会议系统的应用前景和发展趋势。

2. 填写实训评价表

为了检验前导知识和本次任务的学习实践效果，考查对有线会议系统的概念、系统设备软硬件组成、系统原理等基本知识的掌握情况和实训任务完成情况，根据实训表现和实训效果，结合口试成绩，以分值的方式进行总结评价并填写评价表2—1—4，给出本任务完成情况的实训成绩。

表2—1—4　　有线会议系统学习评价表

能力	评价项目		配分（总分100）	自我评价	同学评价	教师评价
职业能力	理论	准确理解会议系统的概念	5			
		准确理解有线会议系统的组成结构	10			
		准确理解有线会议系统的技术原理	10			
		准确了解有线会议系统常见设备的组成	5			
		准确理解有线会议系统的应用	5			
	实践	准确记录实验室设备的名称及型号	5			
		能正确拆装有线会议系统	10			
		能正确进行代表单元之间和代表单元与主席单元之间的呼叫操作	10			
		能正确绘制实训现场设备连接图，标识设备类型及连接方式	10			
		能完整记录有线会议系统通信质量	10			
		现场整理与设备移交（其中，未切断总电源扣2分，未移交扣1分，未清理扣1分，清理不干净扣1分）	5			
通用能力	观察能力		5			
	动手能力		5			
	自我提高能力		5			
自我评价			综合评分	自己签名：		
小组评价			综合评分	组长签名：		
教师评价			综合评分	教师签名：		

任务二　配置有线会议系统主机

任务描述

1. 完成会议主机的初始化、网络、同声传译、系统状态等设置
2. 完成会议主机配置参数的备份并尝试进行恢复操作
3. 测试话筒、LCD、按键、扬声器、LED 等
4. 完成代表单元与主席单元的通信测试

基础知识

1. 有线会议系统主机的概念与组成

有线会议系统主机是有线会议系统的核心部分，是会议单元各种功能的提供者，是整个系统的管理控制中心，是系统硬件与控制软件之间实现连接及控制功能的桥梁。它不仅可以独立工作，而且能够为会议单元（即会议终端）供电。有线会议系统主机如果连接计算机配合系统应用软件，能够完成更加复杂的会议管理与控制功能。

有线会议系统主机可控的系统设备包括发言单元（主席/代表）、表决单元、传输通道、分辨率为 256 像素 ×32 像素的 LCD 触摸屏、麦克风分组输出以及各种接口（光纤接口、CobraNet 接口）等。通过级联扩展主机，有线会议系统主机最多可以连接近 400 台翻译单元、4 000 多台发言/表决单元和任意数量的通道选择器。

2. 有线会议系统主机功能

了解有线会议系统主机功能应从其面板指示和接口开始逐步深入。

（1）有线会议系统主机正面板（前面板）功能与接口

有线会议系统主机的正面板功能及指示如图 2—2—1 所示。

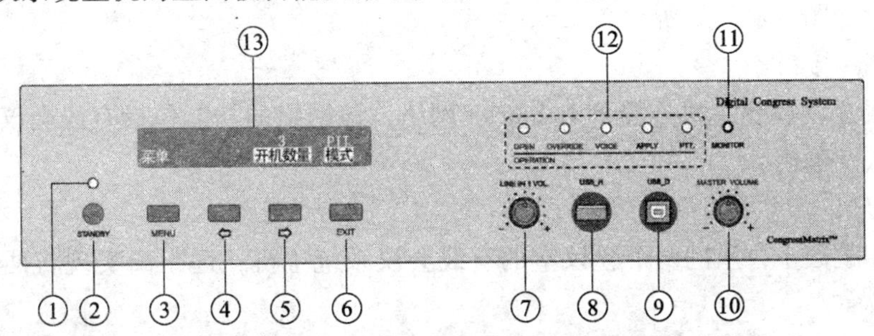

图 2—2—1　有线会议系统主机正面板

①电源指示灯

待机状态为红色；正常工作状态为蓝色。

②“STANDBY”（待机）按键

③“MENU”菜单按键

在 LCD 屏显示开机初始界面时，按下“MENU”按键进入 LCD 设置菜单。

在菜单状态下，按下“MENU”按键（相当于进入或确认按键）选中反白显示的项目或进入下一级菜单。

网络设置时，按下“MENU”按键为选中/解除选中数值。

④“⇦”（左）方向键

显示开机初始界面时，用于显示当前输入音频频谱；在菜单状态下，按下“⇦”（左）方向键左移光标。

⑤“⇨”（右）方向键

显示开机初始界面时，用于选择代表发言单元开机数量；在菜单状态下，按下“⇨”（右）方向键右移光标。

⑥“EXIT”（退出）键

显示开机初始界面时，用于选择话筒开启模式；在菜单状态下，按下“EXIT”键退出当前菜单。

⑦线路输入 1 电平调节旋钮

⑧USB_ H 接口用于连接 U 盘。

⑨USB_ D 接口用于连接计算机。

⑩全局音量调节旋钮

⑪耳机监听接口：耳机插口（ϕ3.5 mm）。

⑫设定话筒开启模式“OPEN”/“OVERRIDE”/“VOICE”/“APPLY”/“PTT”后，对应的指示灯亮起。

⑬菜单显示

分辨率为 256 像素 ×32 像素 LCD 显示屏，显示有线会议系统的主机状态和设置系统时的菜单提示。

（2）有线会议系统主机背面板功能与接口

有线会议系统主机有 A、B 两款，A 款有光纤接口和 CobraNet 接口，B 款则没有。背面板功能及指示如图 2—2—2 所示。

⑭CobraNet 接口

可将有线会议系统主机连接到 CobraNet 网络，该网络的功能包括有线会议系统主机音频信号的输入及输出。

⑮光纤接口

可连接相距数十公里的两个会议室的有线会议系统主机，远距离实现将两个会议室合并为一个会议室。

⑯以太网接口（LAN）

有线会议系统主机使用 TCP/IP 协议，通过以太网接口与计算机网络连接，从而实现远程控制；也可以接入无线网络，使用无线触摸屏进行无线控制。

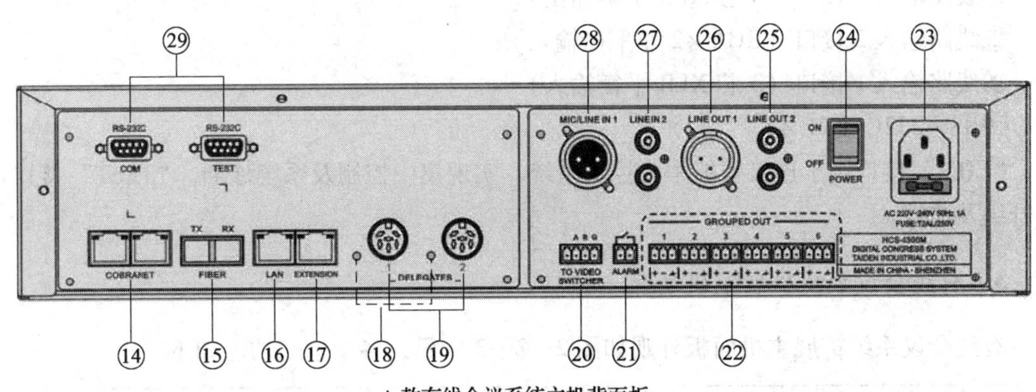

A 款有线会议系统主机背面板

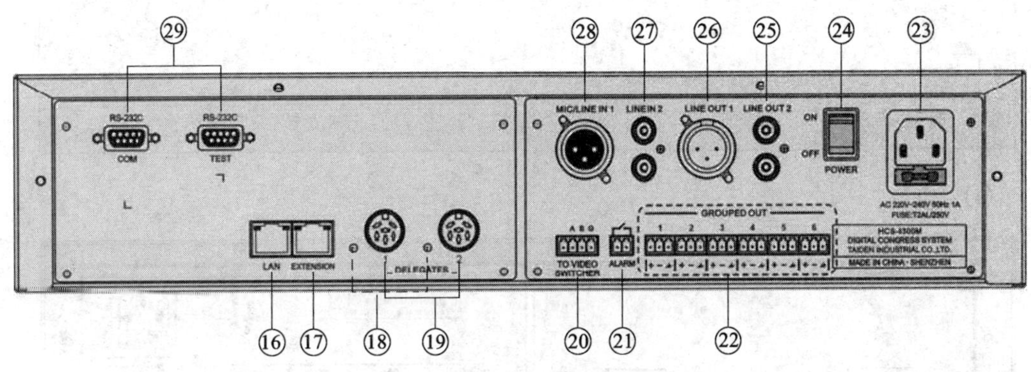

B 款有线会议系统主机背面板

图 2—2—2　有线会议系统主机背面板

⑰扩展接口（EXTENSION）

用于有线会议系统主机与扩展主机、音频输入接口和音频输出器连接或级联，实现系统扩展。

⑱会议单元输出回路指示灯

有会议单元工作时（≥1），LED 灯闪烁；无会议单元接入，LED 灯灭。

⑲会议单元输出接口（1 ~2，共两路）

⑳视频切换台接口

配合视频切换台和摄像机达到视频自动跟踪功能。

㉑消防报警连动触发接口

加 +5 V 电压，所有会议单元话筒关闭，而且会议单元 LCD 屏上会显示“ALARM”。当此接口断开，返回进入报警状态前的工作状态。

㉒分组输出接口（1 ~6，共六路）

㉓电源输入接口

㉔电源开关

㉕线路输出 2 接口（RCA ×2 非平衡输出）

㉖线路输出 1 接口（3 芯 XLR 平衡输出）

㉗线路输入 2 接口（RCA ×2 非平衡输入）

㉘线路输入 1 接口（3 芯 XLR 平衡输入）

㉙RS－232C 接口 ×2

“COM” 接口用于连接智能中央控制系统，实现集中控制及系统诊断。“TEST” 接口用于升级及监控。

3. 有线会议系统扩展主机功能

有线会议系统扩展主机面板外观如图 2—2—3 所示，各个标识功能如下。

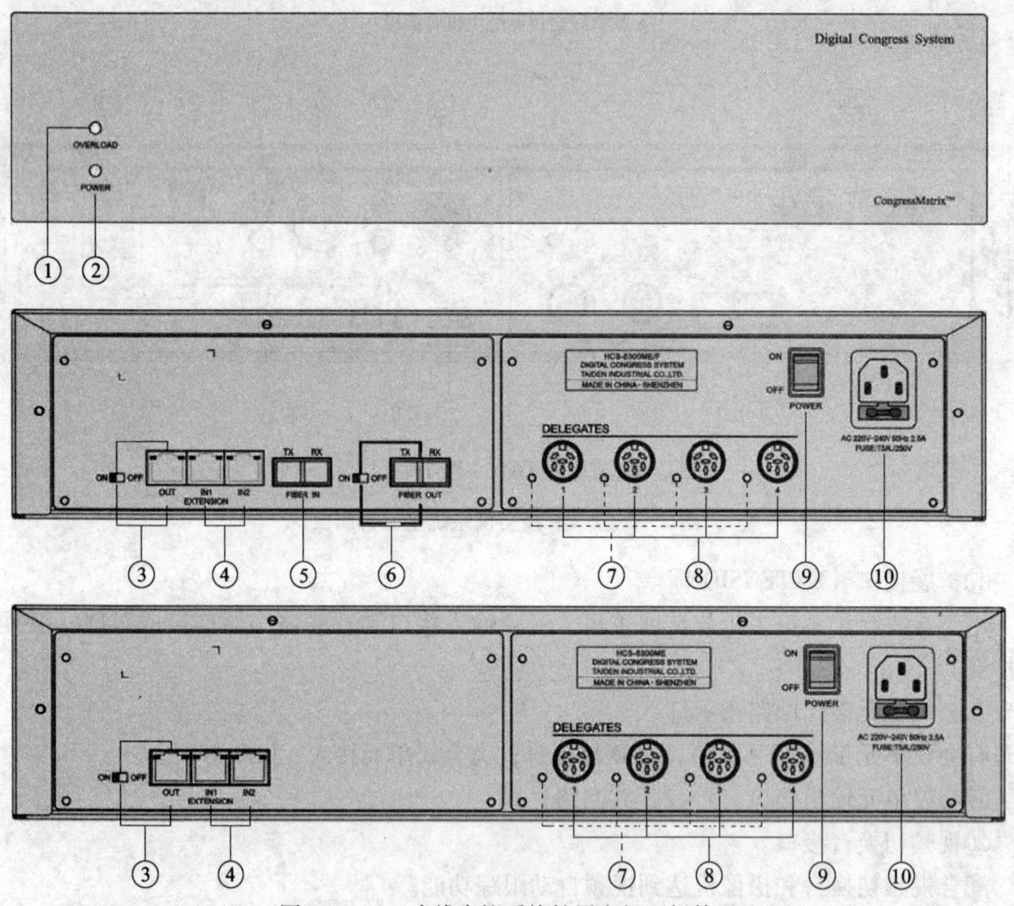

图 2—2—3　有线会议系统扩展主机面板外观

①过载指示灯

②电源指示灯（红色）

③扩展输出接口（带开关）

可连接下一台会议扩展主机、音频输入接口或音频输出器。

④扩展输入接口

用于连接有线会议系统主机、音频输入接口、音频输出器或上一台会议扩展主机。

⑤光纤输入接口

⑥光纤输出接口（带开关）

⑦会议单元输出回路指示灯

有会议单元工作时（≥1），LED 灯闪烁；无会议单元接入，LED 灯灭。

⑧会议单元输出接口 6P－DIN（1～4，共四路）

⑨电源开关

⑩电源输入接口

任务实施

1. 有线会议系统主机安装连接

（1）有线会议系统主机与会议单元的连接

有线会议系统主机有两路 6P－DIN 会议单元输出接口，会议单元自带一条 6P－DIN 公头标准电缆线。主机与会议单元连接时，只要将第一台会议单元的 6P－DIN 公头连接到主机输出接口即可。

在主机与会议单元距离较远时，可选择采用 CBL6PS 延长电缆，该电缆两端分别为 6P－DIN公头和 6P－DIN 母头。将延长电缆 6P－DIN 母头与会议单元自带的 6P－DIN 公头标准电缆线对接，再将延长电缆的 6P－DIN 公头连接到主机输出接口即可。如图 2—2—4 所示。

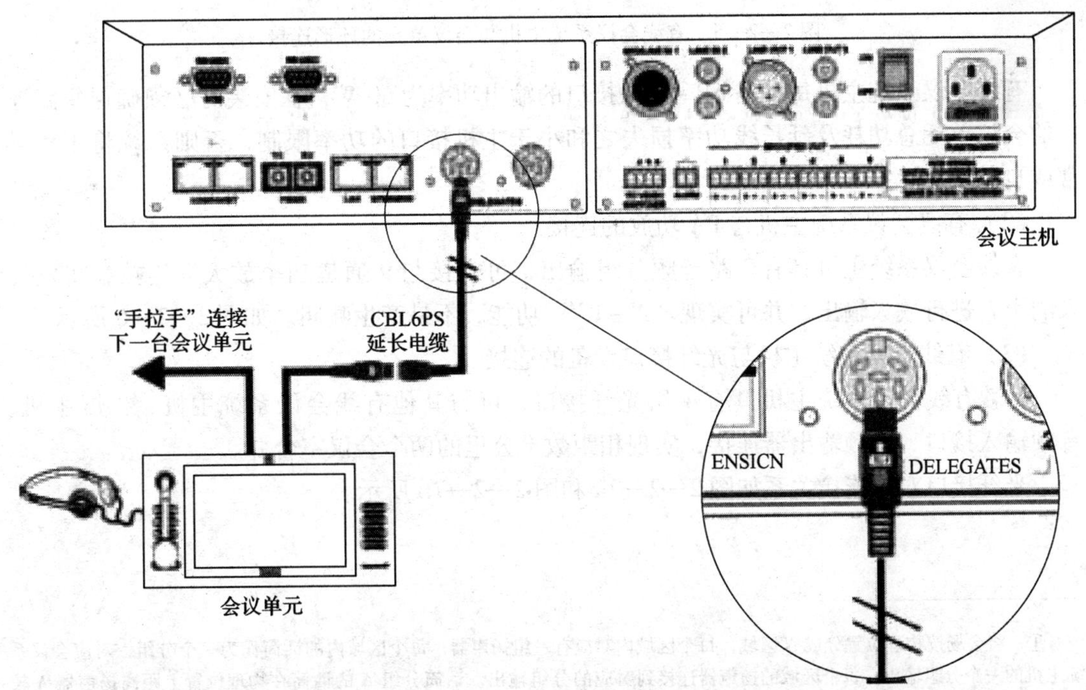

图 2—2—4　有线会议系统主机与会议单元的连接

若选择“环形手拉手”连接，只需将“手拉手”连接的会议单元尾端通过 CBL6PP 延长电缆（该电缆两端均为 6P－DIN 公头）再接入有线会议系统主机即可。在有线会议系统中，只有有线会议系统主机可以实现环形“手拉手”连接，且只允许有一条环路，扩展主机无环形连接功能。如图 2—2—5 所示。

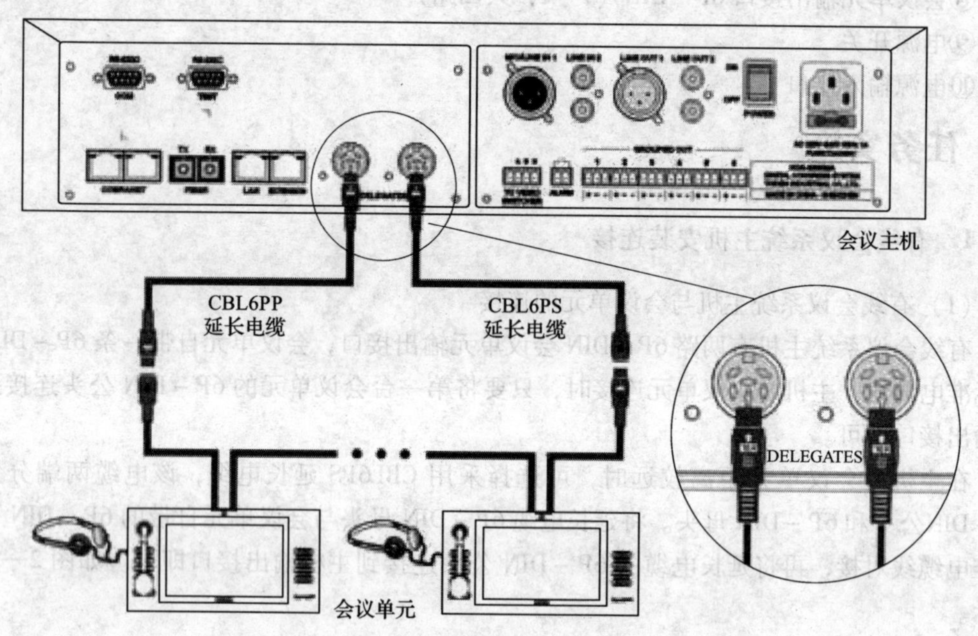

图 2—2—5　有线会议系统主机与会议单元的环形连接

有线会议系统主机每一路 6P－DIN 接口的输出功率为 60 W，在安装时必须确保每路连接的会议单元总功耗及延长线功率损失之和小于主机接口的功率限制，否则系统将工作异常或自动保护。

（2）有线会议系统主机与 PA 功放的连接

有线会议系统主机具有 8 路音频分组输出，可直接与 9 通道功率放大器连接，将发言人的声音进行放大输出，并可实现“$N-1$”① 功能，不易产生啸叫。如图 2—2—6 所示。

（3）有线会议系统主机与光纤接口设备的连接

A 款有线会议系统主机具有 1 组光纤接口，可与其他有线会议系统主机、扩展主机、音频输入接口、音频输出器连接，实现相距数十公里的两个会议室合并。

光纤接口对应连接关系如图 2—2—7a 和图 2—2—7b 所示。

① 将会场按物理位置分成 N 区域，每个区域内对应有一组扬声器；每个区域内的话筒作为一个分组，对应会议系统主机的一个分组输出。每个区域的扬声器连接到对应的分组输出。话筒分组 A 的话筒在物理位置上距离扬声器 A 较近，故开启后容易和扬声器 A 产生声反馈。在这种情况下，通过降低话筒分组 A 的话筒在分组输出 A（连接到扬声器 A）上的增益，即可避免和扬声器 A 产生声反馈现象，而话筒分组 A 的话筒在其他 $N-1$ 个分组输出上维持较高增益。

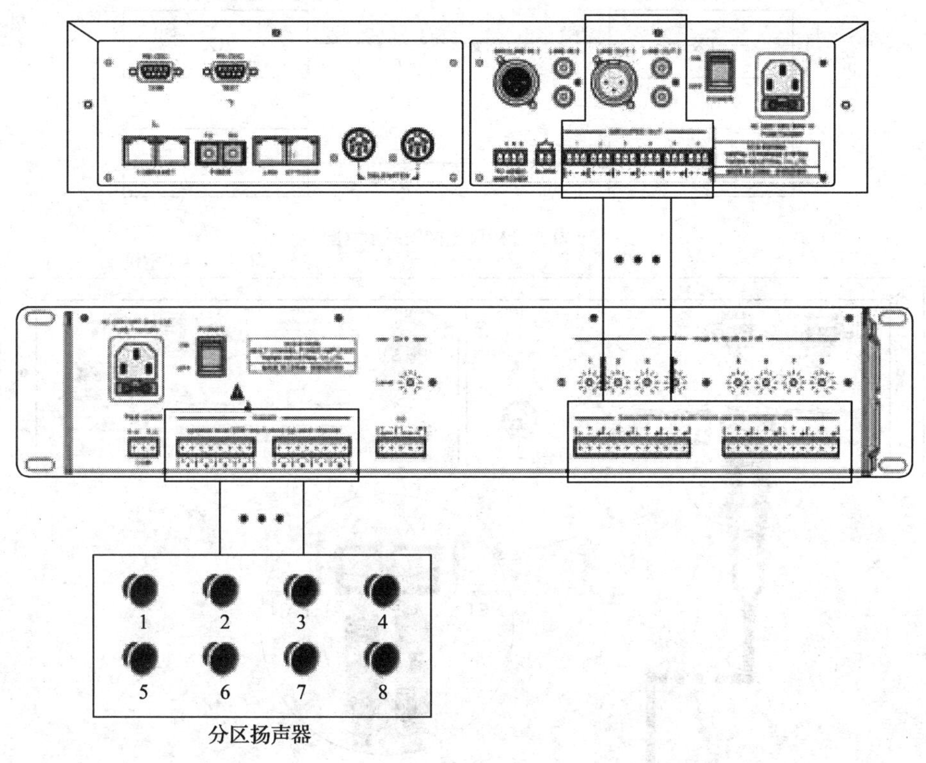

图 2—2—6　有线会议系统主机与功放的连接

（4）有线会议系统主机与 CobraNet 接口设备的连接

CobraNet 是通过以太网接口传输实时数字音频及控制数据的一个标准。

A 款有线会议系统主机具有 1 组 CobraNet 接口，与 CobraNet 接口设备之间通过 Cat. 5 线缆连接。

2. 有线会议系统主机设置操作

在完成系统安装连接后，需要在会议开始前，对有线会议系统主机进行相应的设置。通过前面板的会话式菜单及按键对有线会议系统主机进行设置。设置菜单结构如图 2—2—8 所示。

（1）开机初始化

按下电源开关（ON）后，再按下 STANDBY 键，有线会议系统主机开机初始化。

（2）LCD 初始界面操作

初始化完毕，显示 LCD 初始界面，包括“菜单”“开机数量”和“模式”，如图 2—2—9 所示，选择文字下方对应按键可以执行下一步操作。

1）按“MENU”键进入主菜单。

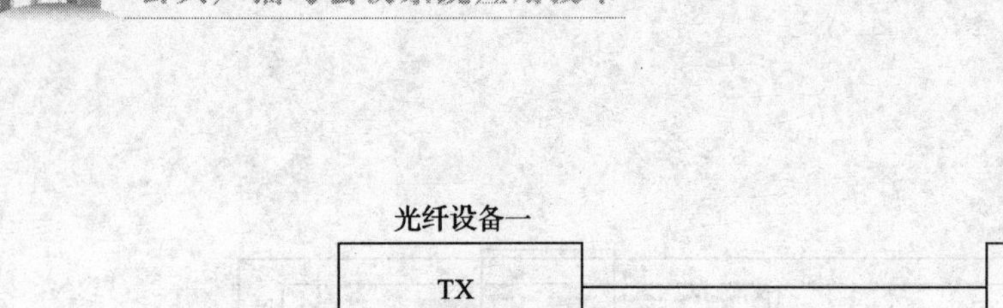

a) 光纤接口连接关系示意图

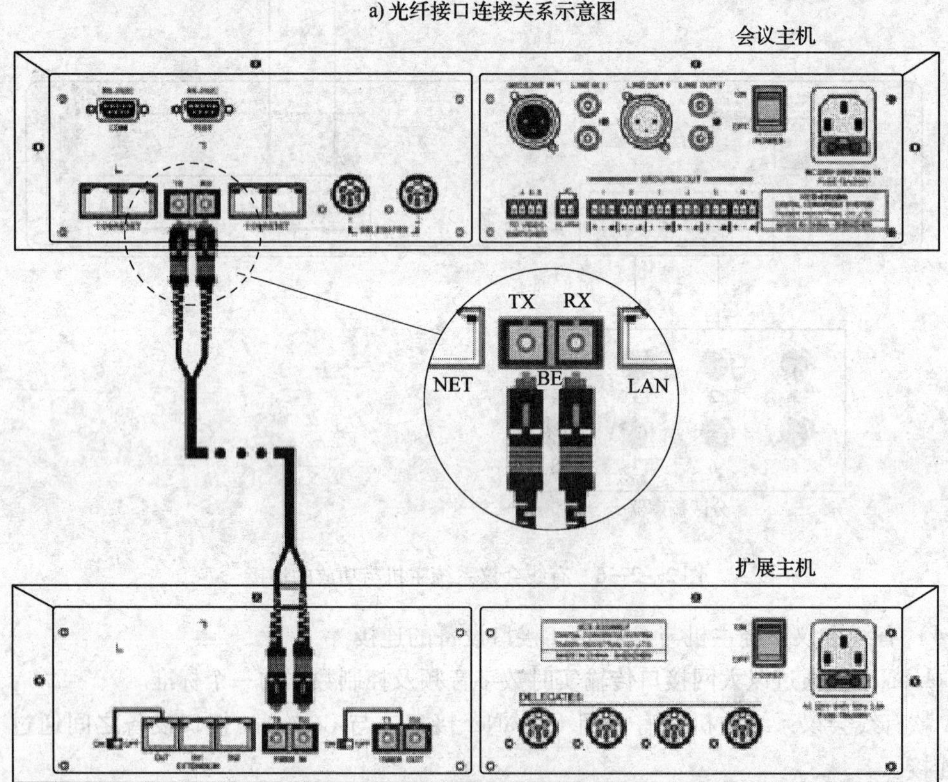

b) 光纤接口连接关系实物图

图 2—2—7　有线会议系统主机间的光纤连接图

2）连续按“⇨”（右）键增加开机数量，设定可同时开启的话筒发言单元数量，一般可设为 1、2、3 或 4 支。

3）按“EXIT”键可以在“Open”“Override”“Voice”“Apply”和“PTT”五种发言模式下切换，同时前面板对应的指示灯亮起。五种发言模式的含义与功能如下。

①“Open”。当已开启代表的发言单元话筒数量已达到预设的开机数量后，以后的代表发言单元进入申请发言状态，最多可有 6 台发言单元进入申请状态。当已开启代表单元关闭话筒后，最先进入申请状态的代表单元将会开启。

②“Override”。当已开启代表的发言单元话筒数量已达到预设的开机数量后，后开启的代表单元将关闭最先开启的代表单元，以保持总的开启数量仍为所限制的开机数量。

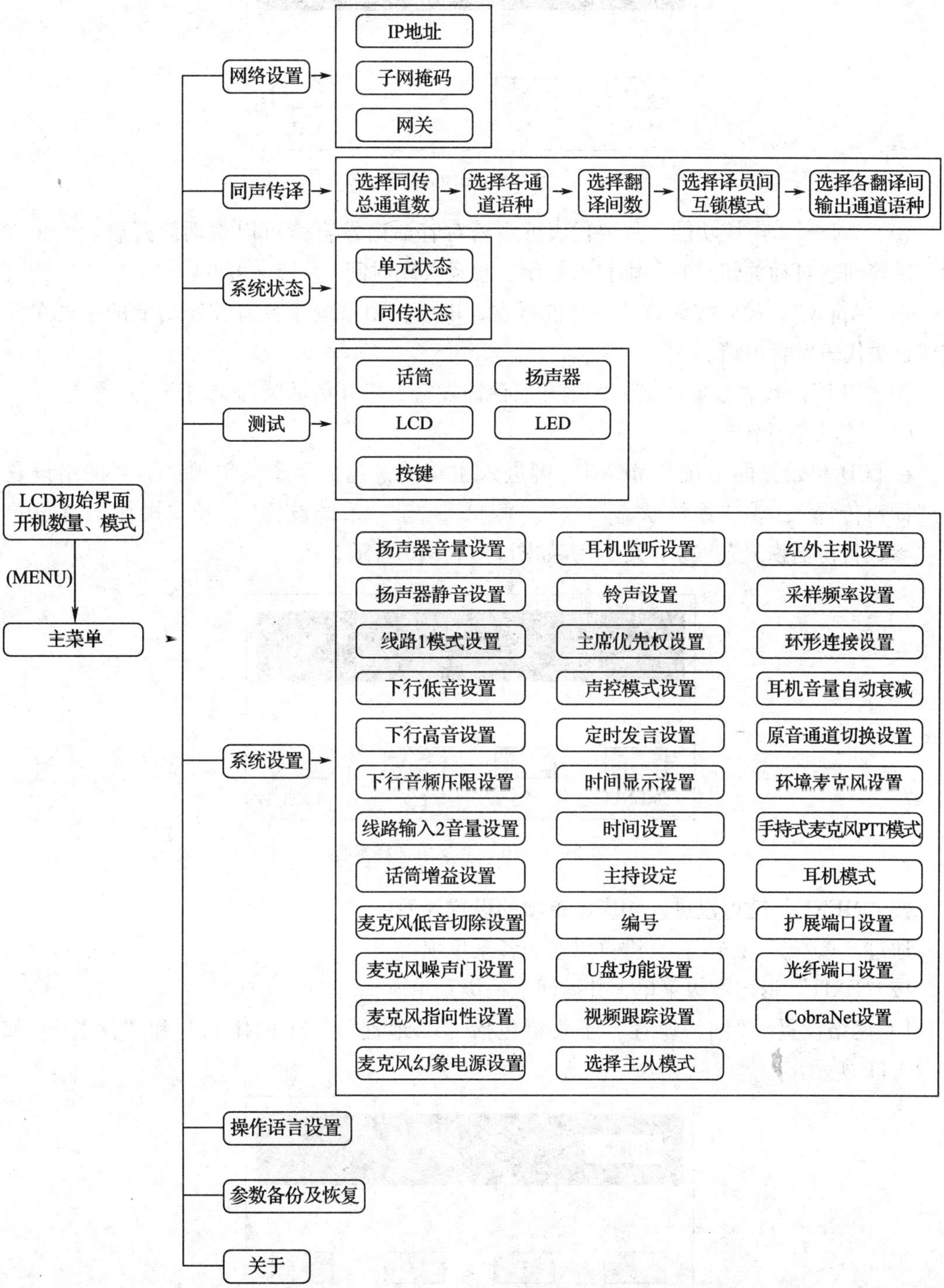

LCD初始界面
开机数量、模式
(MENU)
主菜单

网络设置：IP地址、子网掩码、网关

同声传译：选择同传总通道数 → 选择各通道语种 → 选择翻译间数 → 选择译员间互锁模式 → 选择各翻译间输出通道语种

系统状态：单元状态、同传状态

测试：话筒、扬声器、LCD、LED、按键

系统设置：扬声器音量设置、耳机监听设置、红外主机设置、扬声器静音设置、铃声设置、采样频率设置、线路1模式设置、主席优先权设置、环形连接设置、下行低音设置、声控模式设置、耳机音量自动衰减、下行高音设置、定时发言设置、原音通道切换设置、下行音频压限设置、时间显示设置、环境麦克风设置、线路输入2音量设置、时间设置、手持式麦克风PTT模式、话筒增益设置、主持设定、耳机模式、麦克风低音切除设置、编号、扩展端口设置、麦克风噪声门设置、U盘功能设置、光纤端口设置、麦克风指向性设置、视频跟踪设置、CobraNet设置、麦克风幻象电源设置、选择主从模式

操作语言设置

参数备份及恢复

关于

图 2—2—8　有线会议系统主机 LCD 菜单结构

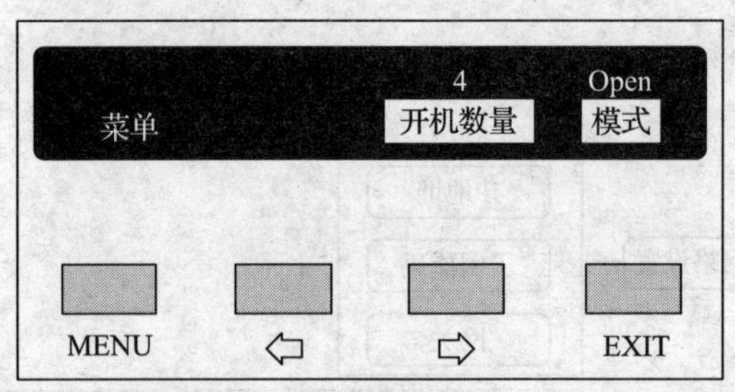

图 2—2—9　主机初始界面

③“Voice”。声控功能。只要代表近距离对着话筒发言就可以将话筒开启。停止发言后，话筒到达自动关闭时间，则自动关闭，自动关闭时间 1 ~ 15 s 可调。

④“Apply”。代表按话筒开关键进行发言申请，由系统中具有控制功能的主席单元批准或否决代表发言申请。

⑤“PTT”。代表按着话筒开关键开启话筒发言，松开后话筒即关闭。

（3）主菜单操作

在 LCD 初始界面下按“MENU”键进入主菜单，包括 8 个菜单项：①“网络设置”；②“同声传译”；③“系统状态”；④“测试”；⑤“系统设置”；⑥“操作语言设置”；⑦“参数备份与恢复”；⑧“关于”。如图 2—2—10 所示。

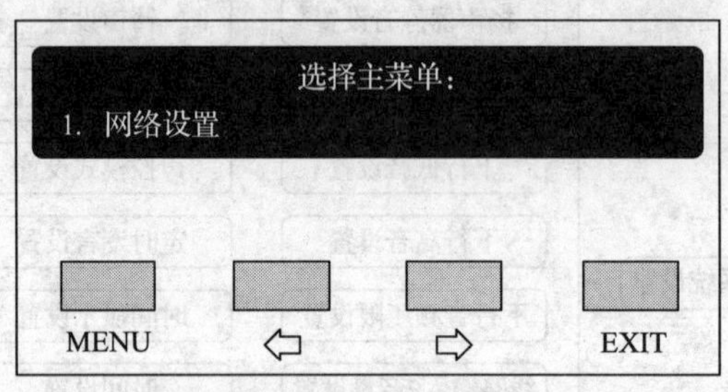

图 2—2—10　主菜单选择界面

按“MENU”键可以进入相应菜单项的设置界面。

通过“⇦/⇨”（左/右）键可以遍历各菜单项。

按“EXIT”退出本级菜单，并返回上一级菜单。

1）网络设置。“网络设置”子菜单包括“IP 地址”“子网掩码”和“网关”，如图 2—2—11 所示。

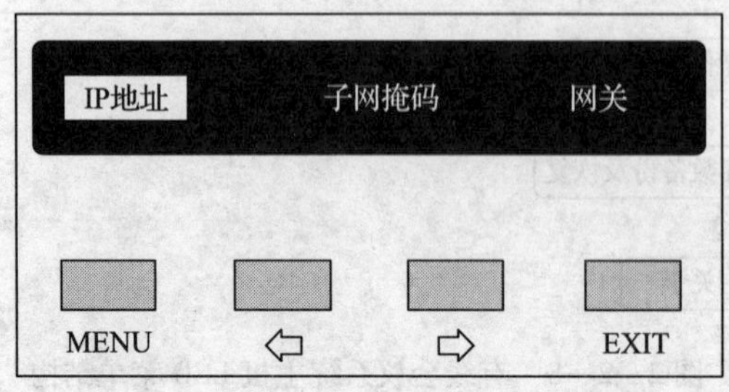

图 2—2—11　网络设置选项界面

①给有线会议系统主机指定唯一的 IP 地址。选择 IP 地址后，按“MENU”键进入设置 IP 地址界面，如图 2—2—12 所示。

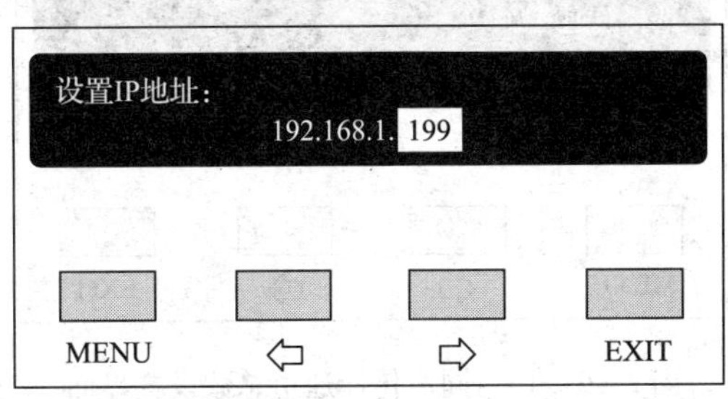

图 2—2—12　网络 IP 地址设置界面

通过“⇦/⇨”（左/右）键可以遍历四个数值。

按“MENU”键确定选中的数值。

按“⇦/⇨”（左/右）键调整数值（长按“⇦/⇨”键可以快速调整数值）。

选择好相应的数值后，按“EXIT”返回上一级菜单。

②给有线会议系统主机设置子网掩码①和网关②。给有线会议系统主机设置子网掩码和网关的方法与设置 IP 地址的方法相同，此处不再赘述。

注意：如果使用控制软件管理控制会议主机，那么控制软件中会议主机的 IP 地址一定要与此功能设置的内容一致，否则会导致网络连接问题。

2）同声传译设置。进入“同声传译”子菜单，需要设置如下参数：同声传译总通道数、各同声传译通道语种、翻译间数、选择译员间互锁模式和各翻译间输出通道语种。如图 2—2—13 所示。

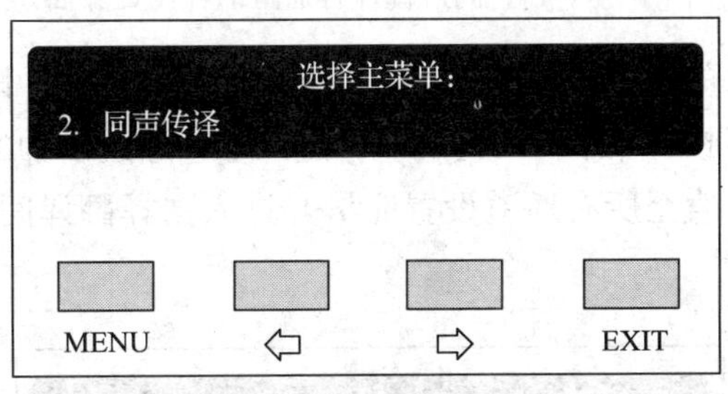

图 2—2—13　主菜单选择界面

---

① 子网掩码（Subnet Mask）是一种用来指明一个 IP 地址的哪些位标识的是主机所在的子网以及哪些位标识的是主机的位掩码。子网掩码不能单独存在，它必须结合 IP 地址一起使用。子网掩码只有一个作用，就是将某个 IP 地址划分成网络地址和主机地址两部分。

② 网关（Gateway）又称网间连接器、协议转换器。网关在传输层上以实现网络互连，是最复杂的网络互连设备，仅用于两个高层协议不同的网络互连。网关既可以用于广域网互连，也可以用于局域网互连。网关是一种充当转换重任的计算机系统或设备。在使用不同的通信协议、数据格式或语言，甚至体系结构完全不同的两种系统之间，网关是一个翻译器。与网桥只是简单地传达信息不同，网关对收到的信息要重新打包，以适应目的系统的需求。同时，网关也可以提供过滤和安全功能。大多数网关运行在 OSI 7 层协议的顶层——应用层。

设置同声传译总通道数，如图 2—2—14 所示。

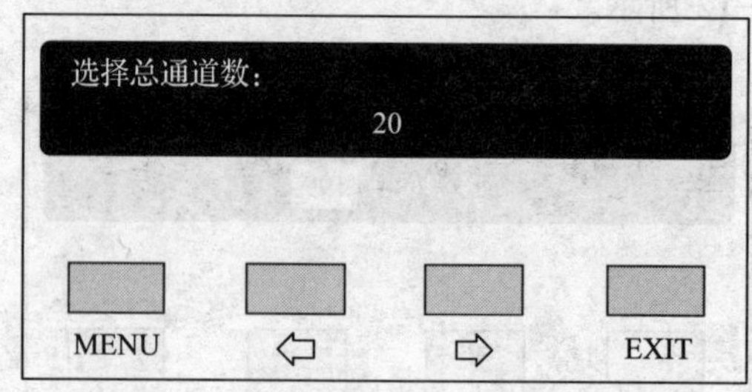

图 2—2—14　同声传译通道总数设置界面

通过“⇦/⇨”（左/右）键调节同声传译总通道数量（长按“⇦/⇨”键可以快速调整数值），可以在 0～63 之间选择。

如果选择“0”，则表示没有同声传译功能，按“MENU”键确认，则退回主菜单界面。

如果选择非“0”数字，则表示选择相应数量的翻译语言通道，按“MENU”键确认，并进入同声传译通道语种设置，如图 2—2—15 所示。

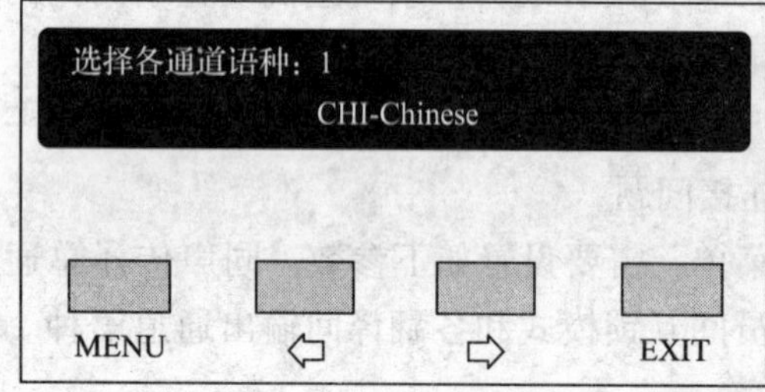

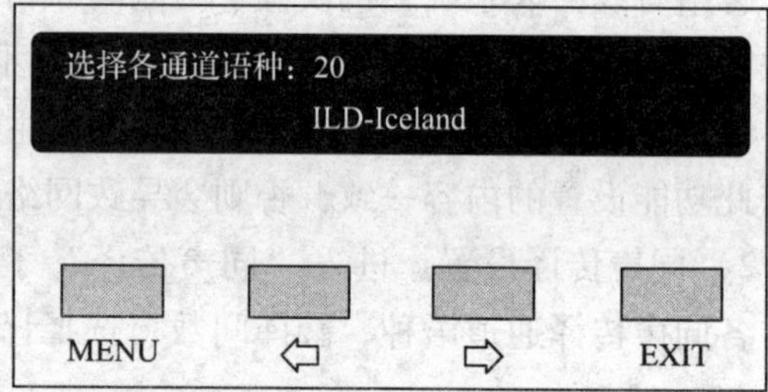

图 2—2—15　同声传译各通道语种设置界面

第一步，进行通道 1 的设置，用“⇦/⇨”（左/右）键在多种语言之间选择。

第二步，选好语种后按“MENU”键确认，进入下一通道语种的设置。

重复上述两个步骤，直至所有通道设置完毕并进入选择翻译间数设置，如图 2—2—16 所示。

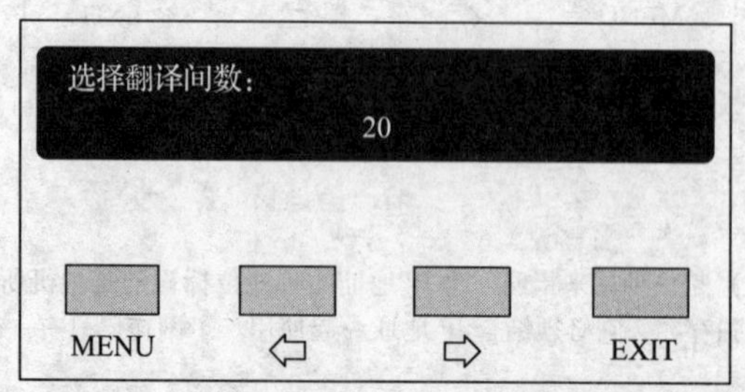

图 2—2—16　同声传译翻译间数设置界面

通过“⇦/⇨”（左/右）键调节翻译间数量，可以在 0～63 之间选择，通常一个通道语种占用一个翻译间。

如果选择“0”则表示没有同声传译功能，按“MENU”键确认则退回主菜单界面。

如果选择非“0”数字，表示选择相应数量的翻译间数量，按“MENU”键确认，则进入译员间互锁模式选择，如图2—2—17所示。

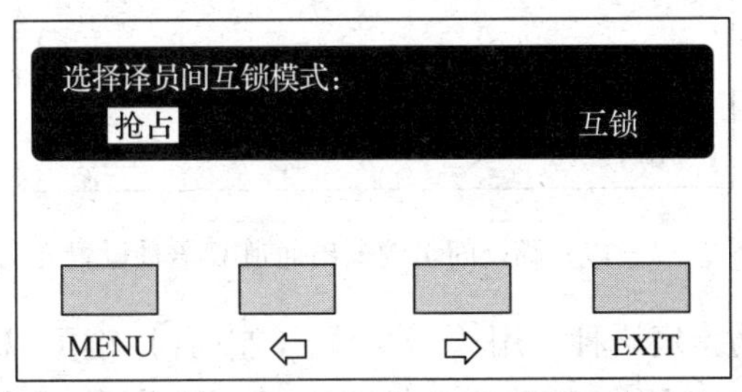

图2—2—17　同声传译各译员间互锁模式设置界面

“互锁模式”用于设定系统中不同译员间内翻译单元的互锁模式，包含“抢占”和“互锁”。

通过“⇦/⇨”（左/右）键可在两个模式间切换，选择需要的模式。

当选择“抢占”模式时，另一翻译间的翻译单元可开启已经被占用的通道，同时关闭占用该通道的翻译单元。

当选择“互锁”模式时，另一翻译间的翻译单元不可开启已经被占用的通道。

按“MENU”键确认并进入各翻译间输出通道语种选择，如图2—2—18至图2—2—21所示。

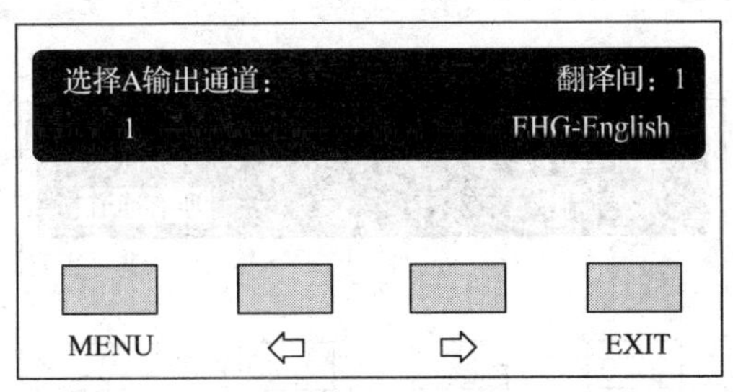

图2—2—18　翻译间1的输出通道A语种设置界面

为了分传译音，翻译单元提供了A、B、C三种通道语言输出口，同一翻译间内所有翻译单元同一输出通道语种相同。选择翻译间数目以后，进入对各个翻译间输出通道所需语种的设置界面。

设置翻译间1输出通道A的语种：用“⇦/⇨”（左/右）键可以遍历通道语种设置中所设定的各通道语种，按“MENU”键确定。

设置翻译间1输出通道C的语种：可以在“无输出”和“所有通道”之间选择，如图2—2—19所示。

选择“无输出”，表示翻译间1的C通道不输出语种。

选择“所有通道”，表示翻译间1的C通道输出可以在已设定的各通道间选择。

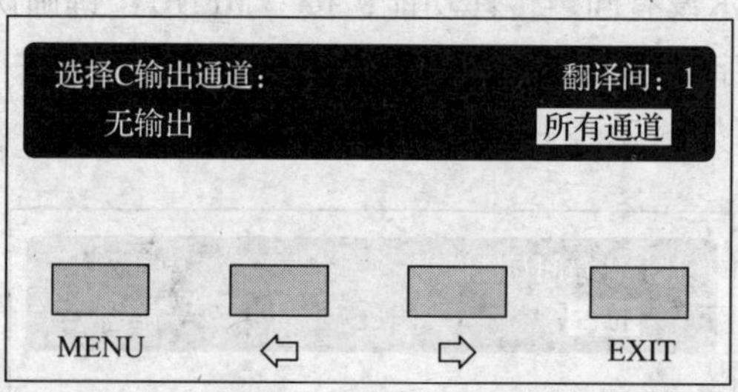

选择C输出通道：　翻译间：1
无输出　所有通道
MENU　⇦　⇨　EXIT

图 2—2—19　翻译间 1 的输出通道 C 语种设置界面

此时，输出通道 B 为指定语种：用“⇦/⇨”（左/右）键可以遍历通道语种设置中所设定的各通道语种，按“MENU”键确定，如图 2—2—20 所示。

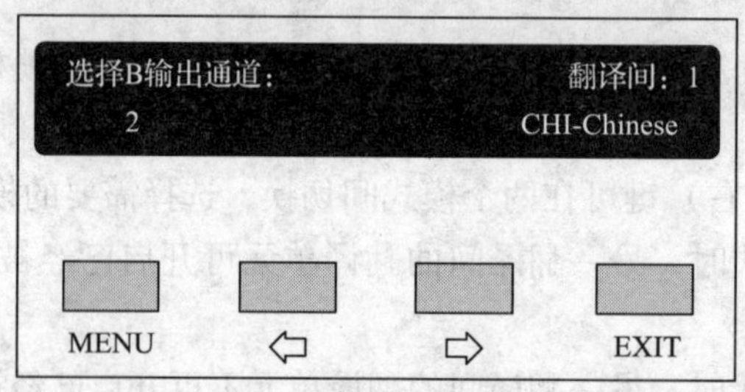

图 2—2—20　翻译间 1 的输出通道 B 语种设置界面

此时，输出通道 B 的语种设置可以在“无输出”和“所有通道”之间选择，如图 2—2—21 所示。

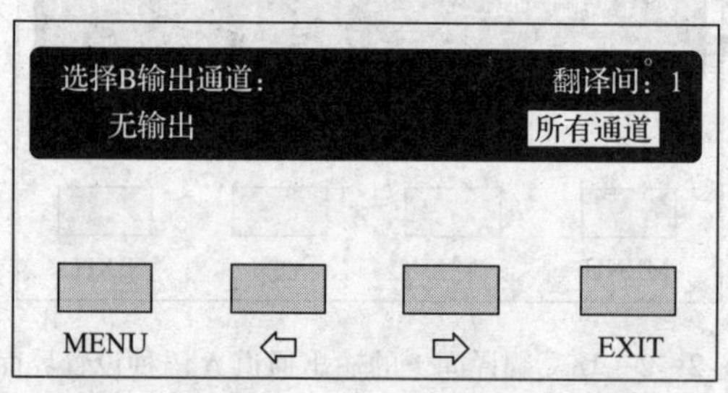

图 2—2—21　翻译间 1 的输出通道 B 语种设置界面

选择“无输出”，表示翻译间 1 的 B 通道不输出语种。

选择“所有通道”，表示翻译间 1 的 B 通道输出可以在已设定的各通道间选择。

选择完毕后按“MENU”键确认，进入下一翻译间输出通道语种的设置。

重复前面翻译间输出通道语种设置步骤，直至所有翻译间 A、B、C 输出通道语种设置完毕，返回到主设置界面。

3）系统状态设置。“系统状态”子菜单包括“单元状态”和“同传状态”，如图 2—2—22 所示。通过“⇦/⇨”（左/右）键在两种状态下切换，选中后，按“MENU”键确认。

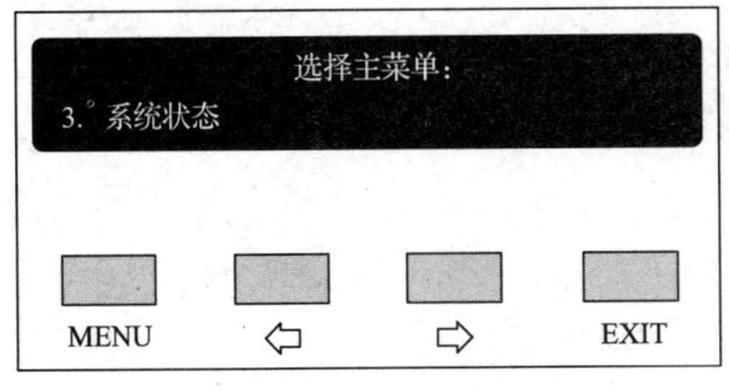

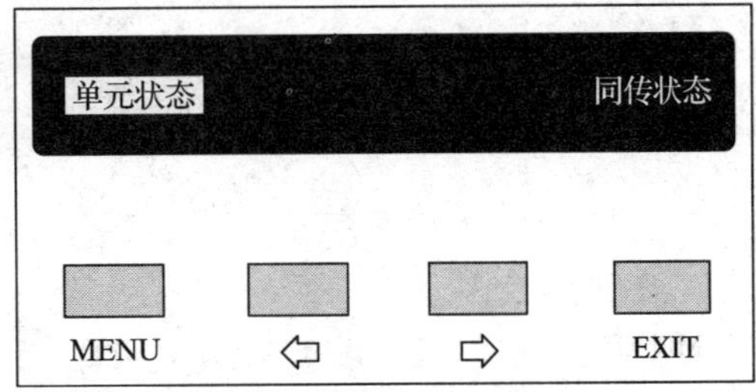

图 2—2—22　系统状态界面

“单元状态”用于监视话筒状态，包含单元总数、发言数和申请数，如图 2—2—23 所示。

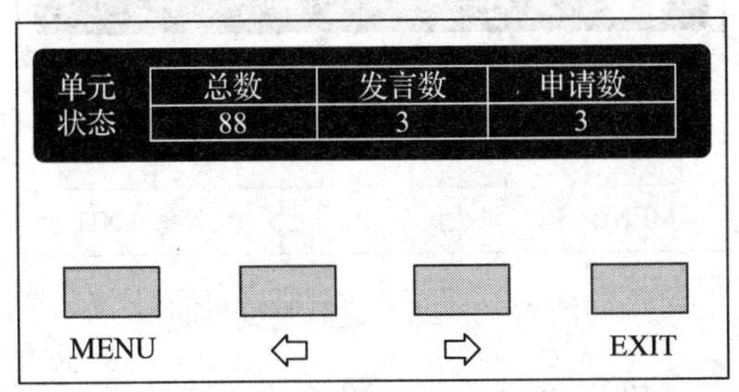

图 2—2—23　单元状态界面

“同传状态”监视同声传译通道以及所处状态。一个满屏最多可以显示 8 个通道的情况，通过“⇦/⇨”（左/右）键可以遍历所有的通道。

“F”表示该通道是原声通道，如果通道没有分配相应的翻译间或尚未被译音所占用，也一样会出现“F”。如果相应通道的翻译间内的翻译单元话筒开启后，“F”会被“+”取代；如果翻译间内所有的翻译单元话筒都关闭后，“+”又会变成“F”。如图 2—2—24 所示。

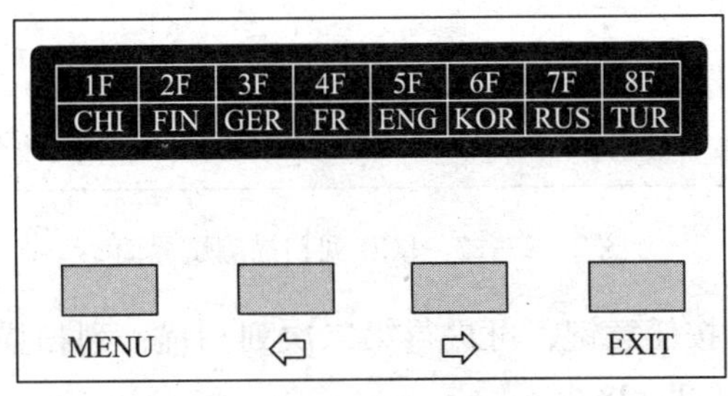

图 2—2—24　“同传状态”界面

4）测试（声控模式和 PTT 模式下不能使用）。“测试”子菜单如图 2—2—25 所示，包括“话筒”“LCD”“按键”“扬声器”和“LED”。

①“话筒”。用于会前对话筒进行检测，如果没有发言单元连接到主机，则不能进入图 2—2—26 所示界面。

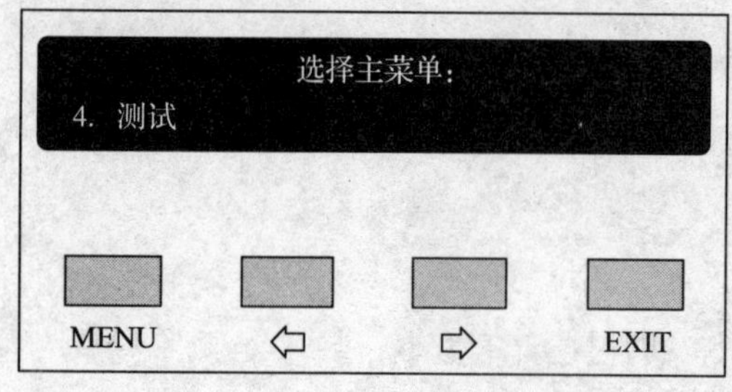

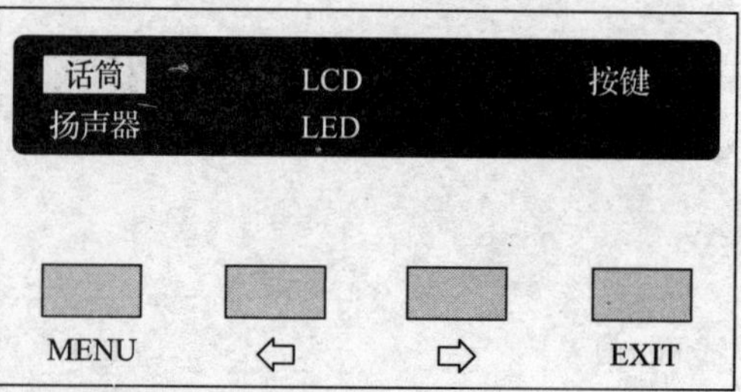

图 2—2—25 测试界面

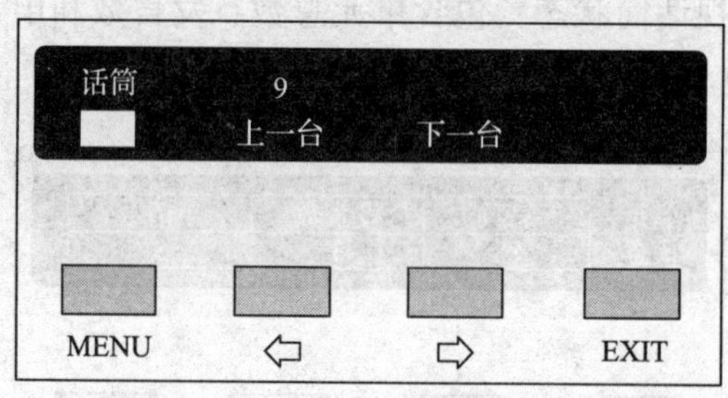

图 2—2—26 话筒测试界面

通过“⇦/⇨”（左/右）键可以遍历所有连接的会议单元。

通过“MENU”键开启、关闭会议单元话筒以测试其是否可以正常开启或关闭。

所有会议单元话筒测试完成后，按“⇨”（右）键或“EXIT”键退出话筒测试。

②“LCD”。通过按“⇦/⇨”（左/右）键选中“LCD”，并按“MENU”键确定，进入LCD 屏测试界面，立即开始 LCD 屏的第一次列扫描，如图 2—2—27 所示。

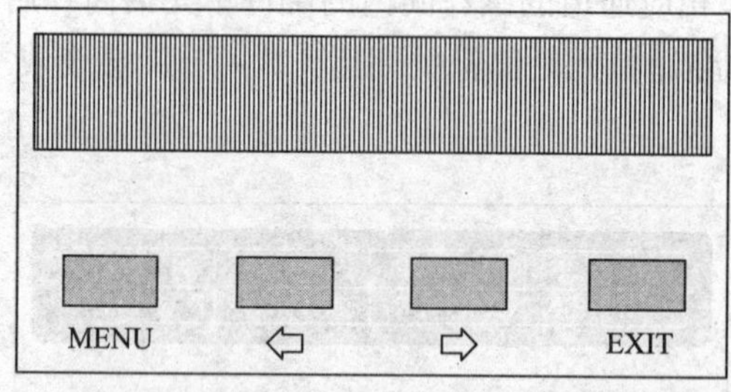

图 2—2—27 LCD 列扫描测试界面

第一次列扫描完成，按任意键，可进行第二次列扫描；列扫描完成，按任意键，可进行第一次行扫描，如图 2—2—28 所示。

第一次行扫描完成，按任意键，可进行第二次行扫描；再按任意键，进行全屏点扫描；扫描完成后按任意键返回上一级菜单。

③“按键”。用于会前特别是有表决功能时对按键进行检测。

按“⇦/⇨”（左/右）键选中“按键”，并按“MENU”键确定，此时系统中连接的会议单元进入按键测试状态。

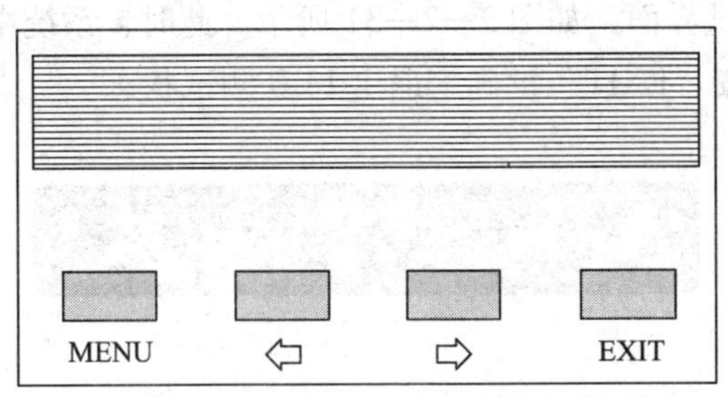

图 2—2—28　LCD 行扫描测试界面

会议单元的按键 LED 指示灯闪烁，带 LCD 屏的会议单元会提示对各个按键进行操作，依次按下所有按键，以测试其是否正常工作。

所有按键测试完成，通过主机前面板“EXIT”键结束按键测试，并返回上一级菜单。如图 2—2—29 所示。

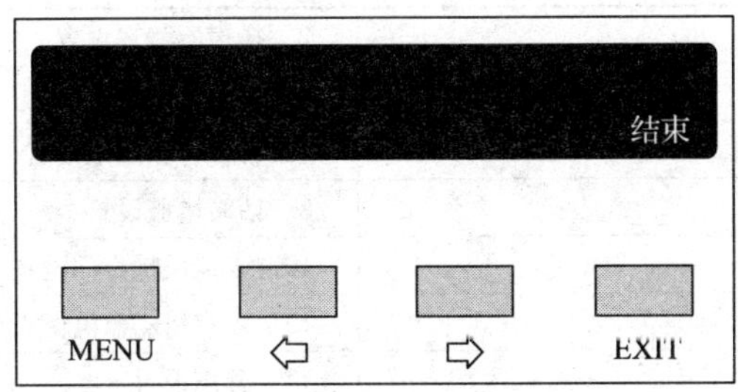

图 2—2—29　按键测试界面

④“扬声器”。按“⇦/⇨”（左/右）键选中“扬声器”，并按“MENU”键确定，进入扬声器测试界面，用于会前对会议单元扬声器进行检测，如果没有发言单元连接到主机，则不能进入此界面。如图 2—2—30 所示。

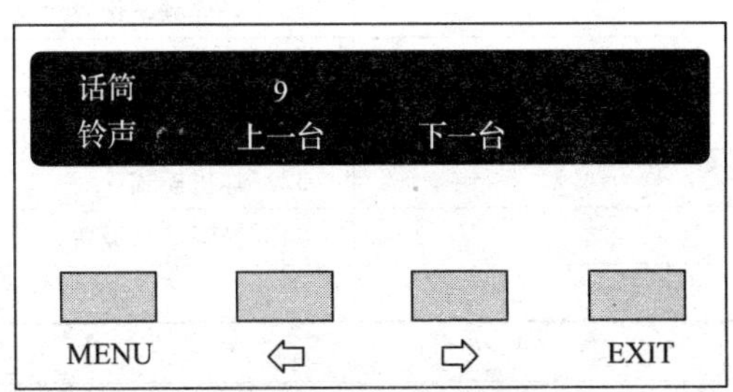

图 2—2—30　扬声器测试界面

通过“⇦/⇨”（左/右）键可以遍历所有连接的会议单元。

通过“MENU”键开启当前会议单元扬声器铃声，以测试其是否正常工作。

所有会议单元扬声器测试完成后自动退出扬声器测试界面，按“⇨”（右）键或“EXIT”键退出扬声器测试。

⑤“LED”。按“⇦/⇨”（左/右）键选中“LED”，并按“MENU”键确定，进入会议

单元 LED（指示灯）测试界面，如图 2—2—31 所示。此时，系统中已连接会议单元的所有 LED（指示灯）闪烁。按“EXIT”键确定退出 LED 测试状态。

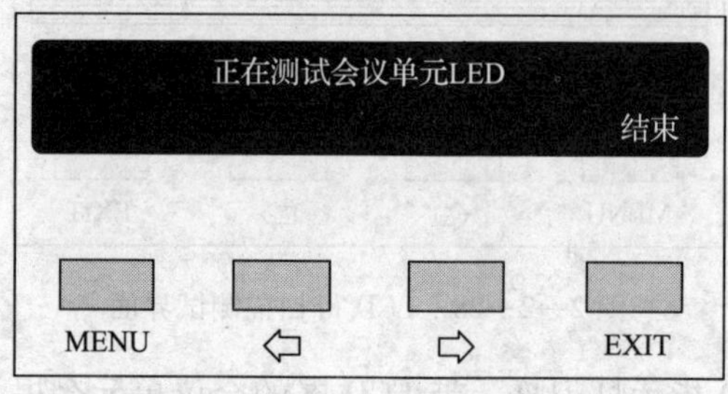

图 2—2—31　LED 测试界面

5）系统设置。系统设置子菜单包括的内容见表 2—2—1，其界面如图 2—2—32 所示。

表 2—2—1　　**“系统设置”子菜单表**

1. 扬声器音量设置	2. 扬声器静音设置
3. 线路 1 模式设置	4. 下行低音设置
5. 下行高音设置	6. 下行音频压限设置
7. 线路输入 2 音量设置	8. 话筒增益设置
9. 麦克风低音切除设置	10. 麦克风噪声门设置
11. 麦克风指向性设置	12. 麦克风幻象电源设置
13. 耳机监听设置	14. 铃声设置
15. 主席优先权设置	16. 声控模式设置
17. 定时发言设置	18. 时间显示设置
19. 时间设置	20. 主持设定
21. 编号	22. U 盘功能设置
23. 视频跟踪设置	24. 选择主从模式
25. 红外主机设置	26. 采样频率设置
27. 环形连接设置	28. 耳机音量自动衰减
29. 原音通道切换设置	30. 环境麦克风设置
31. 手持式麦克风 PTT 模式	32. 耳机模式
33. 扩展端口设置	34. 光纤端口设置
35. CobraNet 设置	

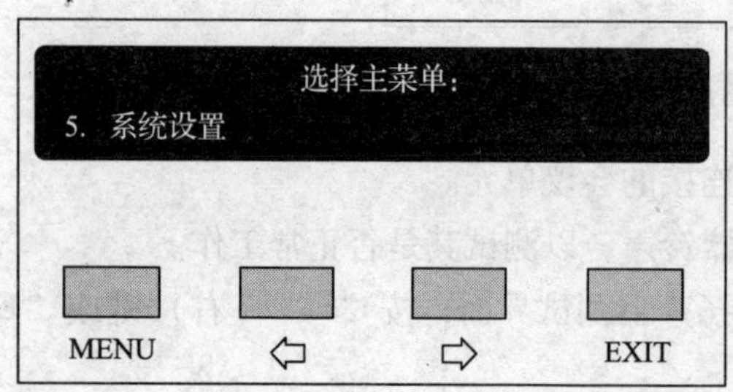

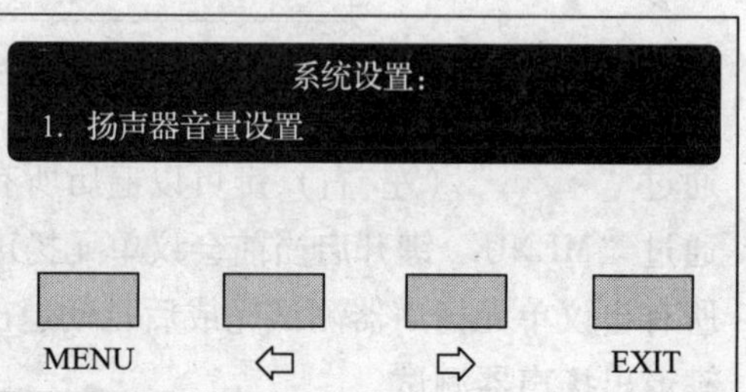

图 2—2—32　系统设置界面

①“扬声器音量设置”。调节系统中各会议单元（不含翻译单元）内置扬声器音量。可调范围：－30～0 dB。如图 2—2—33 所示。

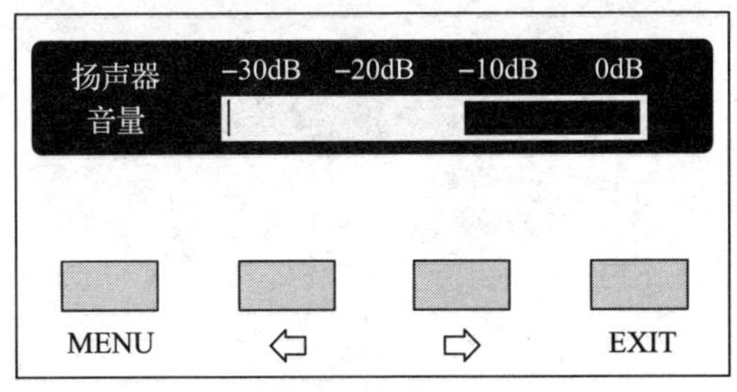

图 2—2—33　扬声器音量设置界面

可通过“⇦/⇨”（左/右）键调节音量大小。

按“MENU”键保存设置，并返回上一级菜单。

②“扬声器静音设置”。选择系统中各会议单元（不含翻译单元）内置扬声器是否静音。如图 2—2—34 所示。

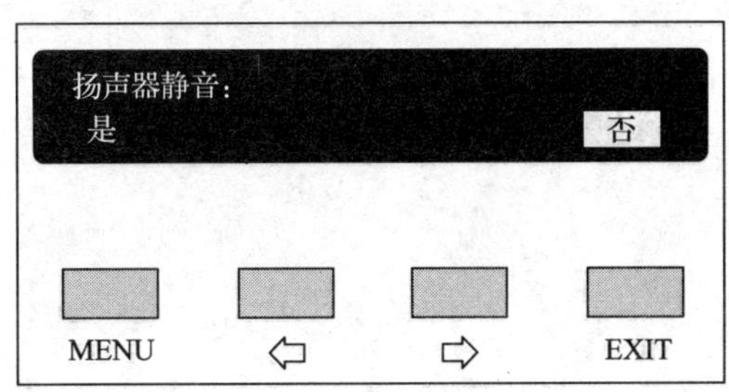

图 2—2—34　扬声器静音设置界面

可通过“⇦/⇨”（左/右）键选择是否静音。

按“MENU”键保存设置，并返回上一级菜单。

③“线路 1 模式设置”。选择主机线路输入 1（MIC/LINE IN 1）为线路输入或麦克风输入。如图 2—2—35 所示。

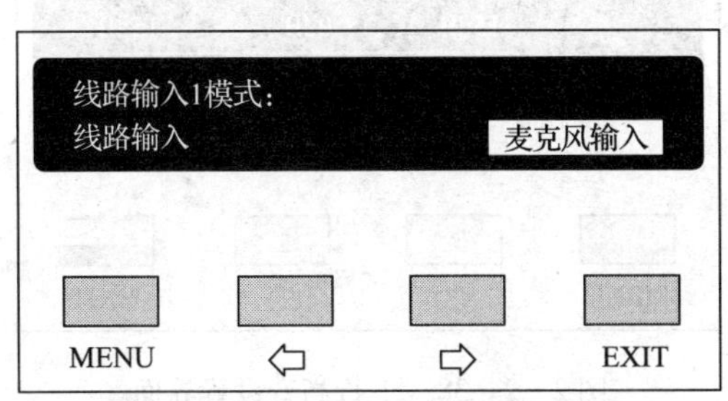

图 2—2—35　线路 1 模式设置界面

通过“⇦/⇨”（左/右）键切换“线路输入”或“麦克风输入”。

选择“线路输入”，按“MENU”确认，则返回上一级菜单。

选择“麦克风输入”，按“MENU”键确认，进入幻象电源开启设置，如图2—2—36所示。

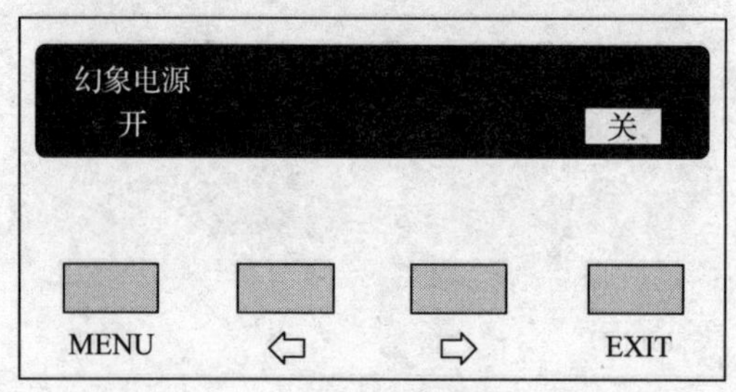

图2—2—36 幻象电源开启设置界面

通过“⇦/⇨”（左/右）键选择是否开启幻象电源，用于连接电容式麦克风。

按“MENU”键保存设置，并返回上一级菜单。

④“下行低音设置”。调节系统中各会议单元（不含翻译单元）内置扬声器及耳机低音。可调范围：-15~15 dB。如图2—2—37所示。

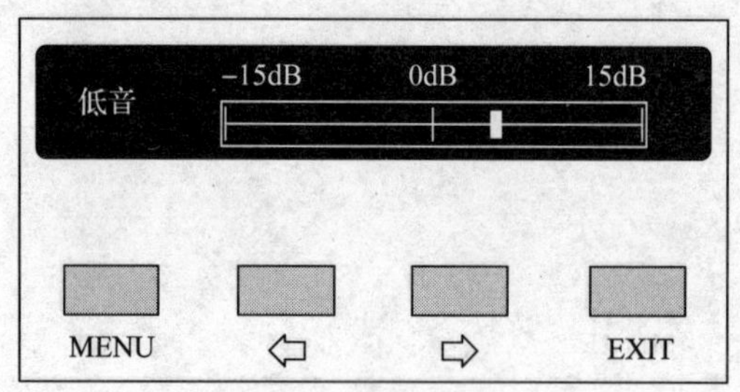

图2—2—37 下行低音设置界面

通过“⇦/⇨”（左/右）键调节；按“MENU”键保存设置，并返回上一级菜单。

⑤“下行高音设置”。调节系统中各会议单元（不含翻译单元）内置扬声器及耳机高音。可调范围：-15~15 dB。如图2—2—38所示。

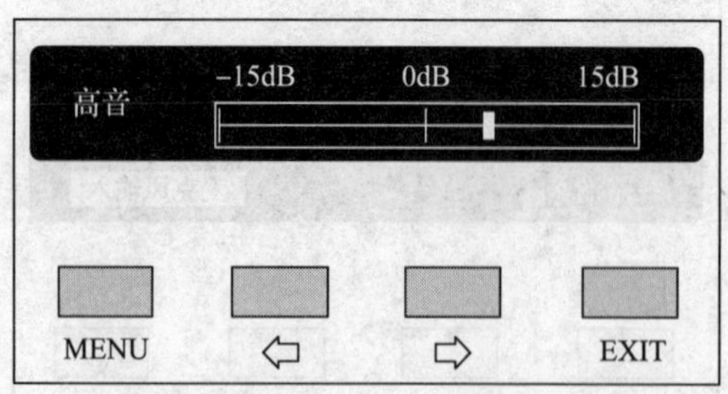

图2—2—38 下行高音设置界面

通过“⇦/⇨”（左/右）键调节；按“MENU”键保存设置，并返回上一级菜单。

⑥“下行音频压限设置”。调节系统中各会议单元内置扬声器及耳机压限阈值。如图2—2—39所示。

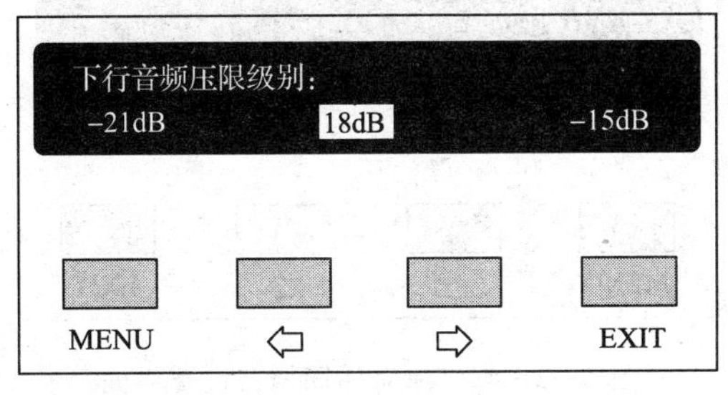

图 2—2—39　下行音频压限设置界面

通过“⇦/⇨”（左/右）键选择压限阈值，分别为 -21 dB、-18 dB、-15 dB。

按“MENU”键保存设置，并返回上一级菜单。

⑦“线路输入 2 音量设置”。调节主机线路输入 2 音量。可调范围：静音、-30～0 dB。如图 2—2—40 所示。

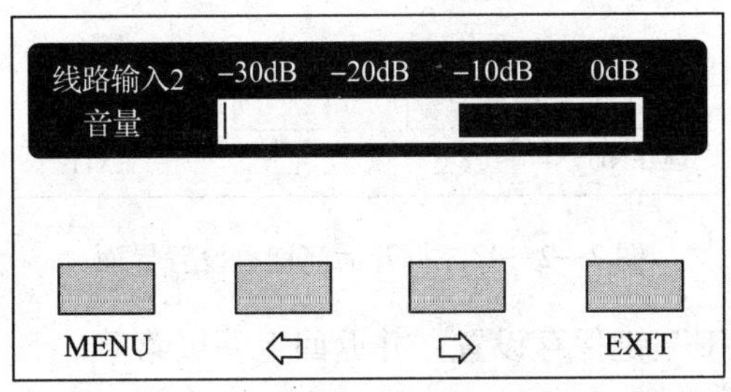

图 2—2—40　线路输入 2 音量设置界面

通过“⇦/⇨”（左/右）键调节音量大小；按“MENU”键保存设置，并返回上一级菜单。

⑧“话筒增益设置”。“设置话筒增益”包括两个菜单项“所有话筒”和“打开话筒”，如图 2—2—41 所示。

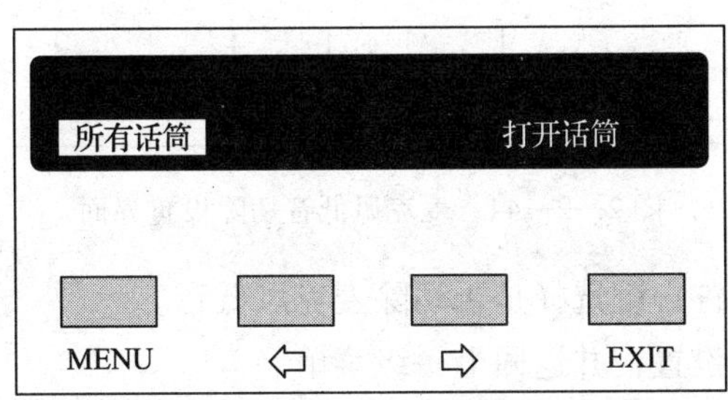

图 2—2—41　话筒增益设置界面

“所有话筒”：通过“⇦/⇨”（左/右）键调节所有话筒增益（长按“⇦/⇨”键可以快速调整数值），范围为 -15～15 dB。如图 2—2—42 所示。

设置完毕，按“MENU”键保存设置，并返回上一级菜单。

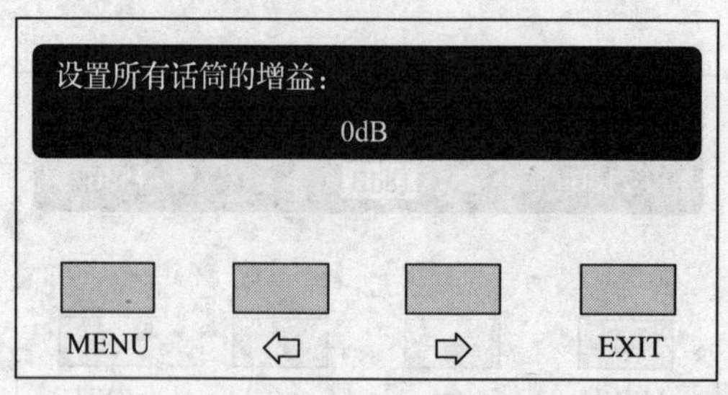

图 2—2—42　所有话筒增益设置界面

"打开话筒"：通过"⇦/⇨"（左/右）键调节打开话筒增益（长按"⇦/⇨"键可以快速调整数值），范围为 –15～15 dB。如图 2—2—43 所示。

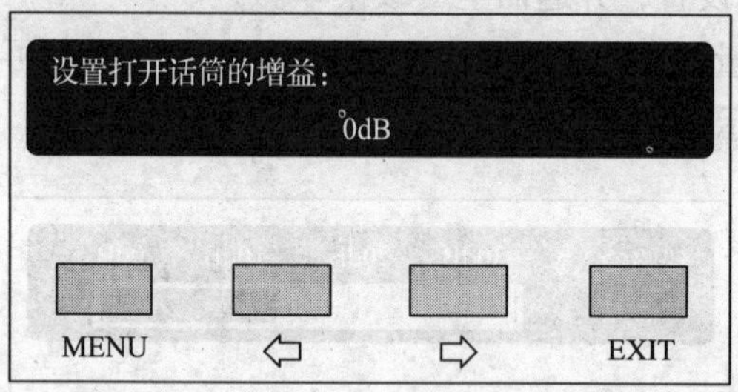

图 2—2—43　打开话筒增益设置界面

设置完毕，按"MENU"键保存设置，并返回上一级菜单。

⑨"麦克风低音切除设置"。选择是否切除麦克风声音中低音部分。如图 2—2—44 所示。

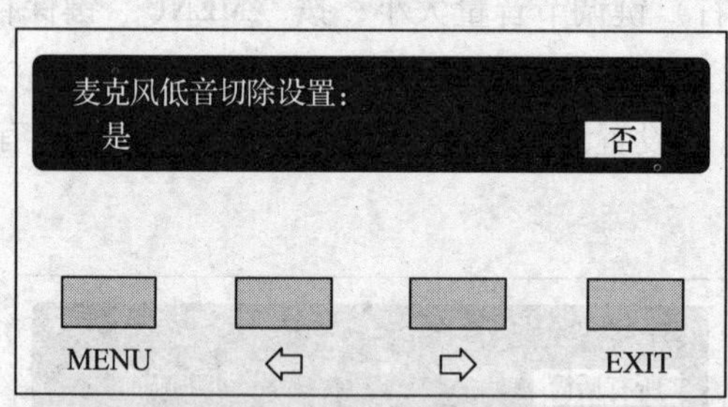

图 2—2—44　麦克风低音切除设置界面

通过"⇦/⇨"（左/右）键选择是否切除麦克风低音。

按"MENU"键保存设置，并返回上一级菜单。

⑩"麦克风噪声门设置"。选择是否启用麦克风噪声门限。如果开启此功能，当噪声电平持续低于某一阈值时，系统会自动静音。通过"⇦/⇨"（左/右）键选择是否启用噪声门限。

按"MENU"键保存设置，并返回上一级菜单。

⑪"麦克风指向性设置"。通过"⇦/⇨"（左/右）键选择对"所有话筒"或"打开

话筒”的麦克风指向性进行设置；按“MENU”键确认，进入麦克风指向性选择菜单；通过“⇦/⇨”（左/右）键选择麦克风指向性，可选范围：左、中、右；设置完毕，按“MENU”键保存设置，并返回上一级菜单。

⑫“麦克风幻象电源设置”。多功能连接器手持麦克风接口的幻象供电设置包括两个菜单项：“所有话筒”和“单个话筒”。

所有话筒：通过“⇦/⇨”（左/右）键选择是否开启幻象电源，用于连接电容式麦克风；按“MENU”键保存设置，并返回上一级菜单。

单个话筒：通过“⇦/⇨”（左/右）键可以遍历所有连接的幻象供电的手持麦克风；通过“MENU”键开启、关闭麦克风幻象电源；所有手持麦克风幻象电源设置完成后，按“EXIT”键退出。

⑬“耳机监听设置”。有线会议系统主机前面板具有监听接口，可用耳机对选定的输出音频进行监听。

“耳机监听设置”包括两个菜单项：“选择监听通道”和“音量”。

通过“⇦/⇨”（左/右）键在“选择监听通道”或“音量”间切换；按“MENU”键进入下一级菜单。

“选择监听通道”：选择要进行监听的输出音频，包括分组输出1、分组输出2、分组输出3、分组输出4、分组输出5、分组输出6、线路输出1、线路输出2。

通过“⇦/⇨”（左/右）键选择监听通道；按“MENU”键保存设置，并返回上一级菜单。

“音量”：调节耳机监听音量，可调范围：-30~0 dB。

通过“⇦/⇨”（左/右）键调节音量大小（长按“⇦/⇨”键可以快速调整数值）；按“MENU”键保存设置，并返回上一级菜单。

⑭“铃声设置”。选择在申请发言、按下优先权按键、定时发言时间提示及请求内部通话等事件发生时，是否有铃声提示。

通过“⇦/⇨”（左/右）键开、关铃声；按“MENU”键保存设置，并返回上一级菜单。

⑮“主席优先权设置”。选择是否启用主席单元优先权按键。

通过“⇦/⇨”（左/右）键选择是否启用；选择“否”，表示不启用优先权按键，按“MENU”键确认，则返回上一级菜单；选择“是”，表示启用优先权按键，按“MENU”键确认；通过“⇦/⇨”（左/右）键选择主席单元优先权模式为“全部静音”或“全部关闭”。

“全部静音”：会议进行时，若主机设置的主席优先权模式为“全部静音”，则主席按下优先权按键会将所有开启的代表单元暂时关闭（静音）；松开按键后，被静音的代表单元恢复。

“全部关闭”：如果主机设置的主席优先权模式为“全部关闭”，则主席按下优先权按键会将所有开启的代表单元关闭（不包括VIP单元）。

按“MENU”键保存设置，并返回上一级菜单。

⑯“声控模式设置”。“声控模式设置”菜单项包括“声控灵敏度”和“自动关闭时间”。

“声控灵敏度”：设置主机在“Voice”声控模式时的声控灵敏度。如果设置过高，即表示只需要较小的声音就可以启动话筒。通过“⇦/⇨”（左/右）键调节“Voice”声控模式时的声控灵敏度；按“MENU”键保存设置，并返回上一级菜单。

“自动关闭时间”：设置主机在“Voice”声控模式时话筒的自动关闭时间，即在设置的时间范围内，没有发言的话筒将自动关闭。通过“⇦/⇨”（左/右）键调节“Voice”声控模式时话筒的自动关闭时间（长按“⇦/⇨”键可以快速调整数值），可调范围为1～15 s；按“MENU”键保存设置，并返回上一级菜单。

⑰“定时发言设置”。为发言代表设定发言时间限制，范围为1～240 min。

通过“⇦/⇨”（左/右）键开、关定时发言：选择“关”，表示不开启定时发言，按“MENU”确认，则返回上一级菜单；选择“开”，表示开启定时发言，按“MENU”键确认；进入定时时间设置界面，可通过“⇦/⇨”（左/右）键在“发言时间”与“结束前t秒进行提示”之间切换；按“MENU”键选中“发言时间”或“结束前t秒进行提示”；按“⇦/⇨”（左/右）键调整数值（长按“⇦/⇨”键可以快速调整数值）；选择好相应的数值后，按“EXIT”返回上一级菜单。

⑱“时间显示设置”。选择是否在会议单元LCD屏上显示时间。

通过“⇦/⇨”（左/右）键选择“是”或“否”；按“MENU”键保存设置，并返回上一级菜单。

⑲“时间设置”。对当前时间进行设置。按“MENU”键依次进入“年”“月”“日”“小时”“分”设置菜单；通过“⇦/⇨”（左/右）键调节数值（长按“⇦/⇨”键可以快速调整数值）；设置完毕，按“MENU”键保存设置，并返回上一级菜单。

⑳“主持设定”。用于设定系统中的操作员或含LCD屏的某一主席/代表单元成为主持人。主持人设定后，翻译员按下翻译单元“CHAIR”按键，可请求与该主持人建立内部通话。

“操作员”：通过“⇦/⇨”（左/右）键切换至“操作员”，则此操作员成为主持人；按“MENU”键保存设置，并返回上一级菜单。

“其他”：通过“⇦/⇨”（左/右）键切换至“其他”，则可指定系统中含LCD屏的某一主席/代表单元成为主持人；根据分机LCD屏提示，按下某一分机的“1”（签到）键，则指定该分机作为主持人；按“MENU”键保存设置，并返回上一级菜单。

㉑“编号”。进入“单元编号”子菜单，主机LCD屏作如下提示：“请依次按会议单元‘1’键，再重新上电”。此时，系统中已连接会议单元的LCD屏上，会提示当前会议单元的编号；无LCD屏的会议单元则会有对应的指示灯闪烁。依次按下各会议单元的“1”键/“编号”键，给会议单元编号；直至所有会议单元编号完成，重启主机电源以更新会议单元编号。

㉒“U盘功能设置”。选择是否启用主机前面板USB_ D接口（微型USB接口）。若启用此功能，则可通过USB_ D接口连接计算机，通过计算机读取或复制主机信息。

通过“⇦/⇨”（左/右）键选择“是”或“否”；按“MENU”键保存设置，并返回上

一级菜单。

注意：所有的单元编号完成以后，一定要先关掉主机电源再打开电源，以使会议单元的编号得到更新。

会议单元一般具有自动编号功能。“单元编号”功能是对每台会议单元进行手动编号，适用于一些需要明确知道某会议单元的编号数值，并利用此编号数值进行控制的场合，如利用中控系统的无线触摸屏来控制会议单元。

注意：当工作模式设置为“CobraTrans”时，音频接口不可设置为“CobraNet”。

㉓“视频跟踪设置”。选择是否启用视频跟踪功能。

通过“⇦/⇨”（左/右）键选择“是”或“否”；选择“否”表示不开启视频跟踪功能，按“MENU”键确认，则返回上一级菜单；选择“是”表示开启视频跟踪功能，按“MENU”键确认；通过“⇦/⇨”（左/右）键选择视频跟踪模式为“FIFO”或“VIP 优先”。

选择“FIFO”表示视频跟踪模式为“先进先出”，即当前视频跟踪对应话筒关闭后，视频跟踪画面返回前一支开启的话筒。

选择“VIP 优先”表示当前视频跟踪对应话筒关闭后，视频跟踪画面返回“主席”；若无“主席”，则返回到 VIP 单元。

按“MENU”键保存设置，并返回上一级菜单。

㉔“选择主从模式”。在系统中连接两台有线会议系统主机，分别设置为“主”、“从”工作模式，并启动热切换，可实现双机热备份功能。

通过“⇦/⇨”（左/右）键选择主机工作模式。

选择“主模式”，按“MENU”确认，主机工作于主模式，并返回上一级菜单。

选择“从模式”需要进一步设置“主”、“从”切换模式，按“MENU”键确认。

通过“⇦/⇨”（左/右）键选择“主”、“从”主机切换模式。

选择“启用”：在会议进行中，“从模式”主机对“主模式”主机状态进行备份，并在“主模式”主机停止工作后自动切换到“从模式”主机控制会议，以保证会议正常进行。

选择“禁用”：在会议进行中，“从模式”主机对“主模式”主机状态进行备份，但在“主模式”主机停止工作后不会自动切换到“从模式”主机控制会议。

按“MENU”键保存设置，并返回上一级菜单。

㉕“红外主机设置”。通过“⇦/⇨”（左/右）键选择是否与红外无线会议系统通信；选择“关”表示不与红外无线会议系统通信，按“MENU”键确认，则返回上一级菜单；选择“开”表示与红外无线会议系统通信，按“MENU”键确认；设置红外无线会议主机 IP，设置方法同有线会议系统主机 IP 设置。

㉖“采样频率设置”。选择有线会议系统所采用的采样频率，可在 32 kHz 及 48 kHz 间进行选择。如选择“48 kHz”采样频率，则系统频率响应可达 30 Hz 至 20 kHz；如选择“32 kHz”采样频率，则系统频率响应为 30 Hz 至 16 kHz。

通过“⇦/⇨”（左/右）键选择“32 kHz”或“48 kHz”，按“MENU”键保存设置，并返回上一级菜单。

㉗“环形连接设置”。选择有线会议系统连接中是否允许环形连接。

通过“⇦/⇨”（左/右）键选择“是”或“否”。

选择“否”表示有线会议系统只可采用“手拉手”连接。选择“是”，表示有线会议系统可采用环形连接或“手拉手”连接，按“MENU”键确认。

选择“是否使用千兆网交换机?”，通过“⇦/⇨”（左/右）键选择“是”或“否”。按“MENU”键保存设置，并返回上一级菜单。

㉘“耳机音量自动衰减”。会议单元插上耳机后，再开启本机话筒易产生啸叫。耳机自动衰减功能用于抑制这种啸叫。启用耳机自动衰减功能后，开启本机话筒，耳机信号电平自动衰减 18 dB。

通过“⇦/⇨”（左/右）键选择是否开启耳机自动衰减；按“MENU”键保存设置，并返回上一级菜单。

㉙“原音通道切换设置”。选择有线会议系统中未使用的翻译通道时，是否将会议单元耳机音频输出自动切换到原声通道。

通过“⇦/⇨”（左/右）键选择“是”或“否”；按“MENU”键保存设置，并返回上一级菜单。

㉚“环境麦克风设置”。选择是否启用环境麦克风功能。

通过“⇦/⇨”（左/右）键选择“启用”或“禁用”。

选择“禁用”，表示不设置环境麦克风；选择“启用”，表示选择一台分机作为环境麦克风，按“MENU”键确认；通过“⇦/⇨”（左/右）键选择为环境麦克风设置单元编号；按“MENU”键保存设置，并返回上一级菜单。

㉛“手持式麦克风 PTT 模式”。设置手持麦克风是否强制使用 PTT 模式。

通过“⇦/⇨”（左/右）键选择手持麦克风是否强制使用 PTT 模式；按“MENU”键保存设置，并返回上一级菜单。

㉜“耳机模式”。设置会议单元耳机工作模式。

通过“⇦/⇨”（左/右）键选择“是”或“否”；选择“是”，表示会议单元两侧耳机都插入时，扬声器静音；选择“否”，表示会议单元只要有耳机插入，扬声器就静音；按“MENU”键保存设置，并返回上一级菜单。

㉝“扩展端口设置”。选择是否启用主机后面板扩展端口（“EXTENSION”）。

通过“⇦/⇨”（左/右）键选择“是”或“否”；按“MENU”键保存设置，并返回上一级菜单。

㉞“光纤端口设置”。选择是否启用主机后面板光纤端口（“FIBER”）。

通过“⇦/⇨”（左/右）键选择“是”或“否”；按“MENU”键保存设置，并返回上一级菜单。

㉟“CobraNet 设置”。选择是否启用主机后面板 CobraNet 接口。

通过“⇦/⇨”（左/右）键选择选择“禁用”或“启用”。

选择“禁用”，表示不启用主机 CobraNet 接口，按“MENU”确认，返回上一级菜单；

选择“启用”，表示启用主机 CobraNet 接口，按“MENU”键确认；通过“⇦/⇨”（左/右）键在发送端口号或接收端口号之间切换；按“MENU”键选中要调节的数值；通过“⇦/⇨”（左/右）键调节数值（长按“⇦/⇨”键可以快速调整数值）；按“EXIT”键保存设置，并返回上一级菜单。

6）操作语言设置。设置主机及分机 LCD 菜单的语言类型，目前支持简体中文、繁体中文、英文等语种的菜单显示。该语言种类可由用户自行添加。具体步骤如下：

按“⇦/⇨”（左/右）键可在语言种类（English、中简、中繁）之间切换，选择所需的语言；按“MENU”键保存设置，并返回上一级菜单。

7）参数备份与恢复。若设置 U 盘功能打开，则可通过前面板 USB 口对系统参数进行备份或恢复。进行此操作前应确保 U 盘已正确连接，否则将提示“请插入 U 盘”。

通过“⇦/⇨”（左/右）键选择“备份”或“恢复”。

选择“备份”，则可对系统参数进行备份。

选择“恢复”，则可对系统参数进行恢复。

按“MENU”键进入所选菜单项。

“备份”或“恢复”完成后，则返回上一级菜单。

8）关于。显示会议系统主机软件的版本号、企业信息以及产品的序列号，按任意键返回上一级菜单。

9）调节音量。通过有线会议系统主机前面板的音量调节旋钮——线路输入 1（LINE IN 1 VOL.）电平调节旋钮、主音量调节旋钮（MASTER VOLUME）来调节相应音量。同时，前面板的 LCD 屏会显示相应的调节界面。

10）连接计算机。通过会议管理系统软件将会议主机与操作计算机连接后，主机前面板被锁定，不可以对主机的前面板进行设置操作。此时主机 LCD 屏显示“连接 PC，面板锁定”。

3. 有线会议系统扩展主机安装与连接

（1）安装

有线会议系统扩展主机可以安装在标准 19 in 机柜上。如图 2—2—45 所示，先将主机两侧的螺钉②拧开，然后将固定支架①用螺钉②拧紧固定在扩展主机上，放入机柜中，用螺钉将固定支架上的四个孔③固定在机柜中的机架上即可。

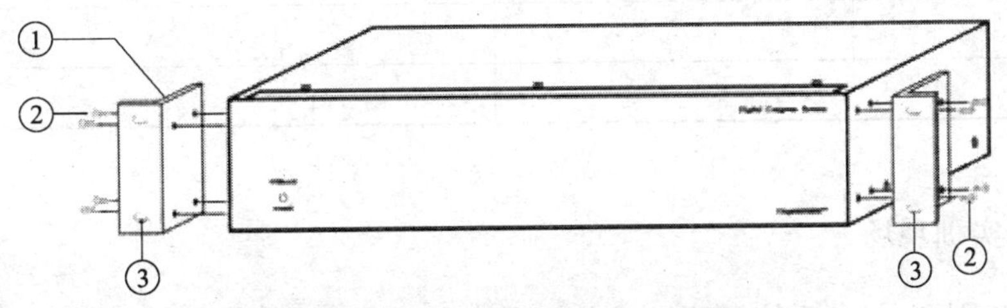

图 2—2—45　会议扩展主机的安装

（2）连接

有线会议系统主机有 2 个 6P－DIN 输出接口，每一个 6P－DIN 接口的输出功率为 60 W。如果系统实际所需功率（即考虑所连接会议单元总功耗及延长线缆功耗之和的实际所需功率）大于 120 W，需连接有线会议系统扩展主机。每台扩展主机有一个扩展输入接口，用于连接到有线会议系统主机的任意输出接口，另外一个扩展输出接口连接下一台扩展主机。扩展主机有 4 个连接会议单元的 6P－DIN 输出接口，每一个 6P－DIN 接口的输出功率为 80 W，连接电缆全部采用 6 芯专用电缆。如图 2—2—46 所示。

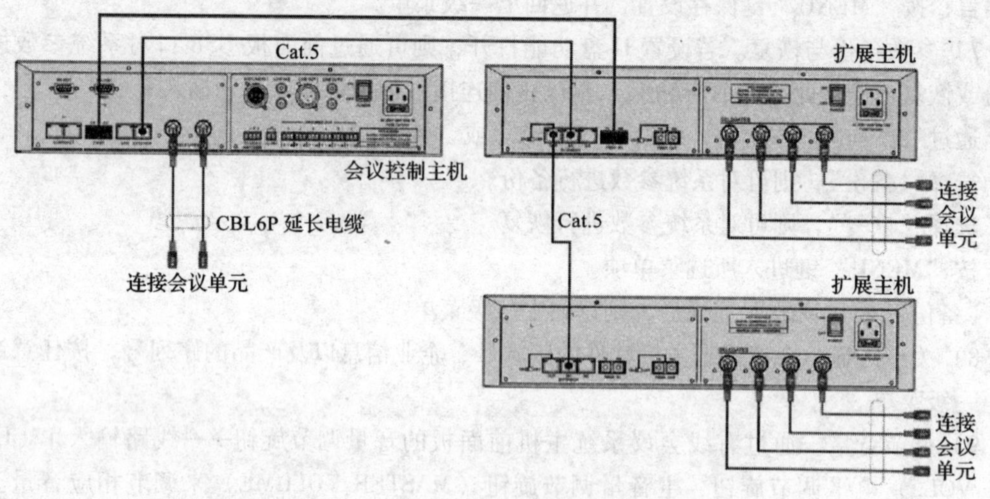

图 2—2—46　有线会议系统主机与扩展主机之间的连接

4. 测试通信质量

有线会议系统设备连接后，接通电源，开启系统，测试会议代表单元与会议主席单元之间的通信质量，并测试会议代表单元之间的通信质量，填写表 2—2—2。

表 2—2—2　有线会议系统实训记录表Ⅲ

序号	测试设备	规格型号	通信质量	备注

5. 还原实训现场

整理清洁现场，设备系统还原。通电验收检查，填写设备使用记录，设备移交，实训结束。

总结评价

1. 主题讨论

通过本次任务，完成了会议主机的安装、连接、配置和测试；完成了代表单元与会议主席单元的通信测试；实现了会议的发言、表决、讨论等主要会议功能。请各个小组讨论并回答下列问题：

（1）会议主机在有线会议系统中扮演什么角色、起什么作用？

（2）会议主机与会议终端的连接方式，连接线缆是什么类型？

（3）会议主机与扩展主机的连接方式，连接线缆是什么类型？

2. 填写实训评价表

为了检验本次任务的学习实践效果，考查对有线会议系统主机的概念、组成、功能、安装、连接、配置等基本知识的掌握情况和实训任务完成情况，根据实训表现和实训效果，结合口试成绩，以分值的方式进行总结评价并填写评价表2—2—3，给出本任务完成情况的实训成绩。

表2—2—3　　有线会议系统学习评价表

能力	评价项目		配分（总分100）	自我评价	同学评价	教师评价
职业能力	理论	准确理解有线会议系统主机的概念	5			
		准确理解有线会议系统主机的组成	5			
		准确理解有线会议系统主机的功能	15			
	实践	能正确记录实验室设备的名称及型号	5			
		能正确使用不同线缆连接各种设备	10			
		能正确配置会议系统主机的网络、同声传译和系统状态	10			
		能正确备份会议系统主机的配置参数并能够在需要时恢复	10			
		测试话筒、LCD、按键、扬声器、LED等外部设备	10			
		实现发言、表决、讨论等各种会议功能	10			
		现场整理与设备移交（其中，未切断总电源扣2分，未移交扣1分，未清理扣1分，清理不干净扣1分）	5			
通用能力	观察能力		5			
	动手能力		5			
	自我提高能力		5			
自我评价			综合评分	自己签名：		

续表

能力	评价项目	配分（总分 100）	自我评价	同学评价	教师评价
小组评价		综合评分	组长签名：		
教师评价		综合评分	教师签名：		

任务三　配置会议单元

任务描述

1. 连接会议单元，主要包括会议单元与有线会议系统主机之间的连接和会议单元之间的连接两个方面

2. 配置会议单元，主要包括配置代表单元和配置主席单元两部分

3. 测试会议单元

4. 恢复实训现场

基础知识

1. 会议单元的概念与组成

会议单元是指与会者用于参与会议的基本设备单元。根据会议单元类型的不同，与会者可以获得不同的功能，这些功能包括收听、发言、请求发言、接收屏幕显示数据、IC 卡签到、按键签到、投票表决和同声传译等。

发言单元按使用权限可分为主席发言单元、代表发言单元和 VIP 发言单元。

会议终端是一个 10 in、1 024 像素 ×600 像素分辨率的 LCD 触摸屏，内置 300 万像素摄像头、非接触式 IC 卡读卡器。具有发言、表决、同声传译通道、签到、会议文件管理、讲稿导读、Office 文档查看与编辑、文件批注、会议记录、桌面共享、代表信息和会议日程显示、拍照、上网、视频对话、视频播放、多通道视频点播与广播、短信息、服务呼叫等功能。

2. 会议单元的功能

会议单元各个部分功能及指示如图 2—3—1 所示。

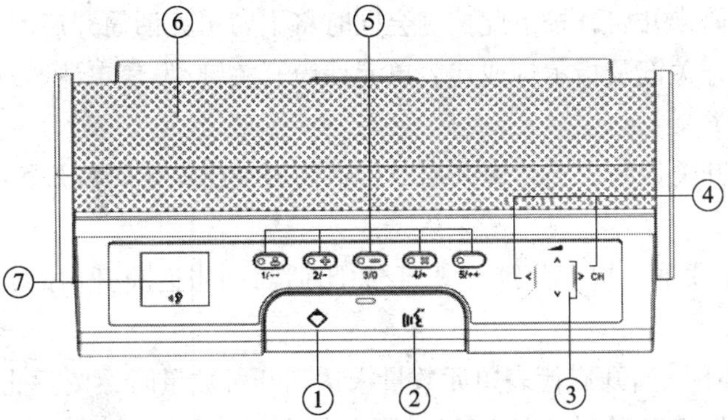

主席单元前面板

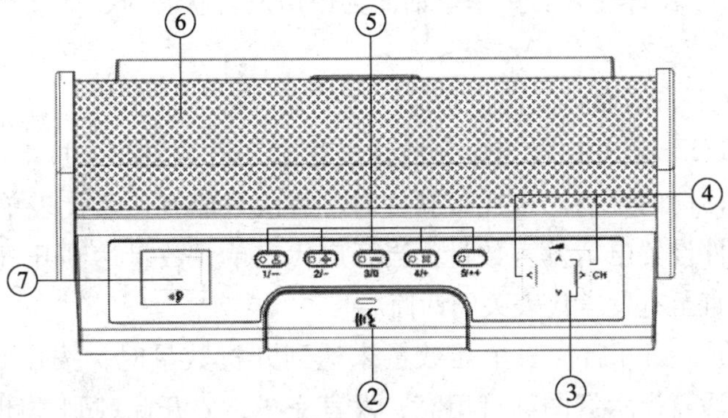

代表单元前面板

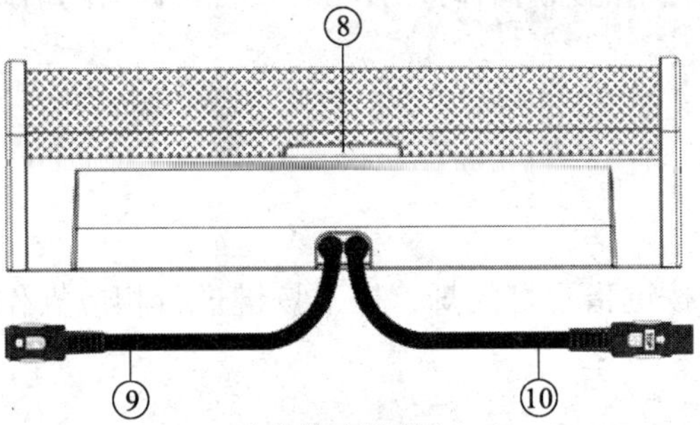

会议单元背面板

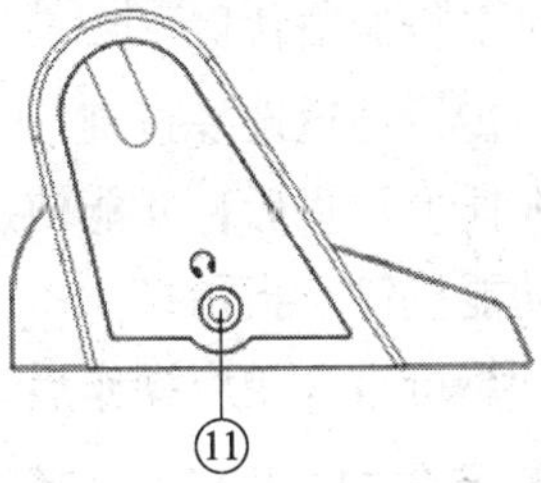

会议单元左侧

图 2—3—1　会议单元面板图

①主席单元优先权键及指示灯

根据主机设置的主席优先权模式，如果设置为“全部静音”，则按下此按键会将所有开启的代表单元和 VIP 单元话筒暂时静音，松开按键后，被静音的代表单元和 VIP 单元恢复开启状态。

如果主机设置的主席优先权模式为“全部关闭”，则按下此按键会将所有开启的代表单元话筒关闭，而 VIP 单元话筒是暂时静音，松开按键后，被关闭的代表单元和被静音的 VIP 单元恢复开启状态。

在“Open”及“Apply”模式下，按下此键会同时清空发言申请队列，取消代表的发言申请。

如果主席单元话筒未开启，按下此按键会同时将主席单元话筒开启。

②主席单元话筒开关键及指示灯或代表单元话筒开关键/发言申请键及指示灯

主席单元：

按下此键可直接开关话筒，当话筒开启时，话筒开关键指示灯红灯恒亮。

代表单元：

在“Override”模式下，按下此键可开启/关闭话筒，当话筒开启时，话筒开关键指示灯红灯恒亮。

在“Open”模式下，当开启代表单元数量未达到开机数量时，按下此键可开启/关闭话筒。当话筒开启时，话筒开关键指示灯红灯恒亮；当开启代表单元数量达到开机数量后，按下此键可进行发言申请/停止发言申请。话筒为申请发言状态时，话筒开关键指示灯红灯闪烁。

在“Voice”模式下，话筒开关键指示灯红灯恒亮。

在“Apply”模式下，当开启代表单元数量未达到开机数量时，按下此键可申请发言，由主席控制是否同意话筒的开启。未连接软件时，每次只能有一名代表单元申请发言；连接软件后，可通过软件设置申请发言数量；当开启代表单元数量达到开机数量后，按下此键将不能申请发言，直至有发言代表关闭话筒。

在“PTT”模式下，当开启代表单元数量未达到开机数量时，按住此键可开启话筒，话筒开关键指示灯及话筒指示灯圈红灯恒亮；发言完毕，松开此键则关闭话筒；当开启代表单元数量达到开机数量后，按住此键将不能开启话筒，直至有发言代表关闭话筒。

③耳机音量调节按键

④同声传译通道选择按键

只有在插上耳机后，才能使用。

⑤多功能按键及指示灯

连接计算机进入相应操作后，对应按键指示灯闪烁，按下按键进行相应操作，其按键具体功能见表 2—3—1。

表 2—3—1　　多功能按键操作列表

操作 \ 按键		1/－ －	2/－	3/0	4/＋	5/＋＋
功能操作	编号	编号				
	签到	签到				
	开始/结束					开始/结束
表决操作	表决方式		赞成	反对	弃权	
	选举方式	1	2	3	4	5
	响应方式	－ －/0	－/25	0/50	＋/75	＋＋/100
	同意/反对方式		同意	反对		
	表决方式（NPPV）		赞成	反对	弃权	NPPV

续表

<table>
<tr><td colspan="3">按键
操作</td><td>1/－ －</td><td>2/－</td><td>3/0</td><td>4/＋</td><td>5/＋＋</td></tr>
<tr><td rowspan="3">表决
操作</td><td rowspan="3">评议
方式</td><td>满意</td><td>非常满意
（4 键）</td><td>满意
（4/3/2 键）</td><td>基本满意
（4/3 键）</td><td>不满意
（4/3/2 键）</td><td></td></tr>
<tr><td>称职</td><td>非常称职
（4 键）</td><td>称职
（4/3/2 键）</td><td>基本称职
（4/3 键）</td><td>不称职
（4/3/2 键）</td><td></td></tr>
<tr><td>合格</td><td>非常合格
（4 键）</td><td>合格
（4/3/2 键）</td><td>基本合格
（4/3 键）</td><td>不合格
（4/3/2 键）</td><td></td></tr>
</table>

对于主席单元，如果连接了计算机且应用软件设定表决控制方式为主席控制，在应用软件的表决界面按下“开始表决”进入表决过程后，主席单元上该按键指示灯会闪烁，按下此按键，系统即进入投票表决状态；当主席表决后，指示灯会再次闪烁，在确认所有代表都已表决后，主席按下此按键，可结束表决过程，计算机将对议案结果进行统计。

⑥隐藏式麦克风

⑦同声传译通道号显示屏

⑧话筒开启指示灯

当话筒开启时，话筒开启指示灯红灯恒亮。

话筒为申请发言状态时，话筒开启指示灯蓝灯恒亮。

当话筒关闭时，话筒开启指示灯熄灭。

⑨0. 6 m 6P－DIN 标准插头（母头×1）电缆

⑩1. 5 m 6P－DIN 标准插头（公头×1）电缆

⑪ ϕ3. 5 mm 耳机插口

通过会议单元侧面的耳机插口，可以外接耳机。所连接的耳机必须为 ϕ3. 5 mm 插头，如图 2—3—2 所示。

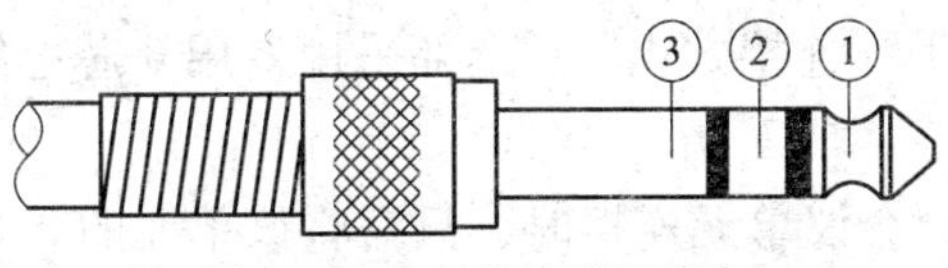

图 2—3—2　外接耳机插头

外接耳机插头的功能：①脚：左声道信号；②脚：右声道信号；③脚：电源地/屏蔽层。

任务实施

1. 有线会议系统会议单元安装连接

（1）会议单元与有线会议系统主机的连接

会议单元与系统主机的连接前文已有所涉及，为方便讲解和加深理解，这里再次明确一下。会议单元一般自带一条 1. 5 m 6P－DIN 公头标准电缆线。连接有线会议系统主机或扩展主机时，只要将第一台会议单元的 6P－DIN 公头连接到有线会议系统主机或扩展主机输出接口即可。

在有线会议系统主机或扩展主机与会议单元距离较远时，可选择采用 CBL6PS 延长电缆，该电缆两端分别为 6P－DIN 公头和 6P－DIN 母头。将延长电缆 6P－DIN 母头与会议单元自带的 1.5 m 6P－DIN 公头标准电缆线对接，再将延长电缆的 6P－DIN 公头连接到有线会议系统主机或扩展主机输出接口即可。如图 2—2—4 所示。

“环形手拉手”连接使得一台分机的故障或更换不会影响到系统中其他分机的工作，分机间出现的一处连线故障也不会影响到系统工作，从而使系统具有更高的可靠性。若选择“环形手拉手”连接方式，只需将“手拉手”连接的会议单元尾端通过 CBL6PP 延长电缆再接入有线会议系统主机或扩展主机即可。如图 2—3—3 所示。

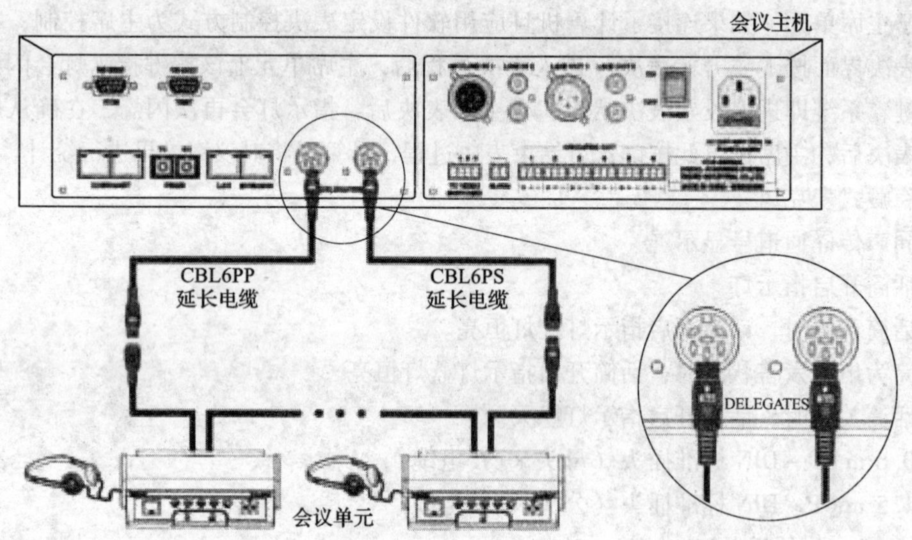

图 2—3—3　会议单元与有线会议系统主机的环形连接

（2）会议单元之间的连接

会议单元采用“手拉手”连接方式，且全部采用专用 6 芯电缆，因此，会议单元之间的安装连接简便快捷。

一台会议单元与另一台会议单元连接时，只需将该单元的 0.6 m 6P－DIN 母头标准插头电缆与下一台会议单元的 1.5 m 6P－DIN 公头标准电缆线对接即可，如图 2—3—4 所示。

2. 有线会议系统会议单元配置操作

会议开始前，会场管理人员需要对会议单元进行相应的配置操作，如会议单元编号、按键、通道等。会议开始后，与会代表可以使用会议单元的按键来签到、开启话筒、申请发言、表决、通道选择等。下面详细介绍会议单元的配置操作方法。

（1）代表单元

1）编号。首先应保证会议单元与有线会议系统主机的正确连接。系统第一次使用、会议单元数量有增加或更换单元等情况，应给会议单元编号。开始编号过程可以使用主机前面板的单元编号功能，也可以用会议管理系统软件的“会前准备”的单元编号功能。

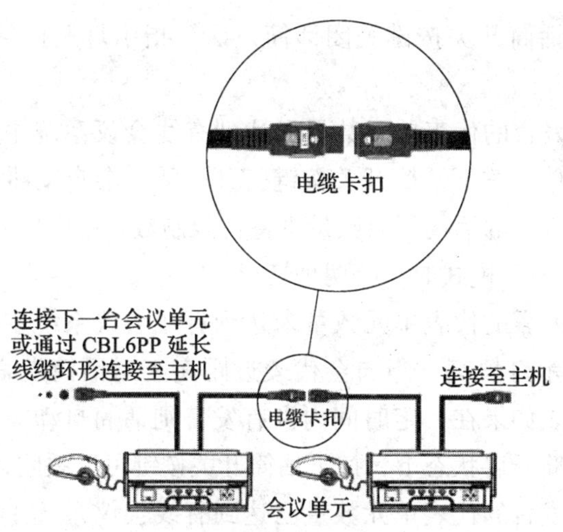

图 2—3—4　会议单元“手拉手”连接

用“MENU”键选中“单元编号”后，主机 LCD 屏提示“请依次按会议单元‘1’键，再重新上电”。用“MENU”键确认，系统则进入编号状态，系统中连接的所有会议单元的 LED 指示灯将会闪烁提示编号。此时，依次按下各会议单元的“1”键（若是纯发言单元，则编号键为话筒开关键）给会议单元编号，指示灯灭，表示单元已确认编号。直至所有会议单元编号完成，重启主机电源以更新会议单元编号。

2）按键签到。具有表决功能的发言单元必须进行按键签到后才能使用表决功能。会议管理系统软件可以选择“席位签到”进入签到过程。

当系统进入按键签到状态时，单元上的“1/ -- ”键指示灯闪烁，按下“1/ -- ”键，指示灯灭，表示单元已确认签到。

3）发言。代表单元的发言方式取决于有线会议系统主机设定的话筒工作模式。

当主机设置为“Open”模式时，分两种情况：

第一种情况，申请发言的代表单元数量未达到有线会议系统主机开机数量限制，按下话筒开关按键打开话筒时，话筒指示灯及话筒开关按键指示灯会同时亮起红色，表示可以开始发言；再按一下话筒开关按键关闭话筒，话筒指示灯和话筒开关按键指示灯熄灭，结束发言。

第二种情况，申请发言的代表单元数量已达到有线会议系统主机开机数量限制，超过开机数量限制的代表单元按下话筒开关按键时，话筒开关按键指示灯开始持续闪烁，话筒指示灯蓝灯恒亮，代表单元进入申请发言状态，排入发言等待队列；再次按下话筒开关按键即停止发言申请；已开启话筒的代表单元关闭话筒后，等待队列中最先申请发言的单元话筒自动开启，使整个系统的话筒开启数量维持在限制数量范围内。一般最多可以有 6 台代表单元进入申请发言状态，排入发言等待队列。

当主机设置为“Override”模式时，分两种情况：

第一种情况，申请发言的代表单元数量未达到有线会议系统主机开机数量的限制，按下话筒开关按键打开话筒时，话筒指示灯及话筒开关按键指示灯会同时亮起红色，表示可以开始发言；再按一下话筒开关按键关闭话筒，话筒指示灯及话筒开关按键指示灯熄灭，结束发言。

第二种情况，申请发言的代表单元数量已达到有线会议系统主机开机数量的限制，超过开机数量限制的代表单元按下话筒开关按键打开话筒，会自动将最先开启的代表发言单元的话筒关闭，使整个系统的话筒开启数量维持在限制数量范围内。

当主机设置为“Voice”模式时，分两种情况：

第一种情况，申请发言的代表单元数量未达到有线会议系统主机开机数量的限制，代表单元话筒开关按键指示灯恒亮，当与会代表近距离正对话筒发言时，话筒指示灯亮起，表示已经开始发言。代表如果在一定时间内没有发言则话筒自动关闭。话筒自动关闭时间可通过主机设置。在话筒开启状态下，按下话筒开关按键可以关闭话筒。

第二种情况，申请发言的代表单元数量已达到有线会议系统主机开机数量的限制，其余代表单元的话筒将不能开启，直到有发言代表单元的话筒关闭。

注意：编号时，应按一定的顺序依次给各个单元编号，不能同时按多个会议单元的编号键，以致各单元号码混乱，不利于会场的管理。

当主机设置为“Apply”模式时，具备申请发言功能，话筒指示灯蓝灯恒亮，由主席控制是否同意话筒的开启；当话筒指示灯转为红灯恒亮时，表明申请已被批准，可以开始发言。未连接软件时，每次只能有一名代表单元申请发言；连接软件后，可通过软件设置申请发言数量；如果主席批准开启的话筒达到了开机限制数量，其余单元的话筒将不能申请发言，直到有发言代表单元的话筒关闭。

当主机设置为“PTT”模式时，分两种情况：

第一种情况，申请发言的代表单元数量未达到有线会议系统主机开机数量的限制，按住话筒开关按键即可开启话筒，话筒指示灯及话筒开关按键指示灯会同时亮起红色，表示可以开始发言；松开话筒开关按键则关闭话筒，话筒指示灯和话筒开关按键指示灯熄灭，结束发言。

第二种情况，申请发言的代表单元数量已达到有线会议系统主机开机数量的限制，下一台代表单元按住话筒开关按键时，不能开启话筒。

设定发言模式的同时，有线会议系统主机还可以给发言单元设置发言人数限制（1/2/3/4），主席单元和VIP单元不占用这一人数限制，整个系统最多支持6支话筒同时开启。通过会议管理系统软件可以将代表单元设为VIP单元，最多可将32个代表单元设置为VIP单元。

发言单元开启话筒时，连接的摄像机自动跟踪系统会根据会议管理系统软件设置的预置位自动转向开启的发言单元，将发言者的图像输出到大屏幕或进行录像。

4）表决。由应用软件控制表决何时开始，表决分为2键、3键、4键或5键表决四种。

代表单元候选选项对应按键指示灯开始闪烁，代表按下相应的按键就可以进行投票。

对于“第一次按键有效”的议案，代表只能进行一次按键表决。代表表决后，其所在单元的所有表决指示灯熄灭。

对于“最后一次按键有效”的议案，代表可以进行多次表决，代表按一次表决按键后，

其所选择的按键指示灯恒亮，而所有其他按键指示灯熄灭，约1 s后，候选选项对应按键指示灯继续闪烁，代表可以重新表决。表决结果以代表最后一次按键的结果为准。

5）通道选择。有线会议系统主机连接翻译单元，具备同声传译功能之后，通道选择功能被激活。要使用通道选择功能，还必须在具备通道选择功能的单元上插接耳机，插接耳机后，通道显示屏背光灯亮起，此时可用通道选择键选择语言通道。

当耳机拔出后，通道显示屏背光灯熄灭，会议单元自动切换到原音通道。

6）音量调节。代表单元的内置扬声器音量通过主机的主音量旋钮调节。

代表单元的耳机音量调节按键，可调节耳机的音量大小。

7）VIP单元。通过系统应用软件将代表发言单元设置为VIP单元，最多可设置32个代表单元。

只要整个有线会议系统中已开启的话筒总数不超过6支（包括主席/代表/VIP单元），VIP代表发言单元就可以自由开启。

当主机设置的主席优先权模式为“全部关闭”时，主席按下优先权按键，会将所有开启的代表单元关闭，而VIP单元是暂时静音，松开按键后，被静音的VIP单元恢复。

如果已开启的话筒总数达到了6支，按下话筒开关按键时，其话筒指示灯圈蓝灯恒亮，话筒开关按键指示灯持续闪烁，话筒无法开启，直到有已开启的话筒关闭。

（2）主席单元

主席单元除具有代表单元的全部功能外，还有以下功能。

1）优先权功能。会议进行中，若主机设置的主席优先权模式为“全部静音”，则主席按下优先权按键，会将所有开启的代表单元和VIP单元暂时静音，同时清除所有发言申请。松开按键后，被静音的代表单元和VIP单元恢复。

如果主机设置的主席优先权模式为“全部关闭”，则主席按下优先权按键，会将所有开启的代表单元关闭，同时清除所有的发言申请（“Open”及“Apply”模式）；VIP单元暂时静音，松开按键后，静音的VIP单元恢复。

2）发言。如果整个系统中包括主席/代表/VIP单元在内已开启的话筒总数不超过6支，则主席单元就可以正常开启，操作方法与代表单元相同。

如果整个系统中在主席未开启话筒时话筒开启数量已达到6支，则主席单元将不能正常开启话筒，但可以使用优先权按键将代表单元“全部静音”或“全部关闭”，然后长按优先权按键或按下话筒开关按键发言。

3）控制代表单元话筒。批准发言申请：当主机设置为“Apply”模式时，有些主席单元设备按下主席单元的“1”键为批准代表单元的发言申请，按下主席单元的“5”键为否决代表单元的发言申请；有些主席单元设备没有开关指示灯闪烁，按下主席单元的话筒开关键为批准代表单元的发言申请，按下主席单元的优先权键为否决代表单元的发言申请。每次只能有一名代表申请发言。

关闭话筒或使话筒静音：主席单元可以使用优先权按键对代表单元进行“全部静音”或“全部关闭”操作。

4）表决。连接计算机，在软件控制下支持记名和不记名投票；支持“第一次按键有效”和“最后一次按键有效”。

当设定表决控制方式为操作员控制时，主席单元的表决操作与代表单元相同；当设定表决控制方式为主席控制时，主席单元的表决开始按键指示灯会闪烁，主席按下按键后开始表决。

3. 会议终端应用实例

以一款会议终端产品为例，如图 2—3—5 所示，其主界面具有主菜单项及话筒开关图标，此话筒开关图标功能与会议终端前面板话筒开关按键功能一致。点击屏幕上方当前时间，可短暂显示当前日期。当系统第一次使用时，或者会议终端数量有增加时，或者更换会议终端等，应先给会议终端编号。

图 2—3—5　会议终端

（1）编号

开始编号过程可以使用主机菜单的“编号”功能，也可以用会议管理系统软件的“会前准备”的单元编号功能。

用“MENU”键选中“系统设置”—“编号”后，主机 LCD 屏提示“请依次按所有会议单元‘1’键，再重新启动”。系统则进入编号状态，系统中连接的所有会议终端屏幕下方显示编号信息栏，提示“正在编号”。此时，依次点击各会议终端的“编号”按钮给会议终端编号，当铃声模式为“开”时，扬声器会发出铃声提示，同时编号信息栏消失，表示该会议终端已确认编号。直至所有会议终端编号完成，如图 2—3—6 所示，重启主机电源以更新会议终端编号。

在编号、排位工作完成后，计算机软件下发显示台签命令给会议终端，在终端界面显示代表姓名，方便代表快速准确地找到自己的位置，界面显示如图 2—3—7 所示。

（2）发言

会议终端的发言方式取决于有线会议系统主机或主席单元设定的话筒工作模式。

1）当主机设置为“Open”模式时，代表发言有两种情况：

第一种情况是代表单元打开话筒的数量未达到有线会议系统主机开机数量（1/2/3/4）的限制，代表单元按下话筒开关按键或话筒开关图标打开话筒时，话筒指示灯圈及前面板

图 2—3—6　会议终端编号

图 2—3—7　会议终端显示代表姓名

话筒开关键指示灯会同时亮起红色，话筒开关图标变为红色，表示可以开始发言，内置扬声器会自动关闭；再按一下话筒开关按键或话筒开关图标关闭话筒，话筒指示灯圈和话筒开关按键指示灯熄灭，话筒开关图标恢复蓝色，结束发言，扬声器自动开启。插接耳机后，内置扬声器自动关闭，直到拔出耳机为止。

第二种情况是代表单元打开话筒的数量已达到有线会议系统主机开机数量（1/2/3/4）的限制，下一台代表单元按下话筒开关按键或话筒开关图标时，话筒开关按键指示灯及话筒开关图标开始持续闪烁，话筒指示灯圈蓝灯恒亮，单元进入申请发言状态；再次按下话筒开关按键或话筒开关图标即停止发言申请；已开启代表单元关闭后，最先申请发言的单元话筒自动开启，使整个系统的话筒开启数量维持在限制数量范围内。最多可以有 6 台代表单元进入申请发言状态。

2）当主机设置为“Override”模式时，代表发言有两种情况：

第一种情况是代表单元打开话筒的数量未达到有线会议系统主机开机数量（1/2/3/4）的限制，代表单元按下话筒开关按键或话筒开关图标打开话筒时，话筒指示灯圈及话筒开关按键指示灯会同时亮起红色，话筒开关图标变为红色，表示可以开始发言，内置扬声器自动关闭；再按一下话筒开关按键或话筒开关图标则关闭话筒，话筒指示灯圈及话筒开关按键指示灯熄灭，话筒开关图标恢复蓝色，结束发言，扬声器自动开启。插接耳机后，内置扬声器自动关闭，直到拔出耳机为止。

第二种情况是代表单元打开话筒的数量已达到有线会议系统主机开机数量（1/2/3/4）

的限制，下一台代表单元按下话筒开关按键或话筒开关图标打开话筒，会自动将最先开启的代表发言单元的话筒关闭，使整个系统的话筒开启数量维持在限制数量范围内。

3）当主机设置为“Voice”模式时，代表发言有两种情况：

第一种情况是代表单元打开话筒的数量未达到有线会议系统主机开机数量（1/2/3/4）的限制，代表单元话筒开关按键指示灯恒亮，话筒开关图标为红色，当与会代表近距离正对话筒发言时，话筒指示灯圈亮起，表示已经开始发言，内置扬声器会自动关闭；代表如果在一定时间内没有发言，则话筒自动关闭，内置扬声器开启，话筒自动关闭时间可通过主机设置；在话筒开启状态下，按下话筒开关按键或话筒开关图标可以关闭话筒。

第二种情况是代表单元打开话筒的数量已达到有线会议系统主机开机数量（1/2/3/4）的限制，其余单元的话筒将不能开启，直到有发言代表单元的话筒关闭。

4）当主机设置为“Apply”模式时：

具备申请发言功能，按下话筒开关按键或话筒开关图标，当铃声模式为“开”时，扬声器会发出铃音提示，话筒指示灯圈蓝灯恒亮，由主席控制是否同意话筒的开启；当话筒指示灯圈转为红灯恒亮，话筒开关按键指示灯亮起，话筒开关图标变为红色时，表明申请已被批准，可以开始发言。未连接软件时，每次只能有一名代表单元申请发言；连接软件后，可通过软件设置申请发言数量；如果主席批准开启的话筒达到了开机限制的数量（1/2/3/4），其余单元的话筒将不能申请发言，直到有发言代表单元的话筒关闭。

5）当主机设置为“PTT”模式时，代表发言有两种情况：

第一种情况是代表单元打开话筒的数量未达到有线会议系统主机开机数量（1/2/3/4）的限制，代表单元按住话筒开关按键或话筒开关图标即可开启话筒，话筒指示灯圈及话筒开关按键指示灯会同时亮起红色，话筒开关图标变为红色，表示可以开始发言，内置扬声器自动关闭；松开话筒开关按键或话筒开关图标关闭话筒，话筒指示灯圈和话筒开关按键指示灯熄灭，话筒开关图标恢复蓝色，结束发言，扬声器自动开启。插接耳机后，内置扬声器自动关闭，直到拔出耳机为止。

第二种情况是代表单元打开话筒的数量已达到有线会议系统主机开机数量（1/2/3/4）的限制，下一台代表单元按住话筒开关按键或话筒开关图标时，不能开启话筒。

设定发言模式的同时，有线会议系统主机还可以给发言单元设置发言人数限制（1/2/3/4），主席单元和 VIP 单元不占用这一人数限制，但整个系统最多支持 6 支话筒同时开启。通过会议管理系统软件可以将代表单元设为 VIP 单元，最多可将 32 个代表单元设置为 VIP 单元。

发言单元开启话筒时，连接的摄像机自动跟踪系统会根据会议管理系统软件设置的预置位自动转向开启的发言单元，将发言者图像输出到大屏幕或进行录像。

（3）进入主菜单

为了实现会议单元功能，需在会议系统主机进行设置，其主界面菜单项见表 2—3—2。

表 2—3—2　　主菜单项表

①“话筒控制”	⑤“内部通信”
②“表决”	⑥“同声传译”
③“讲稿”	⑦“媒体”
④“服务请求”	⑧“无纸化”

点击相应图标进入各主菜单项界面，点击左下方 可返回主界面。

1）话筒控制。在主界面下点击“话筒控制”图标进入话筒控制界面，它包括“发言控制”和“会场”两个子界面。

①发言控制。用于查看代表列表（包括主席单元、代表单元和 VIP 单元）、申请列表及发言列表，如图 2—3—8 所示。

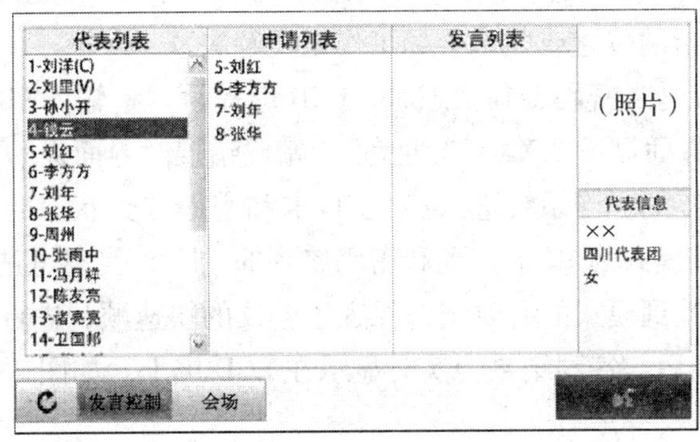

图 2—3—8　发言控制界面

②会场控制。用于查看会场分布，如图 2—3—9 所示。

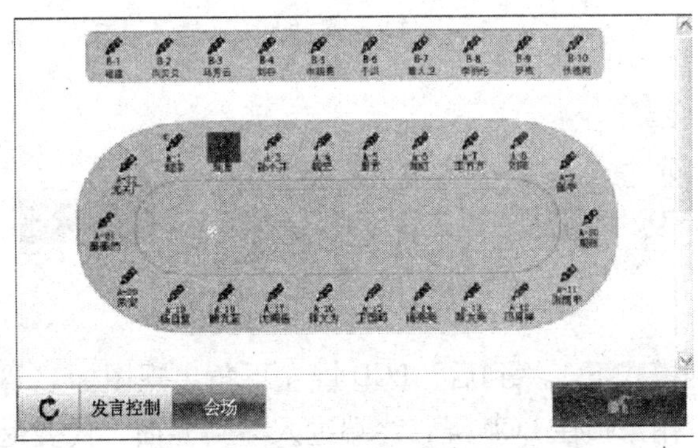

图 2—3—9　会场控制界面

2）表决。连接计算机，在主界面下点击“表决”图标进入表决界面，它包括“签到”和“表决”两个子界面。

①签到。会议终端必须进行签到才能使用表决功能。会议管理系统软件可以选择“席位签到”进入签到过程。

按键签到：当系统进入按键签到状态时，会议终端 LCD 屏提示“请签到”，按下“签到”按钮进行签到。

注意：

若未连接服务器，在点击进入“话筒控制”“表决”主菜单项时，会议终端 LCD 屏会提示“没有连接服务器”；点击“服务请求”主菜单项时，会议终端 LCD 屏会提示“没有连接主机”。

当有线会议系统管理软件在签到过程中同时设置了“停止按键签到后可以自动补到”时，停止签到后没有签到的会议终端 LCD 屏提示“申请补到”，按下“签到”按钮进行补签到。

结束签到后未进行签到的会议终端 LCD 屏显示“未签到”。

IC 卡签到：有些会议终端内置非接触式 IC 卡读卡器，当系统进入 IC 卡签到状态时，LCD 屏会提示“请读 IC 卡”；将 IC 卡靠近会议终端右上方的非接触式 IC 卡的感应区签到，签到成功后 LCD 屏显示“XXX 欢迎您”，表示签到有效；当 IC 卡无效时，LCD 屏提示“无效 IC 卡”，请调整 IC 卡的位置或联系会场工作人员解决。

密码签到：当系统进入密码签到状态时，LCD 屏提示“请输入密码”，输入密码后点击“Enter”，密码正确时界面显示“XXX 欢迎您”，密码错误时界面提示“无效密码”。

席位 IC 卡和密码签到：当系统进入席位 IC 卡和密码签到状态时，LCD 屏提示“请输入密码或读 IC 卡”，该模式为 IC 卡签到和密码签到的结合，代表可选择输入密码签到，也可选择 IC 卡签到，双签到模式的有效结合保证了会议的快速顺利进行。

会议终端完成签到后，签到结果会实时显示在 LCD 屏上。如图 2—3—10 所示。

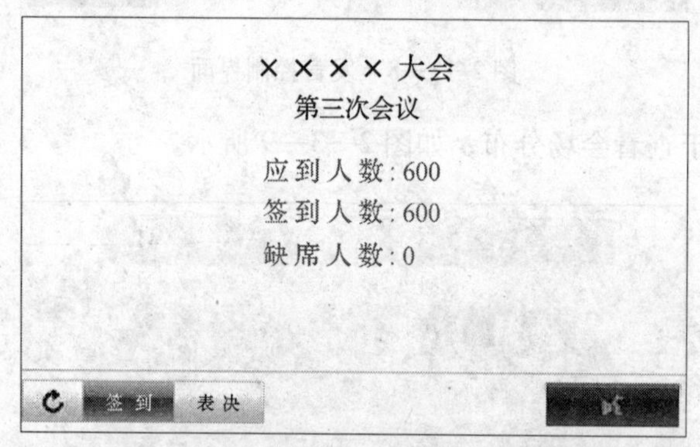

图 2—3—10　签到摘要界面

在非席位按键签到模式下，签到后，LCD 屏左下角出现图标“ ”，当代表需要离开时，可以点击该图标，用来锁住 LCD 屏，终端进入签到界面，代表返回后，再次签到即可继续使用。需要注意的是，使用此功能时服务器不能停止签到。

②表决。由主席单元发起仅 3 键表决，或由应用软件控制表决开始 2 键、3 键、4 键或 5 键表决。

连接计算机表决时，会议终端 LCD 屏显示表决日程、议题及候选项，代表只需点击会议终端 LCD 屏上相应的候选按钮就可以进行投票，如图 2—3—11 所示。

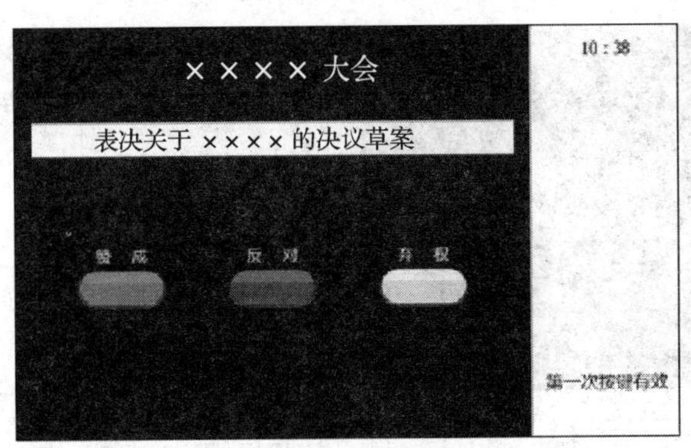

图2—3—11 表决界面

对于“第一次按键有效”的议案，代表只能进行一次按键表决。代表表决后，LCD屏提示“您已表决”。

对于“最后一次按键有效”的议案，代表可以进行多次表决，代表按一次表决按键后，LCD屏提示“您可以重选”，代表可以重新表决，表决结果以代表最后一次按键的结果为准。

主席发起的表决仅支持最后一次按键有效。

有些会议终端支持拍照议题的表决，在表决的同时记录代表照片，如图2—3—12所示，代表图像信息与表决结果上传到服务器，作为重要表决议案存档，能够确定是否代表本人表决。

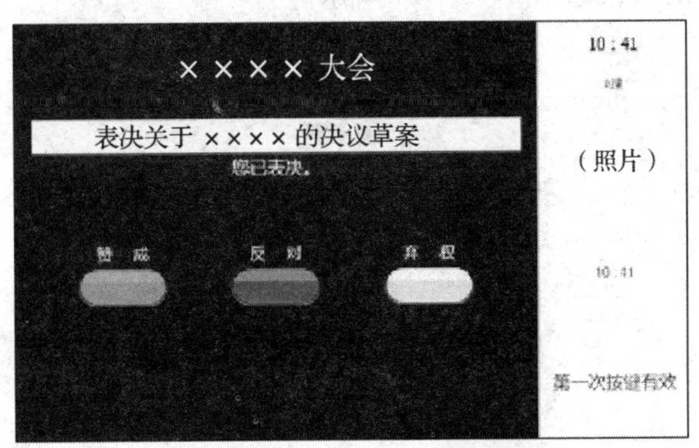

图2—3—12 表决界面

③表决结束。如果当前会议终端在签到后进入“表决”子界面，当主席或应用软件选择“结束表决”后，表决结果将显示在各会议终端上，代表可以通过点击LCD屏上的三种显示方式图标，选择以列表、柱状图或饼图方式显示表决结果。如图2—3—13所示。

④显示表决结果。主席或应用软件选择“显示表决结果”后，表决结果将以当前会议终端所选择的显示方式（列表、柱状图或饼图）显示在各会议终端的LCD屏上。

3）讲稿。在主界面下点击“讲稿”图标进入讲稿界面，它包括“设置”“选择讲稿”及“内容”三个子界面。

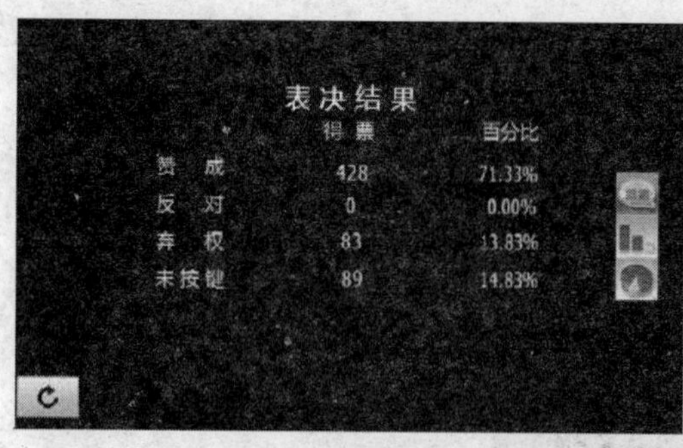

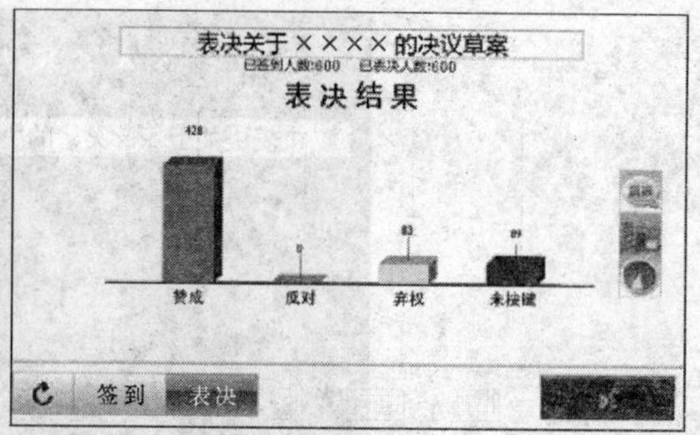

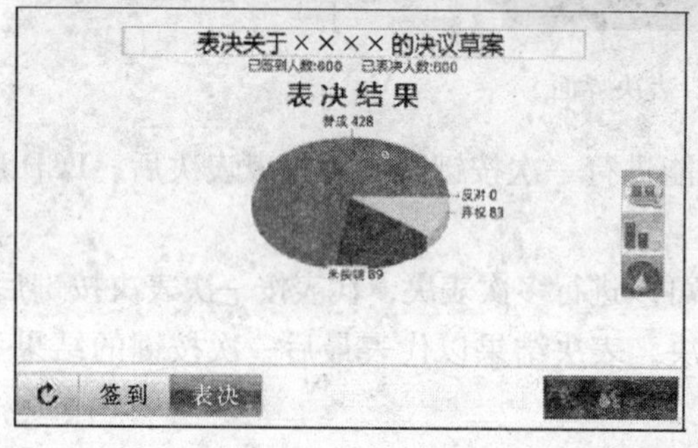

图 2—3—13　表决结果界面

①设置。设置讲稿的显示颜色、字体大小及自动跟读时间，其中字体大小可调节范围为 8 ~ 48 磅值，自动跟读时间间隔可调范围为 50 ~ 500 ms，步进为 50 ms，长按“ « ”“ » ”可以进行快速调节，如图 2—3—14 所示。

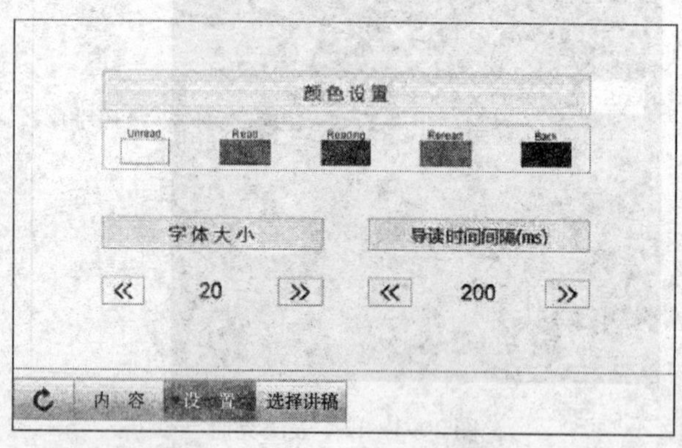

图 2—3—14　讲稿设置界面

②选择讲稿。在讲稿列表中选择需要显示的讲稿标题，双击讲稿文件名称即可显示讲稿内容，如图 2—3—15 所示。

③内容。要将“选择讲稿”中选择的讲稿内容显示出来，可通过点击 LCD 屏的“导读”和“取消导读”图标在讲稿导读和暂停导读之间切换，也可通过点击“上一句”“下一句”浏览讲稿内容。自动导读过程中，讲稿内容滚动显示，可以点击“快”和“慢”图标来调节导读速度。如图 2—3—16 所示。

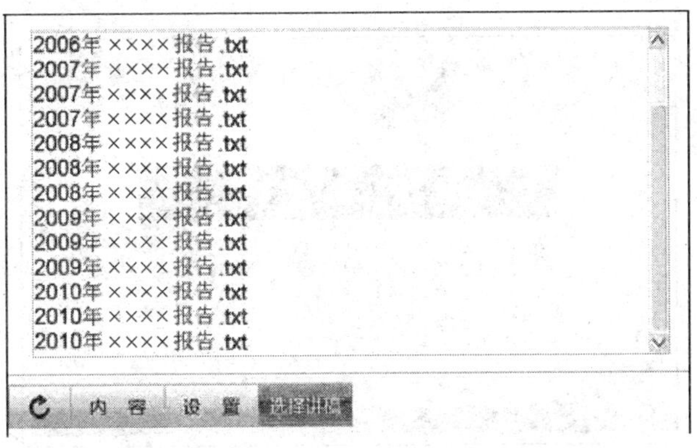

图 2—3—15　选择讲稿界面

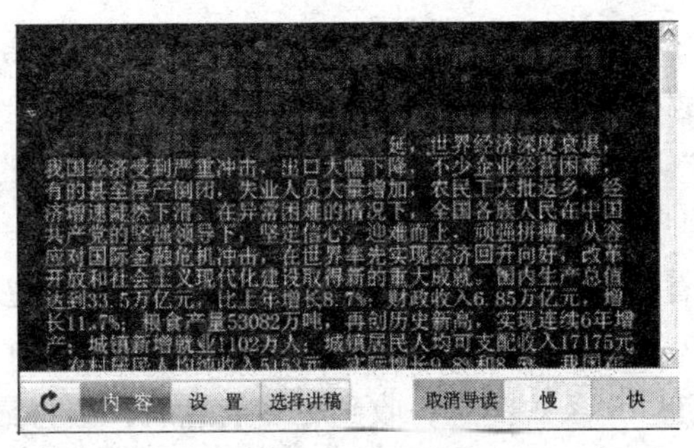

图 2—3—16　讲稿内容界面

4）服务请求。在主界面下点击“服务请求”图标进入相应的服务请求界面，如图 2—3—17 所示。

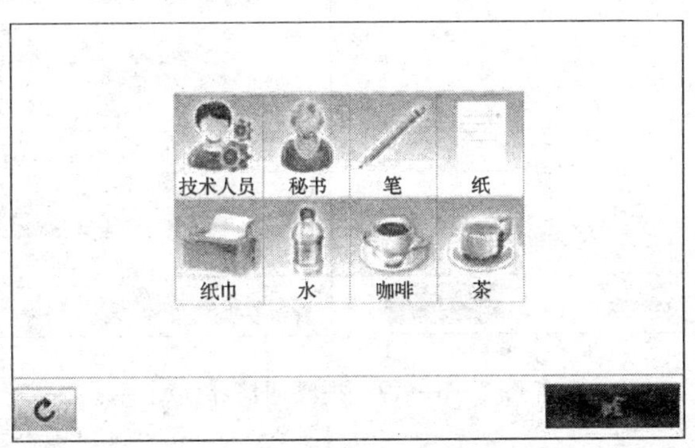

图 2—3—17　服务请求界面

通过点击相应图标选择所需的服务，选中的服务图标变为绿色，服务请求信息会出现在服务器应用软件下方，再次点击则取消服务请求。当服务请求得到响应时，选中的服务图标绿色消失，会议终端 LCD 屏出现提示：“请稍等，工作人员会马上为您服务。”

5）内部通信。在主界面下点击“内部通信”图标进入内部通信界面，它包括“短消息”“视频通信”及“文本通信”三个子界面，如图 2—3—18 所示。

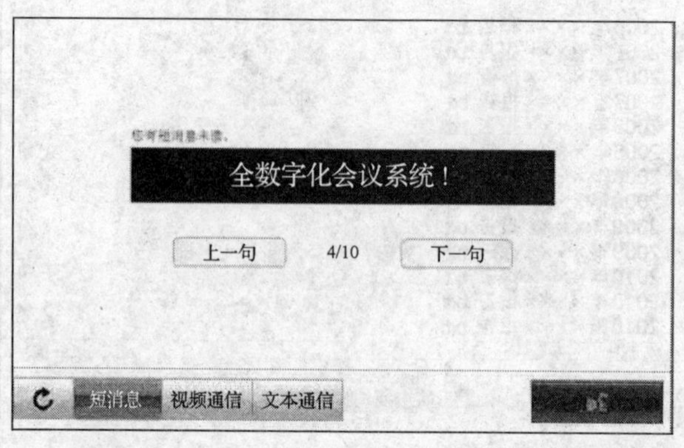

图 2—3—18　内部通信界面

①短消息。用于查看接收到的短消息。连接计算机使用时，操作人员可利用系统软件编写短消息，给目标单元发送短消息。

点击“上一句”或“下一句”可以遍历当前会议终端接收到的所有短消息。

代表单元收到新短消息后，LCD 屏下方显示短消息信息栏，提示“您收到一条短消息”，点选信息栏中“查看”按钮可以查看短消息；也可点击“忽略”按钮不查看此短消息。

代表单元最多可以存储 10 条短消息，收到更多消息后，会将最早收到的消息覆盖。

②视频通信。点击“视频通信”，界面如图 2—3—19 所示。可以通过点击“会场”或“列表”来选择系统中代表列表的显示方式。

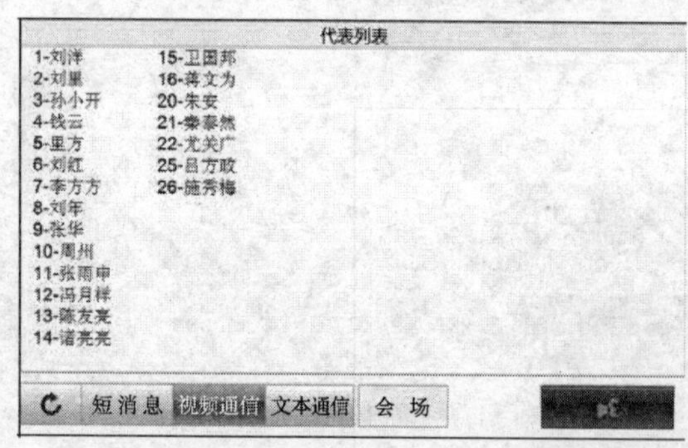

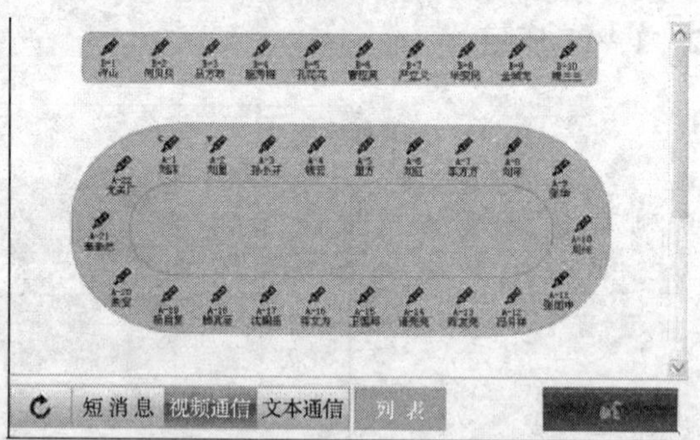

图 2—3—19　视频通信界面

点击需要进行视频通信的代表并确认后，即可请求进行视频通信（必须插上耳机，否则会提示“请插入耳机”）。

当代表要求进行视频通话时，LCD 屏下方显示视频通话信息栏，点选信息栏中“接受”按钮则开始视频通话；也可点击“拒绝”不接受视频通话请求。

接受视频通话请求后，进入视频通话界面，话筒开启，话筒指示灯圈及话筒开关按键指示灯同时亮起红色，LCD 屏右下角话筒开关按键变为红色，LCD 屏显示当前通话双方视频信息。

视频通话需用耳机收听。通过 LCD 屏对耳机音量进行调节。通话完毕，点击“结束”按钮退出视频通话界面。如图 2—3—20 所示。

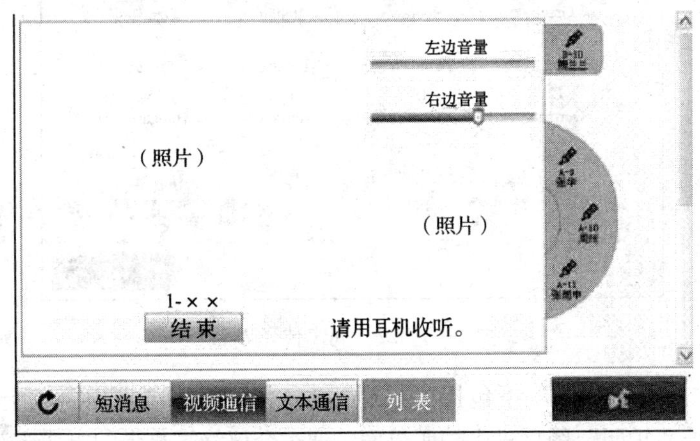

图 2—3—20　内部通信界面

③文本通信。点击“文本通信”，进入文本通信子界面。通过点击“会场”或“列表”来选择系统中代表列表的显示方式。

双击需要进行文本通信的代表后，即可进行文本通信。代表单元收到文本消息后，LCD 屏下方显示文本通信信息栏，点击信息栏中“查看”按钮可以查看文本消息；也可点击“忽略”按钮不查看此文本消息。

点击“查看”按钮后，界面显示如图 2—3—21 所示，左侧显示通信记录，右侧显示文本信息编辑界面，可在右侧上方下拉列表中选中代表，编辑发送文本信息。

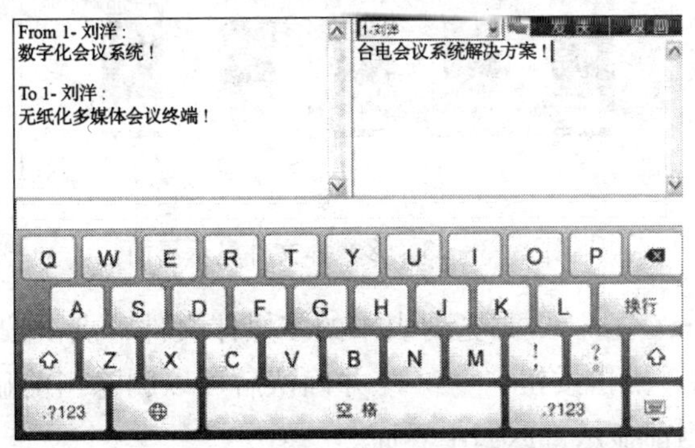

图 2—3—21　文本通信界面

6）同声传译。点击“同声传译”图标，用户可以遍历系统设定的各通道语种的详细信息，可通过点击相应名称选择语言通道。如图 2—3—22 所示。

有线会议系统主机连接翻译单元，具备同声传译功能以后，通道选择功能被激活。要使用通道选择功能，还必须在具备通道选择功能的单元上插接耳机；当耳机拔出后，会议终端自动切换到原音通道；会议终端两侧耳机音量可通过界面上“左边音量”和“右边音量”两个滚动条进行调节。

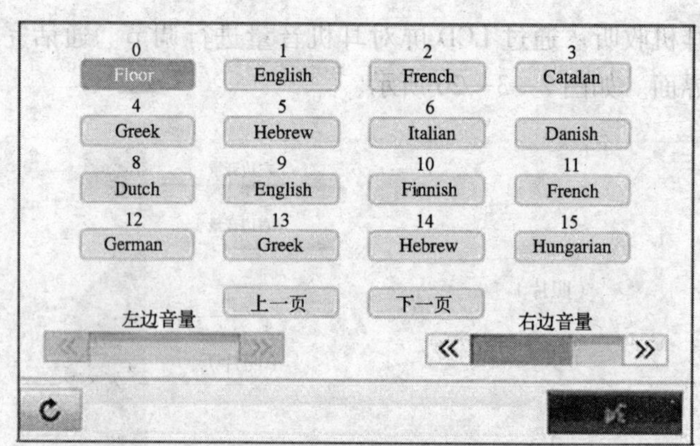

图 2—3—22　同声传译界面

7）媒体。主界面“媒体”下包括“拍照”“多媒体”和“点播”三个内容。

①拍照。点击“拍照”图标进入拍照界面，通过会议终端自带的摄像头对代表进行对焦。点击快门图标“ ”进行拍照，照片自动存储在会议终端中，在“多媒体”中进行查看；点击返回图标“ ”退出拍照界面，返回主界面。

②多媒体。点击“多媒体”图标进入当前会议终端多媒体文件列表，双击多媒体文件可进行查看、播放。如图 2—3—23 所示。

图 2—3—23　多媒体文件显示界面

通过点击按钮“ / ”浏览列表中的多媒体文件，点击按钮“ ”关闭当前正在显示的多媒体文件，点击按钮“ ”并确认后可以删除当前显示的多媒体文件，点击按钮“ ”退出当前显示，返回主界面。

在列表状态下点击按钮“ ”并确认后，可以删除当前选中的多媒体文件，点击按钮“ ”，返回主界面。

③点播。点击“点播”图标进入视频服务器点播资料库，点击视频服务器列表中的文件，可播放该文件。

在视频文件播放过程中，点击屏幕下方“全屏”按钮，可使当前视频文件全屏播放，全屏播放状态中，点击屏幕即可退出全屏播放；点击屏幕下方“停止”按钮，则停止播放当前文件，并返回视频服务器界面。如图 2—3—24 所示。

图 2—3—24　媒体点播界面

8）无纸化。点击“无纸化”图标，进入无纸化功能界面。它包含“文件管理”和“备忘录”两个内容。

①文件管理。点击“文件管理”图标进入文件管理服务器，文件管理服务器对文件进行不同的权限设置，代表单元、主席单元和 VIP 单元分别可以查看各自权限范围内的文件，例如：代表可以查看文件管理服务器中的公共文件和代表路径下的文件，双击服务器文件列表中的文件，可将该文件下载到本地文件列表中。下载过程中，LCD 屏幕上方会出现下载状态提示。

双击本地文件列表中的文件可以打开文件，选中本地文件列表中的文件，点击屏幕下方的按钮“上传”或“　”并确认后，可以进行文件上传或删除操作，上传过程中，LCD 屏幕上也会出现上传状态提示。本地文件支持 SD 卡，双击路径 <Dir> SD Card 中的文件，可以浏览、查看、上传或删除 SD 卡中的文件。

点击按钮“　”申请桌面共享，经服务器批准后，可将本会议终端的文档发送至会场大屏幕和其他会议终端显示，实现即席汇报。

②备忘录。点击“备忘录”图标进入备忘录界面。点击按钮“+”新建备忘录，新建备忘录默认文件名为“新建文本文档”，点击文件名，代表可修改文件名、编辑文本。

文本编辑完成后自动保存，点击键盘右下角图标“　”隐藏软键盘，点击屏幕右上角图标“　”返回备忘录界面，点击屏幕下方图标“上传”“　”并确认后，可以对文件进行上传或删除操作，点击屏幕左上角图标“　”返回主界面。

双击文件名，可编辑已存在的扩展名为“. txt”的文本文件，例如，编辑修改已有的备忘录、会议报告等。

9）系统设置。在主界面下，按住麦克风开关键，同时点击屏幕左侧，持续 5 秒钟，即可弹出系统设置界面，需要输入正确密码方可进行当前会议终端系统的设置。系统设置包括“信息”“网络设置”“密码管理”“语言”“其他”五项内容。

①信息。点击“信息”按钮，显示当前会议终端信息（ID 号、相关权限、版本号）、系统版本号及 MAC 地址等。如图 2—3—25 所示。

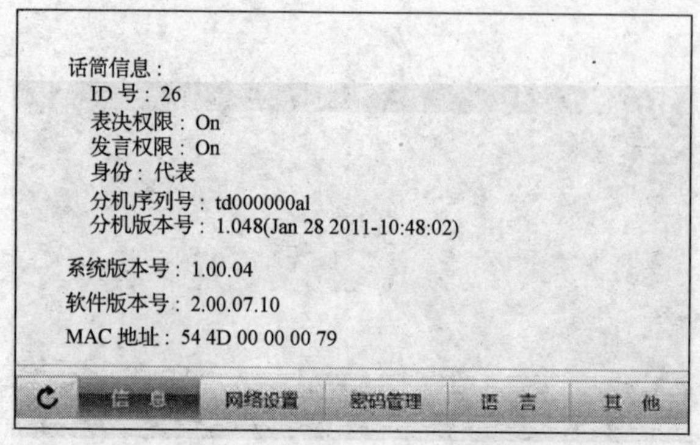

图 2—3—25　会议单元终端信息显示界面

②网络设置。用于连接服务器的网络设置。

③密码管理。用于设置进入“系统设置”界面的密码。

④语言。点击“语言”按钮，用户可以根据自己的语言习惯选择语种，点击“OK”按钮确认。

⑤其他。对当前会议终端显示屏亮度以及触摸屏校准。

通过点击按钮“ « ”“ » ”进行调整，减小或增加显示屏亮度。

触摸屏在长时间使用后，会出现触摸按钮点击不准，须对触摸屏进行校准。校准方法可通过点击“校准”按钮来实现。

进入校准界面后，请依次点击十字光标交叉点。

校准完成，点击触摸屏任意位置保存当前校准并返回；如果无操作，将在 30 s 后自动返回。

（4）VIP 单元

通过系统应用软件将代表发言单元设置为 VIP 单元，最多可设置 32 个 VIP 单元。

只要整个有线会议系统中已开启的话筒总数不超过 6 支（包括主席单元/代表单元/VIP 单元），VIP 代表发言单元就可以自由开启。

当主机设置的主席优先权模式为“全部关闭”时，主席按下优先权按键会将所有开启的代表单元关闭，而 VIP 单元是暂时静音，松开按键后，被静音的 VIP 单元恢复。

如果已开启的话筒总数达到了 6 支，按下话筒开关按键时，其话筒指示灯圈蓝灯恒亮，话筒开关按键指示灯及 LCD 屏右下角话筒开关按钮会持续闪烁，话筒无法开启，直到有已开启的话筒关闭。

（5）主席单元

主席单元除具有代表单元的全部功能外，还有优先权、话筒控制和签到表决功能，如图 2—3—26 所示。

1）优先权功能。主席单元主界面与代表单元主界面不同，独有优先权图标 。

会议进行时，如果主机设置的主席优先权模式为“全部静音”，主席按下优先权图标，则会将所有开启的代表单元和 VIP 单元暂时静音，松开按键后，被静音的代表单元和 VIP 单元恢复。

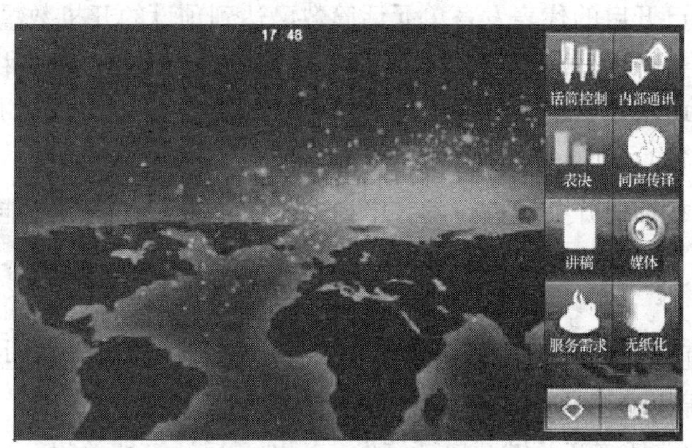

图 2—3—26　主席单元设置界面

如果主机设置的主席优先权模式为“全部关闭”，主席按下优先权图标，则会将所有开启的代表单元关闭，同时清除所有发言申请（“Open”及“Apply”模式）；VIP 单元暂时静音，松开按键后，被静音的 VIP 单元恢复。

2）控制代表单元话筒。在主界面下点击“话筒控制”进入话筒控制界面，它包括“设置”和“发言控制”两部分。

①设置。点击“设置”按钮，对系统中可同时开启的代表话筒数量、操作模式及全局音量进行设置。如图 2—3—27 所示。

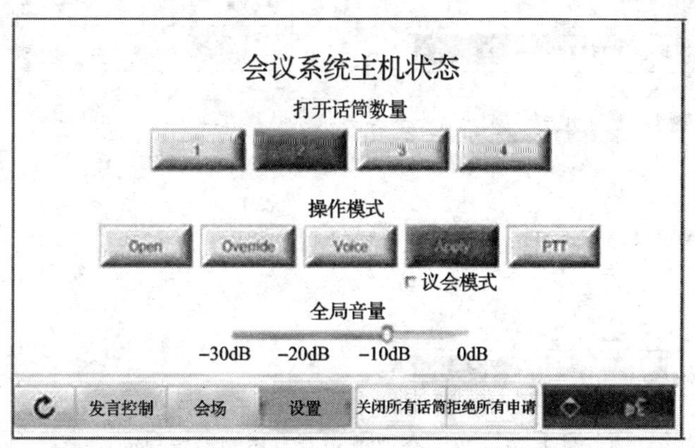

图 2—3—27　会议单元主机话筒设置界面

全局音量：对所有会议单元内置扬声器的输出音量进行调节，调节范围为 -30 ~ 0 dB。

打开话筒数量：设定可同时开启的代表发言单元话筒数量，可以为 1、2、3 或 4 支。

操作模式：在“Open”“Override”“Voice”“Apply”和“PTT”五种发言方式下切换，对应按钮呈红色。

“Open”：当已开启的代表发言单元话筒数已达到预设的开机数量后，以后的代表发言单元进入申请发言状态，最多可有 6 台代表单元进入申请状态。当已开启代表单元关闭话筒后，最先进入申请状态的代表单元将会开启。

“Override”：当已开启的代表发言单元话筒数已达到预设的开机数量后，后开启的代表单元将关闭最先开启的代表单元，以保持总的开启数量仍为所限制的开机数量。

“Voice”：声控功能。只要代表近距离对着话筒发言就可以将话筒开启。停止发言后，话筒到达自动关闭时间，则自动关闭，自动关闭时间 1 ~ 15 s，可调。

“Apply”：代表按话筒开关键进行发言申请，由系统中具有控制功能的主席单元批准或否决代表发言申请。

注意：

会议模式与普通模式的区别在于会议模式有回应发言，回应发言也是一种申请发言方式，用于对演讲人提出自己的见解等。

“PTT”：代表按着话筒开关键开启话筒发言，松开后话筒即关闭。

②发言控制。点击“发言控制”按钮进入如图 2—3—28 所示的界面，在各个列表中点击代表姓名会弹出菜单，或通过点击“关闭所有话筒”及“拒绝所有申请”按钮，控制话筒发言和申请状态。

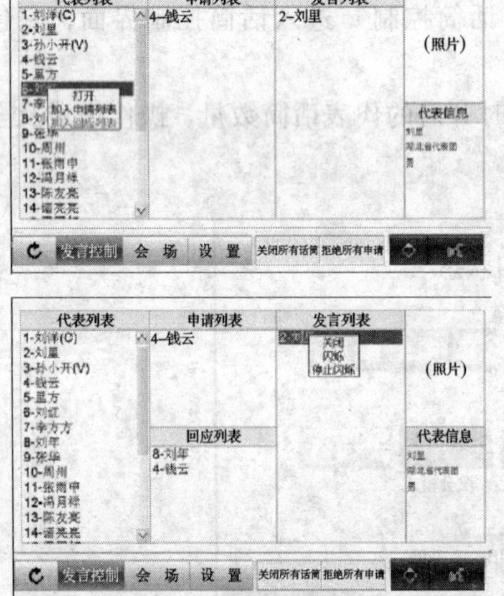

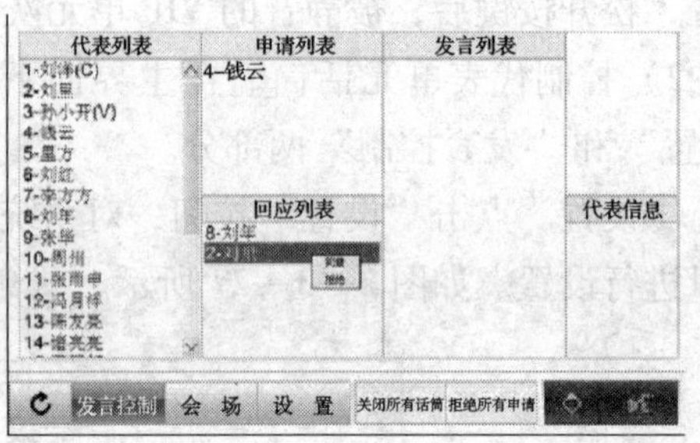

图 2—3—28　会议单元发言控制设置界面

打开：直接打开选定的会议单元话筒。

加入申请列表：将选定的代表单元增加到申请列表。

加入回应列表：将选定的代表单元增加到回应列表。

同意：同意选定代表的发言/回应申请，并开启话筒。

拒绝：拒绝选定代表的发言/回应申请，并关闭话筒。

关闭：关闭选定的正在发言状态的话筒。

闪烁/停止闪烁：控制选定的正在发言的会议单元话筒开关按键指示灯和话筒开关图标闪烁/停止闪烁。

关闭所有话筒：关闭所有正在发言的代表话筒，不关闭主席和VIP话筒。

拒绝所有申请：拒绝所有代表的发言申请。

3）表决。主席单元控制的表决有两种：不连接计算机时的表决和连接计算机时的表决。

①不连接计算机时主席单元发起的表决。首先在主席单元主界面点击“表决”图标，如图2—3—29所示，可选择是否公开表决结果，勾选公开表决结果，则表决结果显示在所有单元LCD屏上；不勾选公开表决结果，则表决结果仅显示在主席单元LCD屏上。

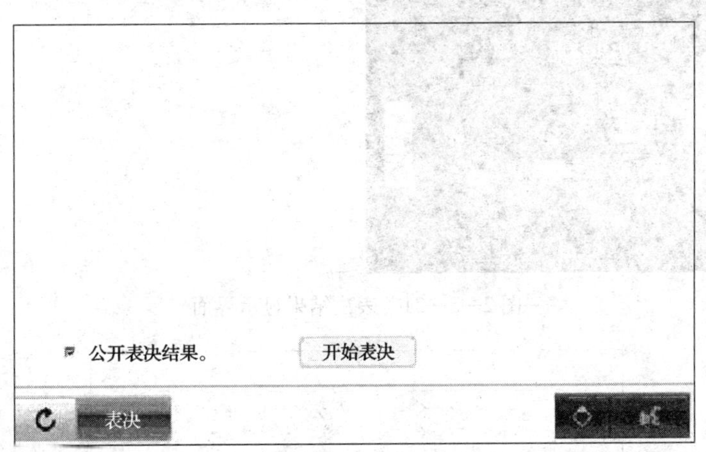

图2—3—29　主席单元发起表决界面

点击“开始表决”按钮，所有会议单元进入“签到”状态。

点击“签到”按钮进行签到，并进入表决界面；由主席单元发起的表决只能进行三键表决方式即“赞成/反对/弃权”，且为“最后一次按键有效”，主席可以暂停或结束表决。如图2—3—30所示。

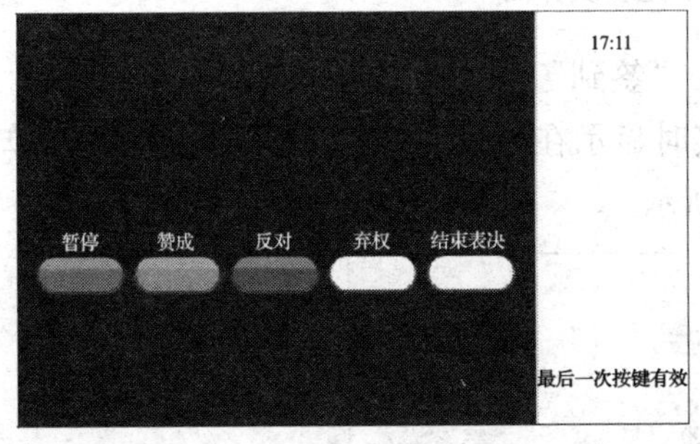

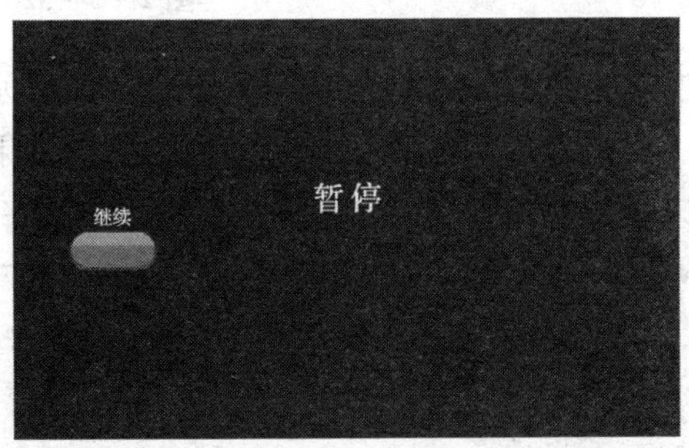

图2—3—30　会议单元表决界面

表决结束，点击“结束表决”按钮后，表决结果根据表决前设置的是否公开表决结果，将以列表、柱状图或饼图的显示方式显示在相应单元的LCD屏上。如图2—3—31所示。

②连接计算机时的表决。首先在主席单元主界面点击“表决”图标，进入表决子界面，它包括“签到”“表决”及“全部议题”三个内容，如图2—3—32所示。

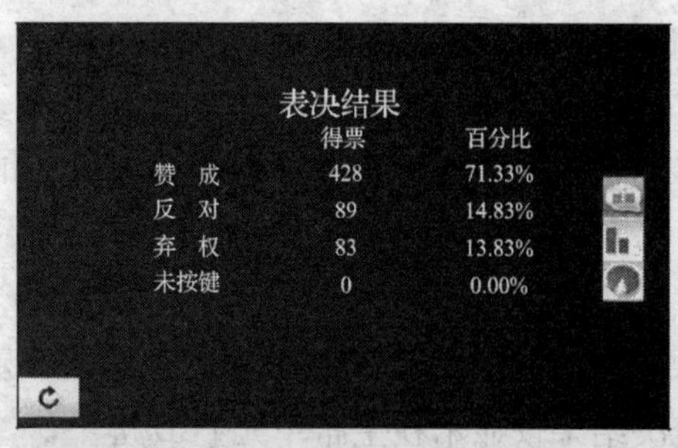

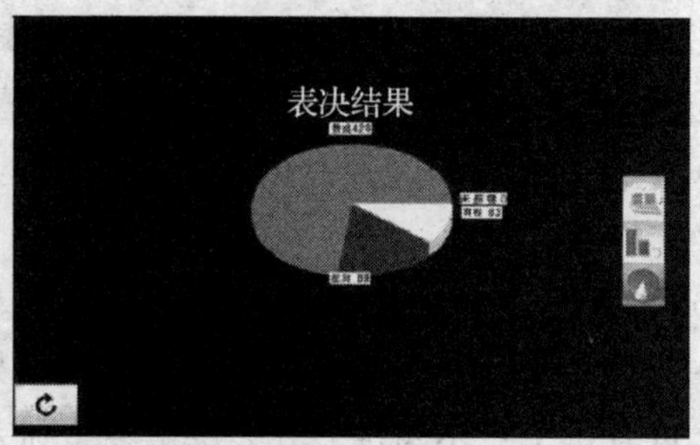

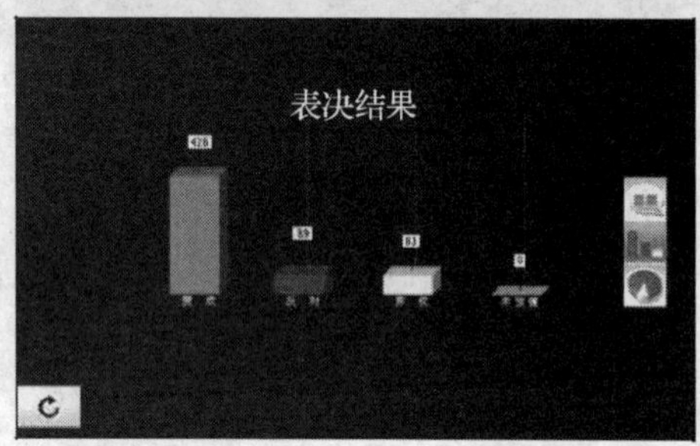

图 2—3—31　表决结果显示界面

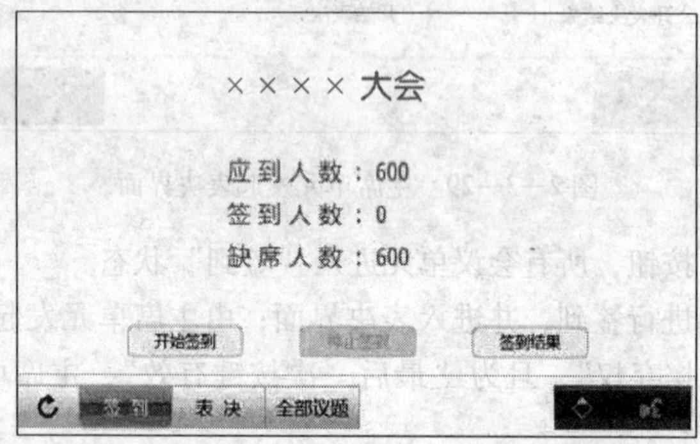

图 2—3—32　主席单元表决界面

点击“开始签到”按钮，所有会议单元进入“签到”状态。

点击“签到”按钮进行签到，签到结果会实时显示在会议终端的 LCD 屏上。主席单元可以控制签到进程，签到完成后如图 2—3—33 所示。

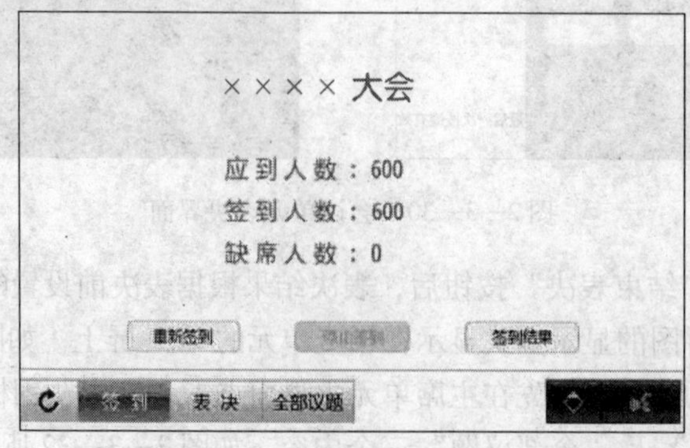

图 2—3—33　签到结果显示界面

重新签到：清除现有签到统计结果，重新开始签到。

停止签到：停止正在进行的签到，必须停止签到才可选择议题。

签到结果：将签到结果显示到会场中的大屏幕上。

选择议题：通过点击“全部议题”图标进入全部议题子界面，如图 2—3—34 所示，浏览本次大会所有议题，并双击选择的议题查看结果。

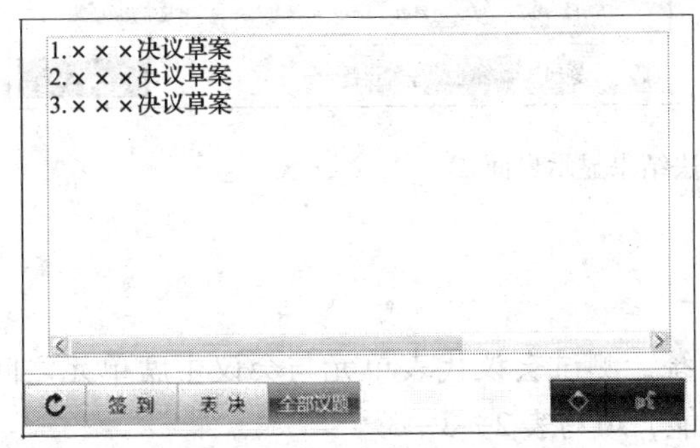

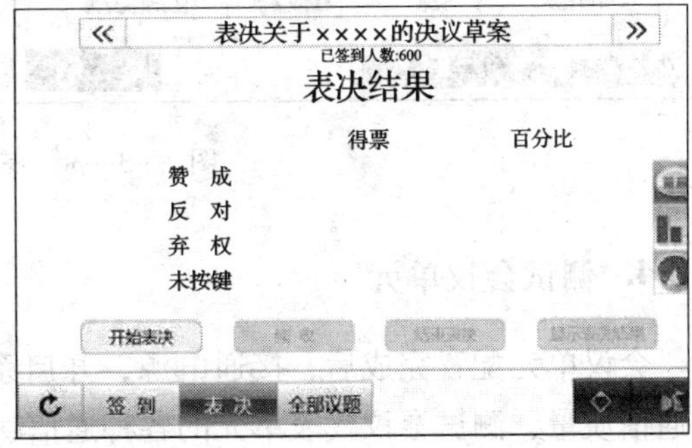

图 2—3—34　选择议题显示界面

由主席控制的表决议题，点击“开始表决”按钮后，出现“请开始表决”提示界面；由操作员控制的表决议题，则跳过此提示直接进入表决界面。

点击“开始表决”按钮进入表决界面，如图 2—3—35 所示。

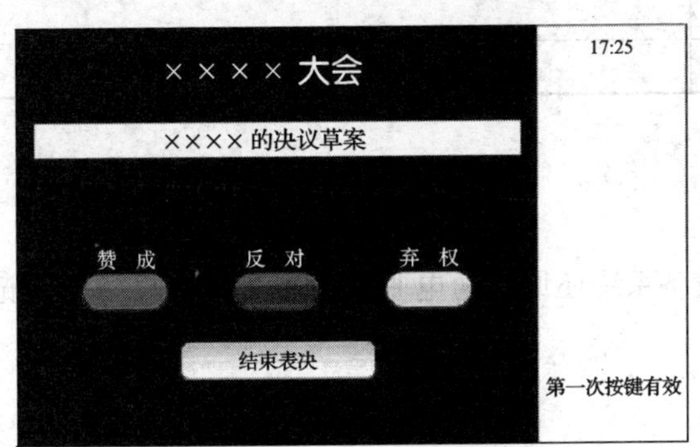

图 2—3—35　开始表决显示界面

表决结束后，点击“结束表决”按钮，表决结果将以当前所选择的显示方式（列表、柱状图或饼图）显示在主席单元的 LCD 屏上。如图 2—3—36 所示。

由主席控制的议题显示如下。

重新表决：点击“开始表决”按钮重新开始表决。

续收：表决结束后，如果还有较多人没有表决，可以使用“续收”功能使系统恢复到表决状态，此时，没有表决的单元可以继续进行表决，已经表决的单元显示“已表决”，若此议题是“最后一次按键有效”，已表决的单元也可以更改表决选项。当需要结束表决时，再点击“结束表决”按钮即可。

显示表决结果：可将表决结果显示到所有会议单元及会场中的大屏幕上。

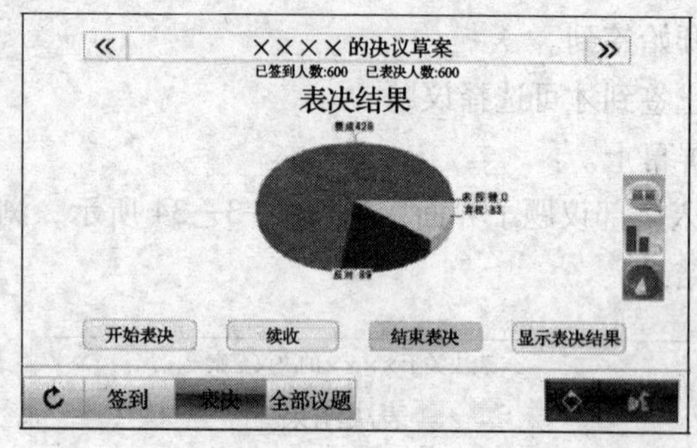

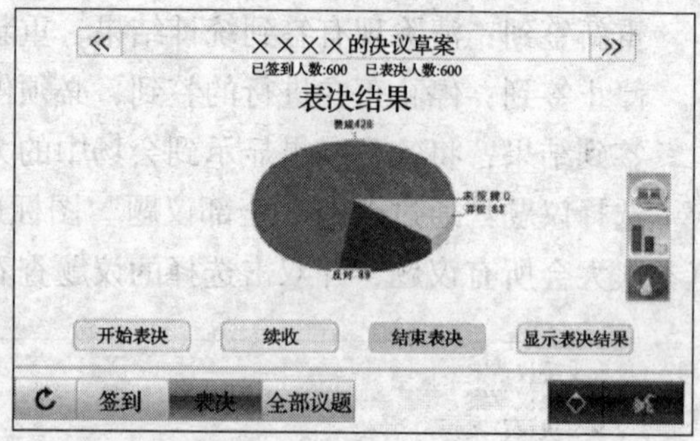

图 2—3—36 表决结果显示界面

4. 测试会议单元

会议单元配置完成后，接通电源，开启系统，测试会议代表单元与会议主席单元之间的通信质量，测试会议代表单元的各种通信功能，填写表 2—3—3。

表 2—3—3 **有线会议系统实训记录表**

序号	测试设备	规格型号	通信功能与质量	备注

5. 还原实训现场

整理清洁现场，设备系统还原。通电验收检查，填写设备使用记录，设备移交，实训结束。

总结评价

1. 主题讨论

通过本次任务，完成了会议单元与会议主机之间的安装、连接、配置和测试；完成了会议单元的通信测试。请各个小组讨论并回答下列问题。

（1）会议单元在有线会议系统中居于什么地位？有哪些基本功能？

（2）会议单元与会议主机的连接方式，连接线缆是什么类型？

（3）会议单元的功能软件是在会议主机还是在会议终端？

2. 填写实训评价表

为了检验本次任务的学习实践效果，考查对会议单元的概念、安装、连接、配置等基

本知识的掌握情况和实训任务完成情况，根据实训表现和实训效果，结合口试成绩，以分值的方式进行总结评价并填写评价表 2—3—4，给出本任务完成情况的实训成绩。

表 2—3—4　有线会议系统学习评价表

能力	评价项目		配分（总分 100）	自我评价	同学评价	教师评价
职业能力	理论	准确理解会议单元的概念	5			
		准确理解会议单元的组成结构	5			
		准确理解会议单元的功能	5			
	实践	能正确记录会议单元设备的名称及型号	5			
		能正确连接会议单元	10			
		能正确配置会议单元	20			
		能正确处理因连接配置不当产生的各种故障	20			
		测试会议单元功能	10			
		现场整理与设备移交（其中，未切断总电源扣 2 分，未移交扣 1 分，未清理扣 1 分，清理不干净扣 1 分）	5			
通用能力	观察能力		5			
	动手能力		5			
	协作能力		5			
自我评价			综合评分	自己签名：		
小组评价			综合评分	组长签名：		
教师评价			综合评分	教师签名：		

任务四　配置翻译单元

任务描述

1. 安装连接翻译单元
2. 配置翻译单元
3. 测试翻译单元

基础知识

1. 翻译单元的组成

大型国际会议必须具备多语种同声传译功能和多路多语种语言选择通道。多数厂家提供的产品中，每个翻译单元都有带背光高亮显示的LCD屏、64路不同语种通道、内置扬声器和可插拔式麦管以及耳机耳麦插口等。LCD屏可以显示通道号、语种名称、输入语言、质量指示和短消息等；可预设多路输入/输出语种通道，并有对应快捷键，方便译员操作；翻译单元可以直接连接上干路缆线，能方便地接入现有的系统中。

翻译单元提供了直接翻译和间接翻译的功能。直接翻译，指译员直接进行原声和预设通道语言之间翻译的方式；间接翻译，指译员进行某一通道语言翻译时，不能听懂原音进行直接翻译，只能通过其他译员翻译的其可听懂的语言进行二次或多次翻译的方式。

2. 翻译单元的设备功能

通常，翻译单元具有翻译通道、分辨率为256像素×64像素LCD显示屏和IC卡签到等配置，其设备结构与功能如图2—4—1所示。

(1) 收听区（扬声器/耳机控制）

①内置扬声器

当同一翻译间内所有翻译单元的话筒都关闭，且FLOOR灯亮时，播放原音通道语音。

②耳机音量调节旋钮

③耳机低音调节旋钮

④耳机高音调节旋钮

⑤扬声器音量调节旋钮

(2) 输入通道控制

⑥主旋钮

按下监听通道快捷切换按键（a、b、c、d、e）时，可旋转此旋钮选择输入通道。

按住输出通道快捷切换按键b或c，同时旋转此旋钮，选择输出通道。

⑦监听通道快捷切换按键（a、b、c、d、e）

切换至预设的输入语种通道。

⑧原音通道/自动中继切换按键

按下按键接通原音通道，同时FLOOR指示灯亮起。

在原音通道与自动中继通道间切换。

(3) 发言区

⑨话筒开关按键

按下按键可开启话筒，同时话筒开启红色指示灯亮，再按一下按键关闭话筒。

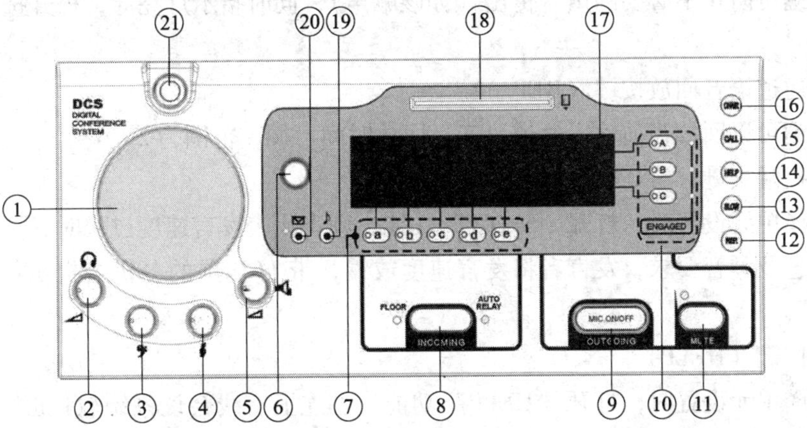

正面

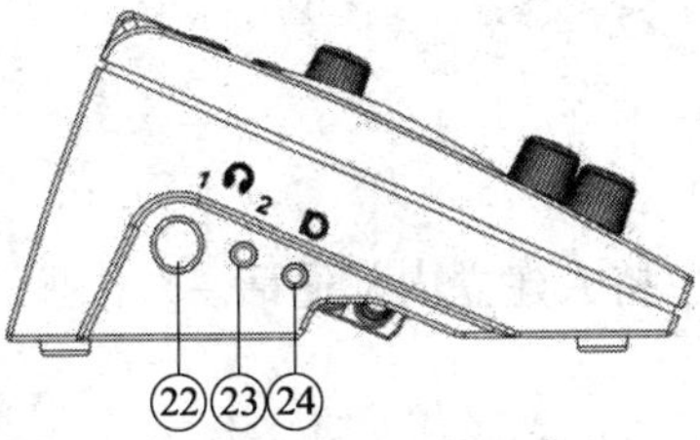

侧面

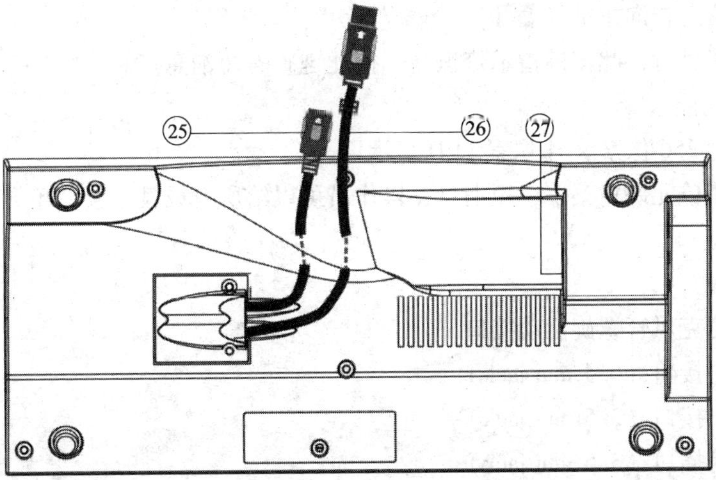

底面

图 2—4—1　翻译单元

当同一翻译间没有话筒开启，即翻译间处于空闲状态时，蓝色指示灯亮；当同一翻译间有其他翻译单元的话筒开启时，蓝色指示灯熄灭。

⑩输出通道 A/B/C 切换按键及指示灯

切换至预设的输出语种通道。

⑪静音按键（MUTE）

按住此键可防止不必要的声音传出（如咳嗽声），同时指示灯亮起，松开按键恢复声音传送。

⑫输入通道语音回放按键（REP.）

按下此键可以回放当前输入通道语音，回放时间可调，范围为2～6 s。

⑬语速提醒按键（SLOW）

若在翻译单元设置时，打开“SLOW”功能，则当代表发言速度过快时，按下按键可以发出提示信息及琴音要求，发言者将发言速度放慢，带LCD屏的分机会提示：“翻译员请您放慢语速”。

⑭求助按键（HELP）

若在翻译单元设置时，打开“HELP”功能，且连上有线会议系统软件时，按下该键，软件系统下方状态栏则会提示请求帮助。

⑮译员呼叫按键（CALL）

按下此键可以呼叫操作员。

⑯内部通话按键（CHAIR）

按下此键，请求与指定的主持人建立内部通话。

⑲BEEP功能键（♪）

当BEEP功能开启时，BEEP指示灯亮。此时，打开和关闭MIC，会通过耳机发出不同的铃音提示。此功能专为盲人设计。

⑳会议短信息查询按键（✉）

有未读短消息时，此按键指示灯恒亮，按此键查看短消息。

（4）显示功能

⑰分辨率为256像素×64像素LCD显示屏

可显示翻译单元设置菜单、短消息，操作员可以给所有或某个会议单元发送短消息。

（5）外部接口

⑱IC卡插槽

㉑可拆卸麦克风管螺旋活动接口

㉒耳机输出接口（6.4 mm jack）

㉓耳机输出接口（3.5 mm jack）

㉔外部话筒插口（3.5 mm jack）

㉕ 0.6 m 6P－DIN标准插头（母头×1）电缆

㉖ 1.5 m 6P－DIN标准插头（公头×1）电缆

㉗扩展接口

任务实施

主要任务是安装、连接、配置翻译单元，记录设备型号、线缆类型、接头类型，通电启动设备，测试各语音通道能否正常工作，并排除一般连接与配置故障。

1. 安装

翻译单元可选择置于桌面或嵌入式安装。选择嵌入式安装时，步骤如下：

(1) 参照开孔尺寸如图 2—4—2 所示，单位为 mm，在台面②上开孔。

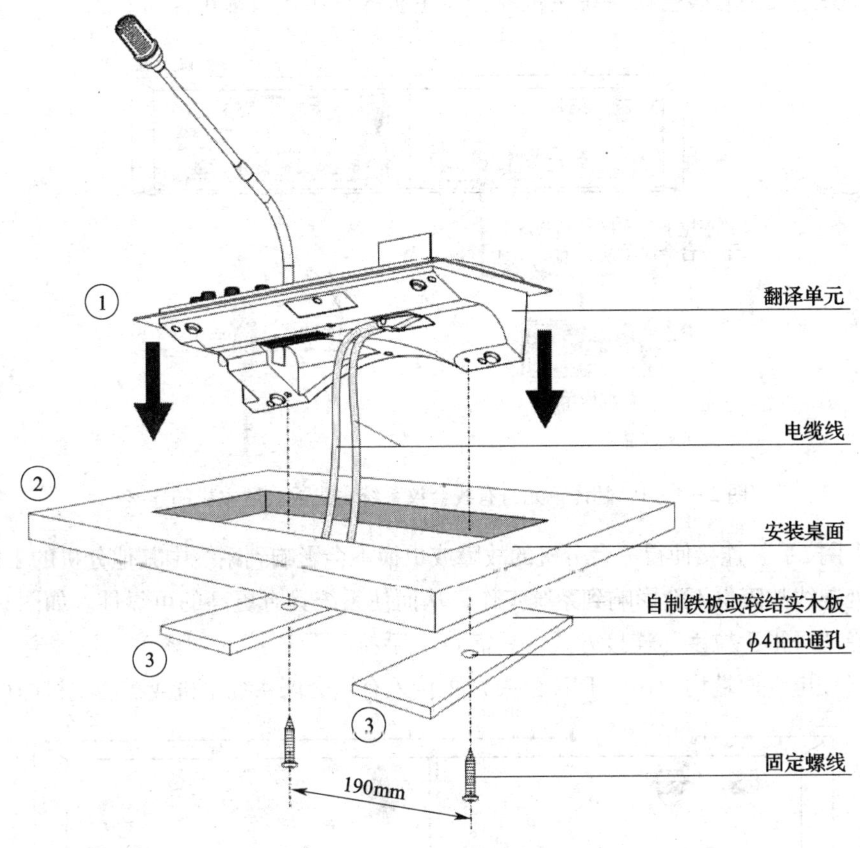

图 2—4—2　嵌入式翻译单元安装图

(2) 翻译单元机身下侧的两根连接电缆，根据实际情况安排出线方向。

(3) 将会议单元①放入固定槽中，直至装饰板与台面贴合。

(4) 用螺钉穿过自制固定片③与翻译单元底部螺钉孔锁紧即可，螺钉长度需根据台面厚度选择。

嵌入式安装与置于桌面相比，操作台面干净整洁，线缆隐蔽，所以，在实际应用中多采用嵌入式安装。

2. 连接

(1) 翻译单元与有线会议系统主机或扩展主机的连接

翻译单元自带一条 1.5 m 6P－DIN 公头标准电缆线。连接有线会议系统主机或扩展主机时，只要将第一台翻译单元的 6P－DIN 公头连接到有线会议系统主机或扩展主机的输出接口即可。

有线会议系统主机或扩展主机与翻译单元远距离连接时，可选择采用 CBL6PS 延长电缆，该电缆两端分别为 6P－DIN 公头和 6P－DIN 母头。如图 2—4—3 所示，将延长电缆 6P－DIN母头与翻译单元自带的 1.5 m 6P－DIN 公头标准电缆线对接，再将延长电缆的 6P－DIN公头连接到有线会议系统主机或扩展主机的输出接口即可。

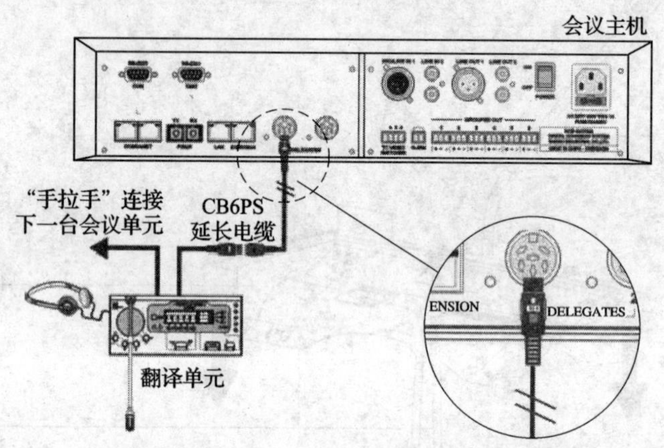

图 2—4—3　翻译单元与有线会议系统主机或扩展主机的连接

"环形手拉手"连接使得一台分机的故障或更换不会影响到系统中其他分机的工作，分机间出现一处连线故障也不会影响到系统工作，从而使系统具有更高的可靠性。如图2—4—4所示，若选择"环形手拉手"连接方式，只需将"手拉手"连接的翻译单元尾端通过 CBL6PP 延长电缆（该电缆两端均为6P－DIN 公头）再接入有线会议系统主机或扩展主机即可。

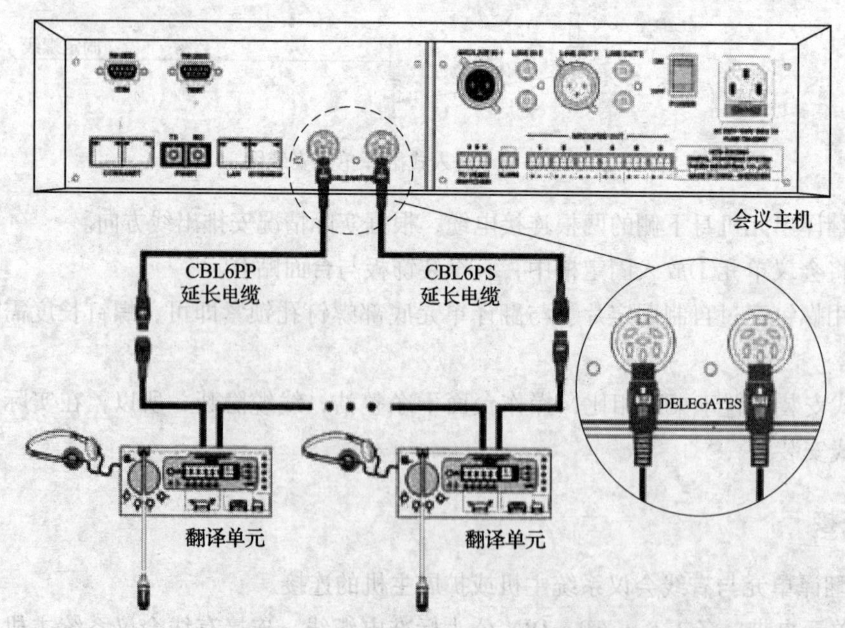

图 2—4—4　有线会议系统主机或扩展主机与翻译单元的环形连接

（2）翻译单元之间的连接

翻译单元之间采用“手拉手”连接方式，且全部采用专用6芯电缆，使得所有翻译单元的安装简便快捷。

如图2—4—5所示，一台翻译单元与另一台翻译单元连接时，只需将该单元的0.6 m 6P－DIN母头标准插头电缆与下一台翻译单元的1.5 m 6P－DIN公头标准电缆线对接即可。

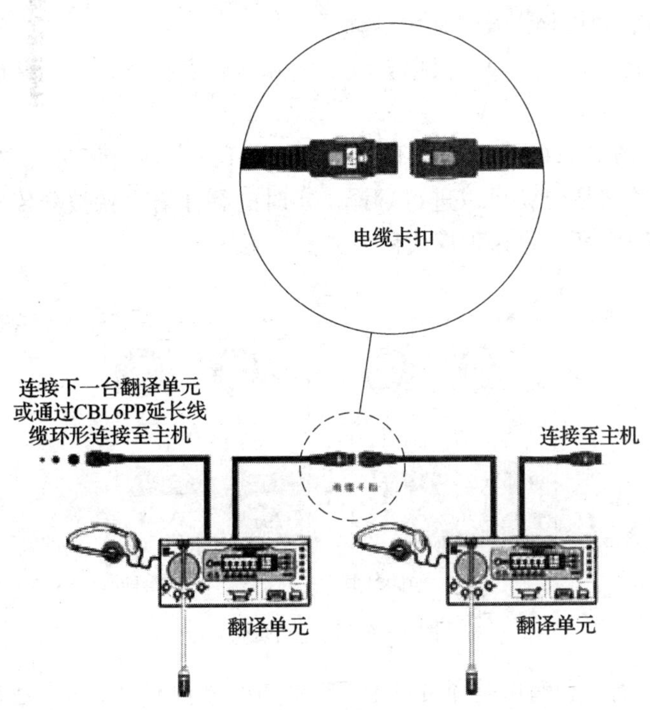

图2—4—5　翻译单元之间“手拉手”的连接

（3）外接耳机

外接耳机通过翻译单元上的耳机插口插接，并通过耳机音量调节按钮对其音量进行控制。所连接的耳机必须为ϕ3.5 mm或ϕ6.4 mm插头，如图2—4—6所示。

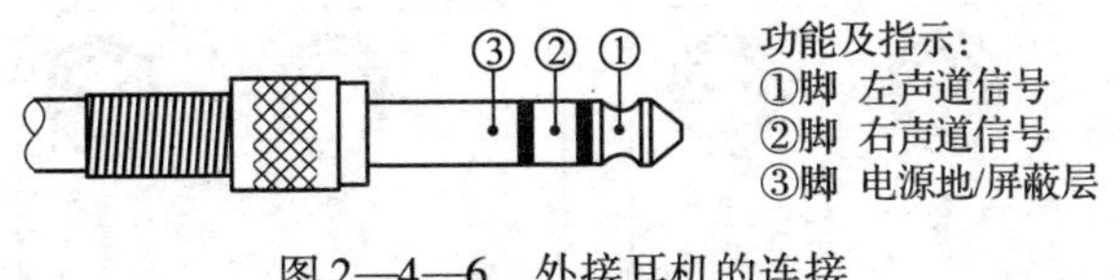

图2—4—6　外接耳机的连接

（4）外接话筒

外接话筒通过翻译单元侧面的外部话筒插口插接，所连接的话筒必须为ϕ3.5 mm插头，如图2—4—7所示。

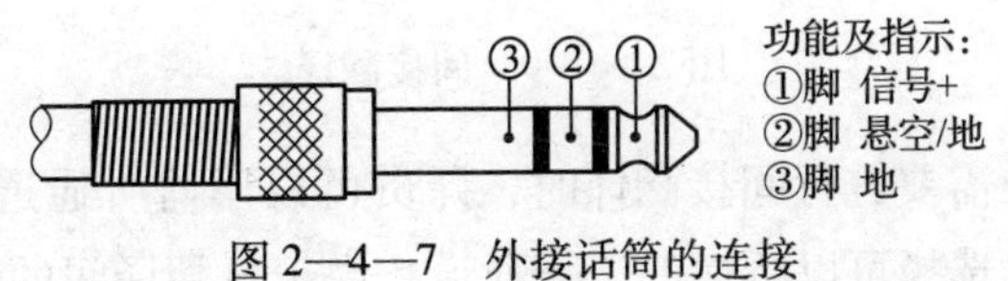

图2—4—7　外接话筒的连接

3. 配置

要在会议中实现同声传译功能，必须在有线会议系统中配备翻译单元。在会议开始前，必须完成翻译单元的配置。通过显示屏上的会话式菜单及面板按键、旋钮来配置翻译单元的所有状态。

(1) 直接翻译、间接翻译及自动中继翻译

在配置翻译单元之前，必须先根据会议的实际需要安排翻译间，并确定各翻译间译音通道之间的联系。

1) 直接翻译。在通常的操作模式下，发言者使用对于所有译员都熟悉的语言发言时，译员只需要监听发言者原音就可以进行翻译，实时的翻译语言就被分传到了各个不同的语言通道，如图 2—4—8 所示，这种模式称为“直接翻译”。

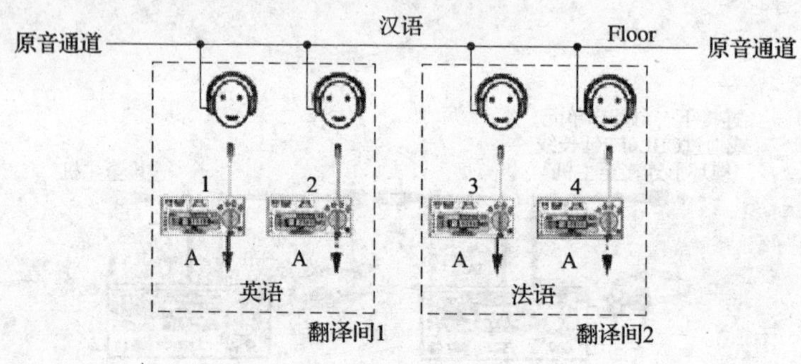

图 2—4—8　直接翻译

2) 间接翻译。有一种情形是译员对于原音通道的语种不熟悉，无法进行直接翻译，需要收听其他翻译间译员的输出译音，再进行二次翻译，即“间接翻译”，如图 2—4—9 所示。

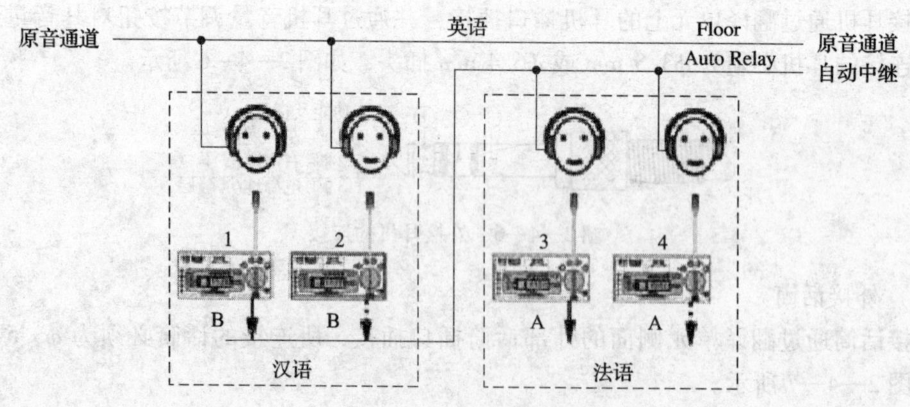

图 2—4—9　间接翻译

3) 自动中继翻译。需要进行间接翻译时，译员可以用监听通道切换开关按键（a、b、c、d、e）及主旋钮手动选择可以听懂的语言通道。由于各翻译间的输出通道语种都是事先

分配好的，因此，必须在会前设置好中继翻译间，当发言人使用译员不熟悉的语种时，无需手动选择，翻译单元就可以自动切换到译员熟悉的语言通道上去，这就是“自动中继翻译”。

例如：翻译间 1 汉英/英汉互译，通道输出 A 为英语，通道输出 B 为汉语，通道输出 C 为“无输出”；翻译间 2 汉法/法汉互译，通道输出 A 为法语，通道输出 B 为汉语，通道输出 C 为“无输出”，并将设置翻译间 2 的自动中继翻译间为翻译间 1。

当发言人使用翻译间 1、翻译间 2 的译员均熟悉的汉语时，可以直接翻译。

当发言人使用英语发言时，翻译间 1 中的翻译员选择 B 通道输出（汉语输出）并开始翻译，翻译间 2 会自动将翻译间 1 中译员的翻译（汉语）作为其输入通道。在翻译间 1 中的翻译单元的话筒开关键被按下的同时，翻译间 2 中的原音通道指示灯（FLOOR）熄灭，自动中继指示灯（AUTO RELAY）亮起，表示自动中继翻译功能开启，可以进行间接翻译了，如图 2—4—10 所示。

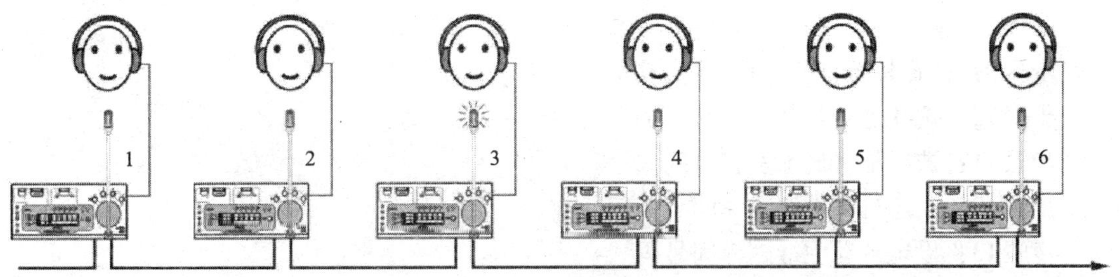

注：每个翻译间最多可以放置六台翻译单元。工作时，同一翻译间内只允许开起一台翻译单元的话筒（FIFO规则）。

图 2—4—10　翻译单元连接示意图

（2）LCD 菜单配置

当有线会议系统主机进行了同声传译的设定后，翻译单元会显示“翻译台未设置”提示信息，或者在翻译台关闭话筒时处于正常待机时的界面，如图 2—4—11 所示。

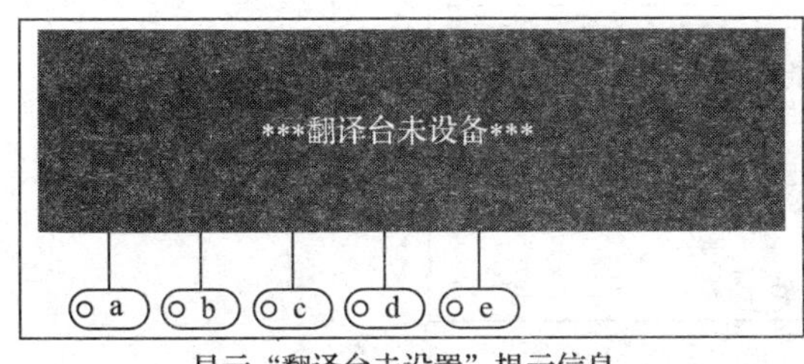

显示“翻译台未设置”提示信息

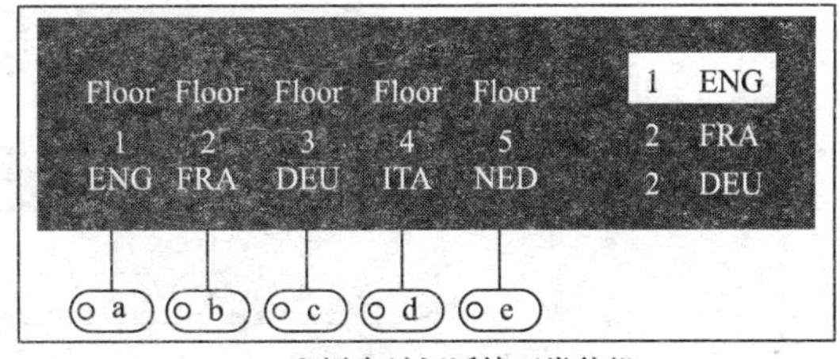

翻译台关闭话筒正常待机

图 2—4—11　翻译台配置前后的界面

1）进入配置菜单。若翻译台未配置，按任意键即可进入翻译单元的设置菜单。

在待机界面下，按住消息键（ ）的同时，顺时针旋转主旋钮，即可进入翻译单元的设置菜单。LCD 屏会显示操作提示，如图 2—4—12 所示。

在所有翻译台设置操作中，使用主旋钮浏览当前菜单下的各个选项；按“b”键确认选择/进入下一级菜单；按“a”键返回。

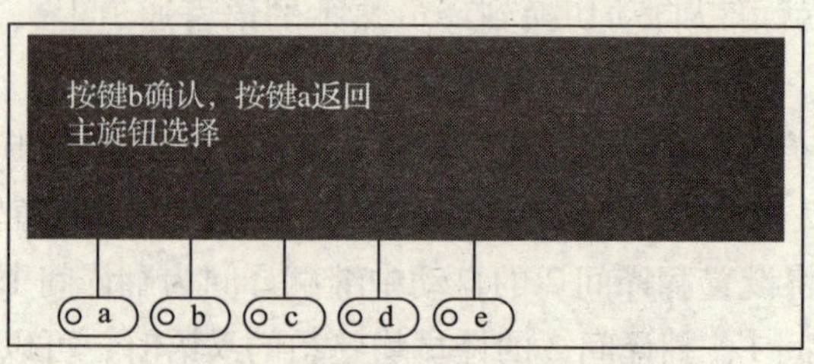

图 2—4—12　LCD 配置提示

2）菜单设置。翻译单元 LCD 菜单设置流程如下：

步骤 1：设置操作语言。

步骤 2：设置翻译间号码。

步骤 3 ~ 7：选择监听通道 a、b、c、d、e 语种。

步骤 8：选择是否打开“SLOW”功能。

步骤 9：选择是否打开“HELP”功能。

步骤 10：选择是否打开“Auto Floor”功能。

步骤 11：选择是否显示发言时间。

步骤 12：设定自动中继翻译间数量。

步骤 13：设定自动中继翻译间号码。

步骤 14：设置完成。

以上各步骤具体内容如下：

步骤 1：设置操作语言

按“b”键进入选择操作语言界面，如图 2—4—13 所示，设置该翻译单元 LCD 显示屏的提示语言。

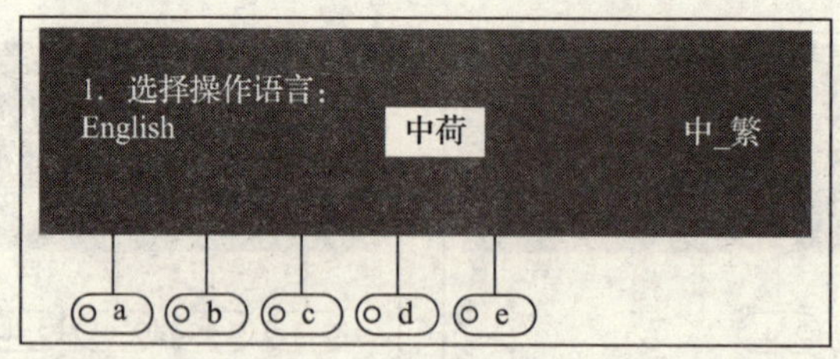

图 2—4—13　选择提示语言

①可通过主旋钮，在简体中文、繁体中文、英文等多种语言间切换，选择所需的语言。

②按“b”键确认，并进入步骤 2。

步骤 2：设置翻译间号码

设定该翻译单元所在的翻译间号，如图 2—4—14 所示，要根据有线会议系统主机设定的翻译间数及该翻译单元实际所在的翻译间号码来设定此值。

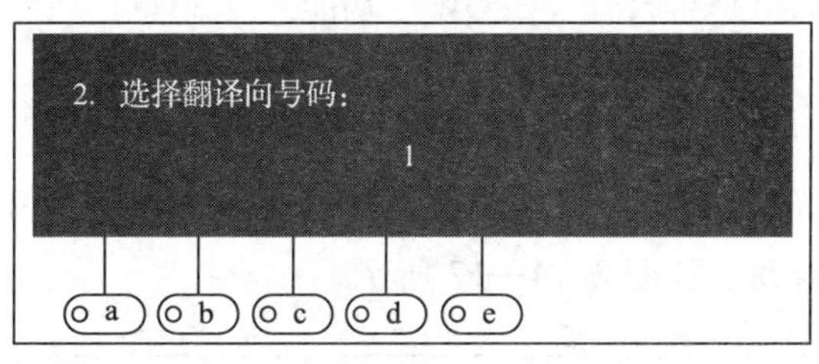

图 2—4—14　选择翻译间号码

①可通过主旋钮调节翻译间号码，可选号码范围由有线会议系统主机设定的翻译间数限定，如主机翻译间数设置为 20，则可选择的翻译间号码为 1 ~ 20 之间任一数值。

②按“b”键确认，并进入步骤 3。

步骤 3 ~ 7：预设监听通道语种

预设监听通道，可以为译员预设 5 个最熟悉或最常用的监听通道，如图 2—4—15 所示。

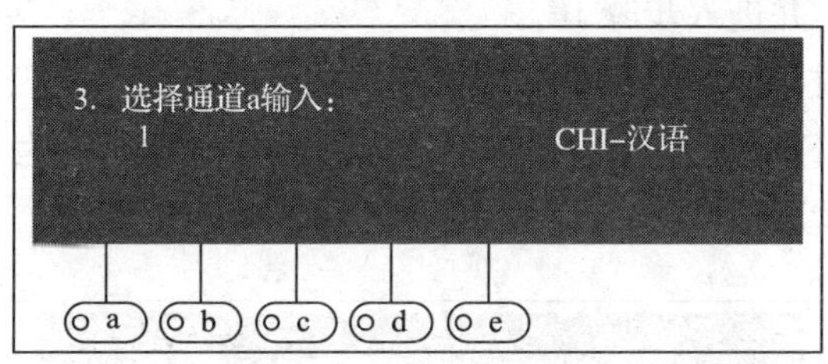

图 2—4—15　选择通道语种

①可通过主旋钮选择通道 a 输入，设置通道 a 的输入语种，可选范围由有线会议系统主机设定的同声传译通道语种限定。

②按“b”键确认，进入下一监听通道语种选择界面。

③重复步骤① ~ ②，设置所有监听通道语种，并进入步骤 8。

步骤 8：选择是否打开“SLOW”功能

若打开“SLOW”功能，则当代表发言速度过快时，按下“SLOW”键可以发出提示信息及琴音，要求发言者将发言速度放慢，带 LCD 屏的分机会提示：“翻译员请您放慢语速”。如图 2—4—16 所示。

图 2—4—16　设置“SLOW”功能

①可通过主旋钮，选择是否打开“SLOW”功能。

②按“b”键确认，并进入步骤9。

步骤9：选择是否打开“HELP”功能

若打开“HELP”功能，则连接有线会议系统软件时，按下“HELP”键，软件系统下方的状态栏会提示请求帮助。如图2—4—17所示。

图2—4—17　设置“Help”功能

①可通过主旋钮，选择是否打开“HELP”功能。

②按“b”键确认，并进入步骤10。

步骤10：选择是否打开“Auto Floor”功能

若选择打开“Auto Floor”功能，则在所选择的输入语种通道为当前翻译单元输出语种通道时，翻译单元自动切换为原音通道输入。如图2—4—18所示。

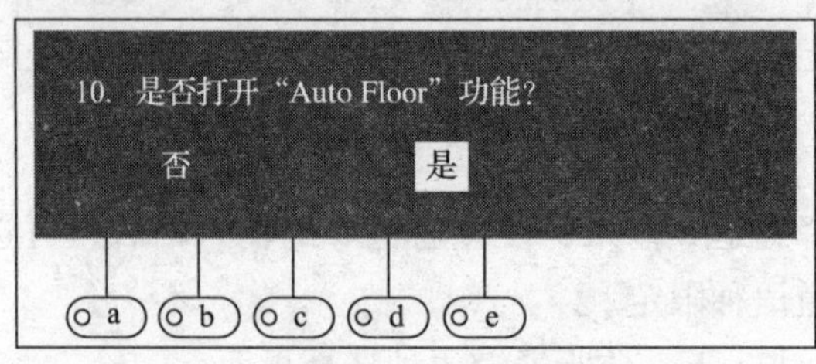

图2—4—18　设置“Auto Floor”功能

①可通过主旋钮，选择是否打开“Auto Floor”功能。

②按“b”键确认，并进入步骤11。

步骤11：选择是否显示发言时间

若选择显示发言时间，则在话筒开启时，LCD显示屏右上角会显示本翻译单元话筒开启的时长。如图2—4—19所示。

图2—4—19　设置显示发言时间

①可通过主旋钮，选择是否显示发言时间。

②按“b”键确认，并进入步骤12。

步骤12：选择自动中继翻译间数

选择该翻译单元需要的自动中继翻译间数。当翻译单元所在翻译间A内的译员听不懂发言者原音时，就需要监听另一翻译间B内译员翻译出的能够听懂的语言进行二次翻译，那么，翻译间B就是翻译间A的一间中继翻译间。一台翻译单元可设定的自动中继翻译间数量在0～3中选择。

选择“0”表示该翻译单元不需要自动中继翻译功能，按“b”键确认后结束设定。

选择非“0”值，表示该翻译单元需要设置自动中继翻译间，需要进一步的设定。如图2—4—20所示。

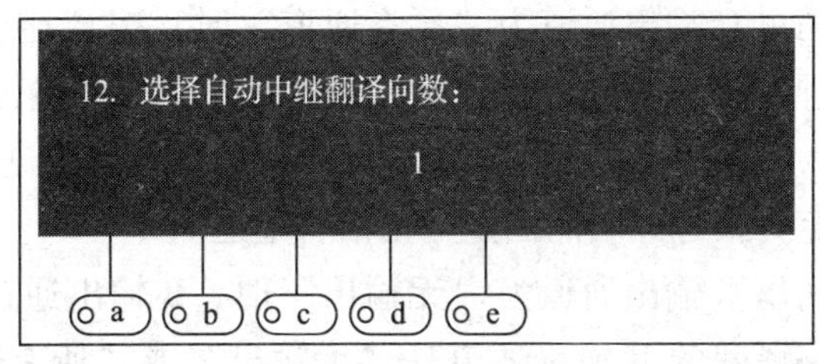

图2—4—20　设置自动中继翻译功能

步骤13：设定自动中继翻译间号码

首先对该翻译单元的第一间自动中继翻译间进行设定，如选择2，则表示该翻译单元选择翻译间2作为其第一间自动中继翻译间，如图2—4—21所示；如果自动中继翻译间数为2或者3，则还要设定下一间自动中继翻译间，方法一样。

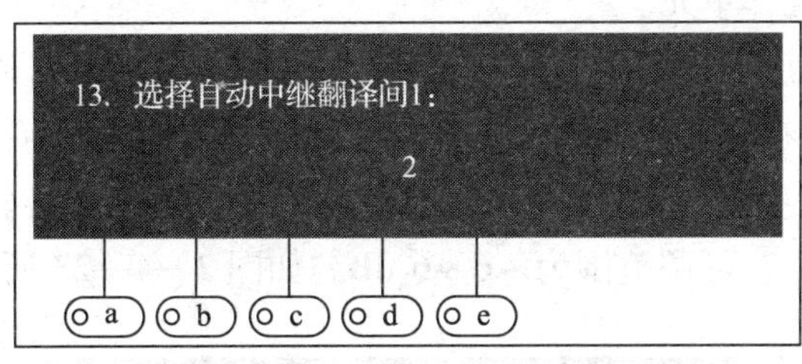

图2—4—21　设置自动翻译间

步骤14：设置完成

设置完成后，显示如图2—4—22所示界面，按“b”键确认后，结束设置，返回翻译单元待机界面。

（3）其他设置

1）通道输出设置。为了分传译音，翻译单元提供了A、B、C三种通道语言输出口。在完成菜单设置后，还需在会前根据实际需要对各翻译间内翻译单元的输出通道进行设置。

①A输出通道是在主机设置时，设定的某翻译间的固定输出语言通道。

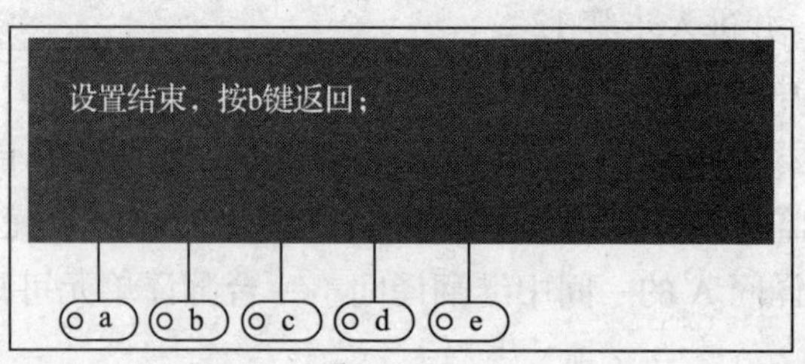

图 2—4—22　完成设置

②C 输出通道用于非常用语言的输出，主机上可以设定某翻译间的 C 输出通道是“无输出”或“所有通道”。

当主机设置该翻译间里 C 输出通道为“所有通道”时，按 C 通道选择键，同时旋转主旋钮可进行不同输出语种选择。C 输出选择以后，此翻译单元的输出会自动地分传到将该翻译单元所在翻译间设为自动中继翻译间的翻译间，以让其他译员进行间接翻译。此时，B 输出通道可通过主机设定为某翻译间的固定输出语言通道。

当主机设置该翻译间里 C 输出通道为“无输出”时，B 输出通道用于非常用语言的输出。主机上可以设定某翻译间的 B 输出通道是“无输出”或“所有通道”。当主机设置该翻译间里 B 输出通道为“所有通道”时，按 B 通道选择键，同时旋转主旋钮可进行不同输出语种选择。B 输出选择以后，此翻译单元的输出会自动地分传到将该翻译单元所在翻译间设为自动中继翻译间的翻译间，以让其他译员进行间接翻译。

2）互锁模式。不同翻译间的翻译单元的互锁模式可通过主机菜单进行设置：

①抢占：当设为“抢占”模式时，另一翻译间的翻译单元可开启已经被占用的通道，同时关闭占用该通道的翻译单元。

②互锁：当设为“互锁”模式时，另一翻译间的翻译单元不可开启已经被占用的通道。

3）话筒增益设置。在待机界面下，按住会议短信息查询按键（ ）的同时，再顺时针旋转扬声器音量调节旋钮⑤，即可进入话筒增益的设置界面。旋转扬声器音量调节旋钮⑤，即可以调节话筒增益，可调范围为 -6 ~ 6 dB。如图 2—4—23 所示。

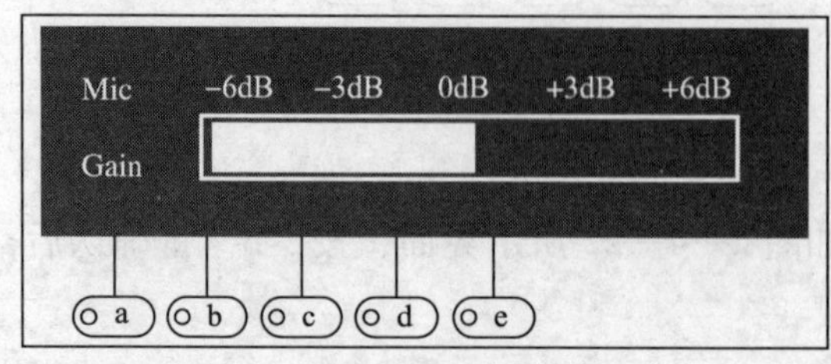

图 2—4—23　话筒增益设置

4）回放时间设置。待机界面下，按住会议短信息查询按键（ ）的同时，再顺时针旋转耳机音量调节旋钮②，即可进入回放时间的设置界面。旋转耳机音量调节旋钮②即可以调节回放时间，可调范围为 2 ~ 6 s。如图 2—4—24 所示。

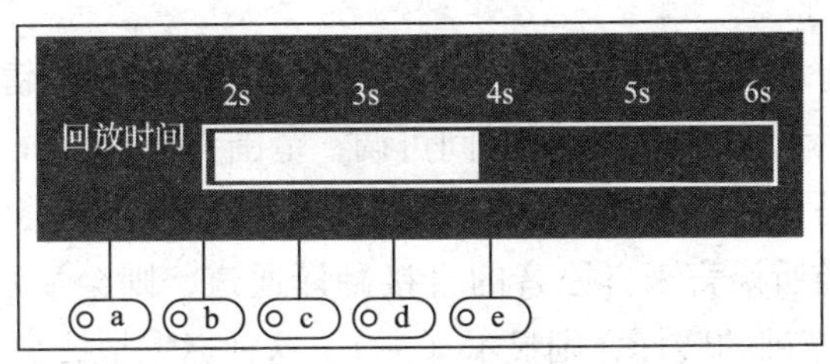

图 2—4—24　回放时间设置

5）动态范围压限设置。在待机界面下，按住会议短信息查询按键（ ）的同时，再顺时针旋转耳机高音调节旋钮④，即可进入动态范围压限的设置界面。旋转耳机高音调节旋钮④即可以调节本机音量输出的动态范围，可调范围为 -12 ~0 dB。如图 2—4—25 所示。

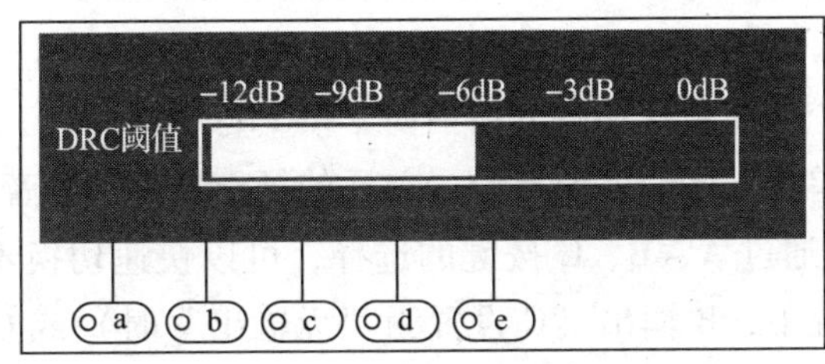

图 2—4—25　耳机高音动态范围压限设置

4. 测试

（1）收听区测试

收听区是指用于监听原声或者翻译通道，主要分布在翻译单元的左边，包括内置扬声器、耳机以及相应的控制按钮和旋钮的区域，这种直观的划分有利于用户很快地了解翻译单元。

1）通道语言是指主机设置时，设定的某一通道所代表的语种，如设定 10 个语言通道时，设定通道 1 为汉语，当然也可以设成其他的语种；设置通道 2 为英语等。这是为了方便译员的工作，也给与会人员一个可选择语言的标志。

2）翻译员按下原音通道开启按键⑧，可以收听到原音通道语音，如果本翻译间内没有翻译单元打开话筒，可以用内置扬声器①监听原音通道，并可以用内置扬声器音量调节旋钮⑤调节扬声器音量。只有当本翻译间内有翻译单元开启话筒后，所有翻译单元的内置扬声器自动关闭。在翻译单元的左侧插上耳机后，可用耳机监听，可以通过左下方的耳机音效旋钮②、③、④来调节音量大小和高低音。

3）如果译员需要监听某一通道的语言，可以直接按监听通道切换开关（a、b、c、d 和 e），选择预设的通道语言监听，此时扬声器自动关闭。如果要收听的通道语言不是预设的通道语言，可以通过主旋钮⑥来调节，直到选中要收听的通道为止。

4）当译员感觉发言人语速过快时，可以按语速提醒键（SLOW）提醒发言者，要求其放缓发言速度。按下 SLOW 键时，相应的发言单元会发出琴声提示，如有 LCD 显示屏可显示“翻译员请您放慢语速”。

5）当译员没有听清代表发言时，可以按输入通道语音回放按键（REP.）回放当前输入通道语音，LCD 屏显示“REP”。回放时间可调，范围为 2 ~6 s。

6）输入语种质量提示：如果监听语言是来自发言者原音，则会在相应的语种上方显示（FLOOR）字样；如果监听语言来自原音的直接翻译通道，则会显示（ + ）字样，如果监听语言来自不以原音为基础的转译，则显示（ – ）。这种标志是提醒译员在收到直译时，尽量避免使用转译语言。

（2）发言区测试

发言区是指用于控制将译员的语音分传到相应的语言通道的区域。发言区主要分布在翻译单元的右边，包括特殊功能键和通道选择键等按键和显示。

1）按下话筒开关键，将会把译员的语音分传到语言输出通道。

在同一翻译间内，可以同时放置 6 个翻译单元，提供给最多 6 个译员使用；在同一个翻译间内同时只允许一个翻译单元能够开启话筒，按 FIFO 规则开启，即某台翻译单元开启时会关闭已开启的翻译单元，同时，所有翻译单元的扬声器都被静音。

2）输出通道选择。通过 A、B、C 按键的选择，可以快速切换不同的通道输出。在设有自动中继翻译间的情况下，B 输出（C 设置为“无输出”时）或 C 输出（C 设置为“所有通道”时）选择以后，此翻译单元的输出会自动地分传到将该翻译单元所在翻译间设为自动中继翻译间的翻译间，以让其他译员进行间接翻译。

在 A、B、C 按键的右方各有一个占用指示灯（ENGAGED），当选择的输出语种通道已经被其他正在发言的翻译单元占用以后，占用指示灯就会亮起。

3）按住静音键（MUTE），可以暂时性地“关闭话筒”，松开后话筒自动打开。按键左上的 MUTE 指示灯亮表示按键有效。

4）消息键（✉），用于收看短消息。

在准备重新设置翻译单元时，按住此键，再顺时针旋转主旋钮，就可以进入设置界面。

5）呼叫键（CALL），用于译员呼叫操作员。

6）求助键（HELP），用于通过有线会议系统软件，向工作人员求助。

7）内部通话键（CHAIR），用于与指定的主持人单元建立内部通话。

8）BEEP 功能，当 BEEP 功能开启时，BEEP 指示灯亮。此时，打开和关闭 MIC 部，会通过耳机发出不同的铃音提示。

翻译单元配置测试完成后，填写表 2—4—1。

表 2—4—1　　有线会议系统实训记录表

序号	测试设备	规格型号	通信功能与质量	备注

5. 还原实训现场

整理清洁现场，设备系统还原。通电验收检查，填写设备使用记录，设备移交，实训结束。

总结评价

1. 主题讨论

通过本次任务，完成了翻译单元与会议主机之间的安装、连接、配置和测试。请各个小组讨论并回答下列问题：

（1）翻译单元在什么有线会议系统中必须具备？居于什么地位？有哪些基本功能？

（2）翻译单元与会议主机的连接方式，连接线缆是什么类型？

2. 填写实训评价表

为了检验本次任务的学习实践效果，考查对翻译单元的安装、连接、配置等基本知识的掌握情况和实训任务完成情况，根据实训表现和实训效果，结合口试成绩，以分值的方式进行总结评价并填写评价表2—4—2，给出本任务完成情况的实训成绩。

表2—4—2　　有线会议系统学习评价表

能力	评价项目		配分（总分100）	自我评价	同学评价	教师评价
职业能力	理论	准确理解翻译单元的组成结构	5			
		准确理解翻译单元的功能	10			
	实践	能正确记录翻译单元的设备名称及型号	5			
		能正确安装连接翻译单元	10			
		能正确配置翻译单元	20			
		测试会议翻译功能	10			
		能正确处理因连接配置不当产生的各种故障	20			
		现场整理与设备移交（其中，未切断总电源扣2分，未移交扣1分，未清理扣1分，清理不干净扣1分）	5			
通用能力	观察能力		5			
	动手能力		5			
	协作能力		5			
自我评价			综合评分	自己签名：		

续表

能力	评价项目	配分 （总分 100）	自我 评价	同学 评价	教师 评价
小组 评价		综合评分	组长签名：		
教师 评价		综合评分	教师签名：		

任务五　有线会议系统综合训练

任务描述

1. 有线会议系统的功耗计算
2. 有线会议系统主机与会议单元的连接
3. 有线会议系统与摄像机自动跟踪系统的连接
4. 有线会议系统与数字红外语言分配系统的连接
5. 有线会议系统与智能中央控制系统的连接
6. 有线会议系统与会议签到系统的连接
7. 多会议室合并/拆分
8. 连接远程翻译系统
9. 有线会议系统的基本设置

基础知识

1. 有线会议系统连接

有线会议系统结构简单，硬件上的扩展性强。每个单元之间采用“手拉手”方式连接，经专用的 6 芯延长电缆连接到有线会议系统主机。

主机与计算机使用 TCP/IP 协议，通过以太网接口连接，可以进行远程控制、远程诊断和远程升级。客户机软件和服务器软件既可以运行在同一台计算机上，又可以运行在同一网络中的不同计算机上，可以灵活地布置并对会议实施控制。

2. 系统连接的原则

在有线会议系统中，所有会议单元由有线会议系统主机或扩展主机 6P－DIN 接口供电，

因此，系统可以连接的会议单元数量受主机的供电能力限制。每台有线会议系统主机都具有2路6P－DIN接口，每路输出功率为60 W；会议扩展主机具有4路6P－DIN接口，每路输出功率为80 W；会议终端也可由会议专用供电器供电，专用供电器有4路2P航空头接口，每路输出功率为80 W。在安装时，必须确保每路连接的会议单元总功耗及延长线功率损耗之和小于主机6P－DIN接口的输出功率，或会议专用供电器2P航空头接口的功率限制，否则系统将工作异常或自动保护。

有线会议系统主机与扩展主机之间、扩展主机与扩展主机之间可采用多种方式“手拉手”串联，系统最多可连接4 096台发言/表决单元，其中主席单元最多100台，并通过应用软件设置其中一台具有会议控制功能，通道选择器数量不限；可连接378台翻译单元，最多63个翻译间，每个翻译间最多6台翻译单元，实现64种语种（含原声通道）的同声传译功能。

（1）有线会议系统主机6P－DIN接口的输出功率为60 W/路；扩展主机6P－DIN接口的输出功率为80 W/路；会议专用供电器2P航空头接口的输出功率为80 W。

（2）各种会议单元的功耗根据厂家的不同而异，设备铭牌上都有标志。表2—5—1为部分有线会议系统设备功耗。

表2—5—1　　会议单元功耗

型　号	最大功耗，W
7 in屏会议终端	7.5
10 in屏会议终端	10
按钮式会议单元	1.3
翻译单元	2.8
电缆分路器	1.0

（3）延长线缆长度

1）主机到最远的会议单元之间的延长线缆长度不得超过250 m。

2）单条延长线缆长度应小于100 m，否则会影响到信号质量。超过100 m，需在100 m以内连接中继器。

3）连接主机与第一台会议单元之间的延长线缆功率损耗最大，对主机负载能力影响最大；而连接在最后两台会议单元之间的延长线缆，则几乎不影响主机可连接会议单元的数量。

（4）实际所需功率，考虑会议单元功耗与延长线缆功耗之和的实际所需功率。

1）利用表2—5—1，查询各会议单元的功耗，并计算一路6P－DIN接口所连接会议单元的功耗总和。

2）计算一路6P－DIN接口所连接的最大线缆长度，即延长线缆长度之和。

3）根据表2—5—2中查询对应的实际所需功率。

表 2—5—2　　　　实际所需功率

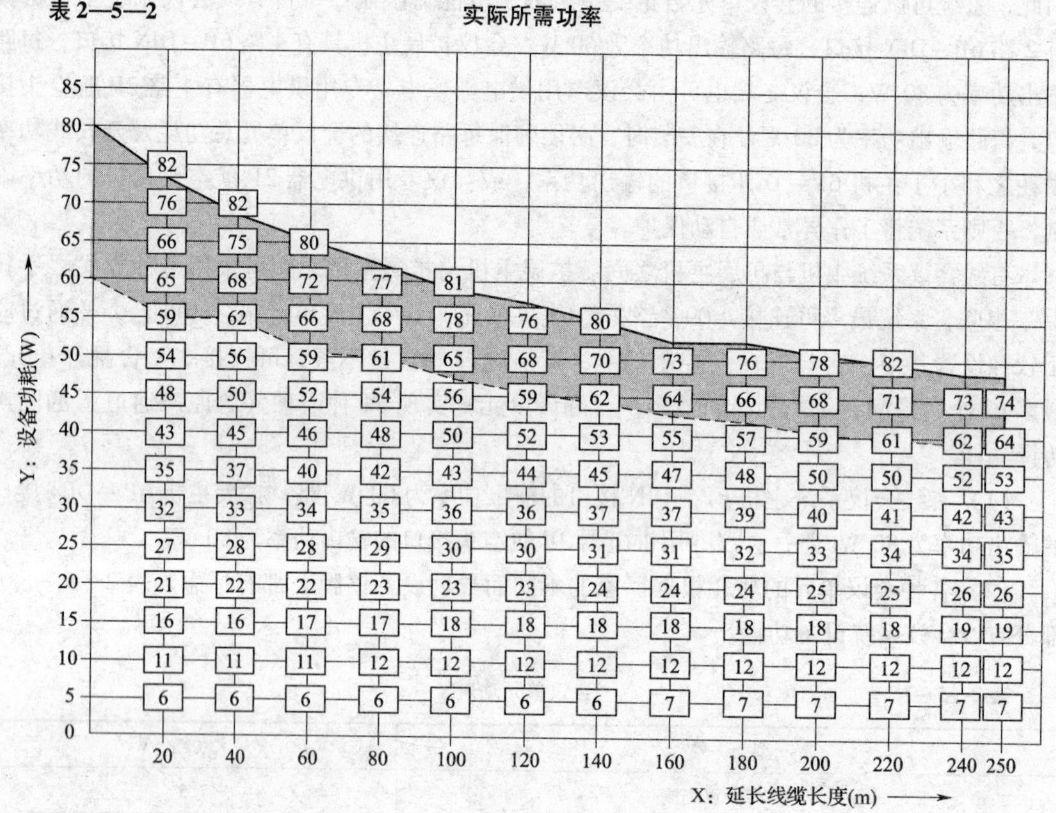

有线会议系统主机是有线会议系统的核心部分，不仅为会议单元供电，也是系统硬件与控制软件之间连接及控制的桥梁。有线会议系统主机可以独立工作，在复杂的会议管理与控制时，可以连接计算机配合系统应用软件完成。

任务实施

1. 有线会议系统的功耗计算

有线会议系统主机引出两路 6P－DIN 接口线路，第一路连接 30 台会议单元，第二路连接两台电缆分路器和 30 台会议单元。有线会议系统连接图如图 2—5—1 所示。

第一路实际所需功率：

第一路 6P－DIN 接口所连接会议单元的功耗总和：30×1.3＝39 W。

第一路 6P－DIN 接口所连接的延长线缆长度之和：25＋10＝35 m。

根据表 2—5—2 查询对应的实际所支持的最大功率：70 W。

第二路实际所需功率：

第二路 6P－DIN 接口所连接会议单元的功耗总和：30×1.3＋2×1.0＝41 W。

第二路 6P－DIN 接口所连接的延长线缆长度之和：100＋80＝180 m。

依据表 2—5—2 查询对应的实际所支持的最大功率：52 W。

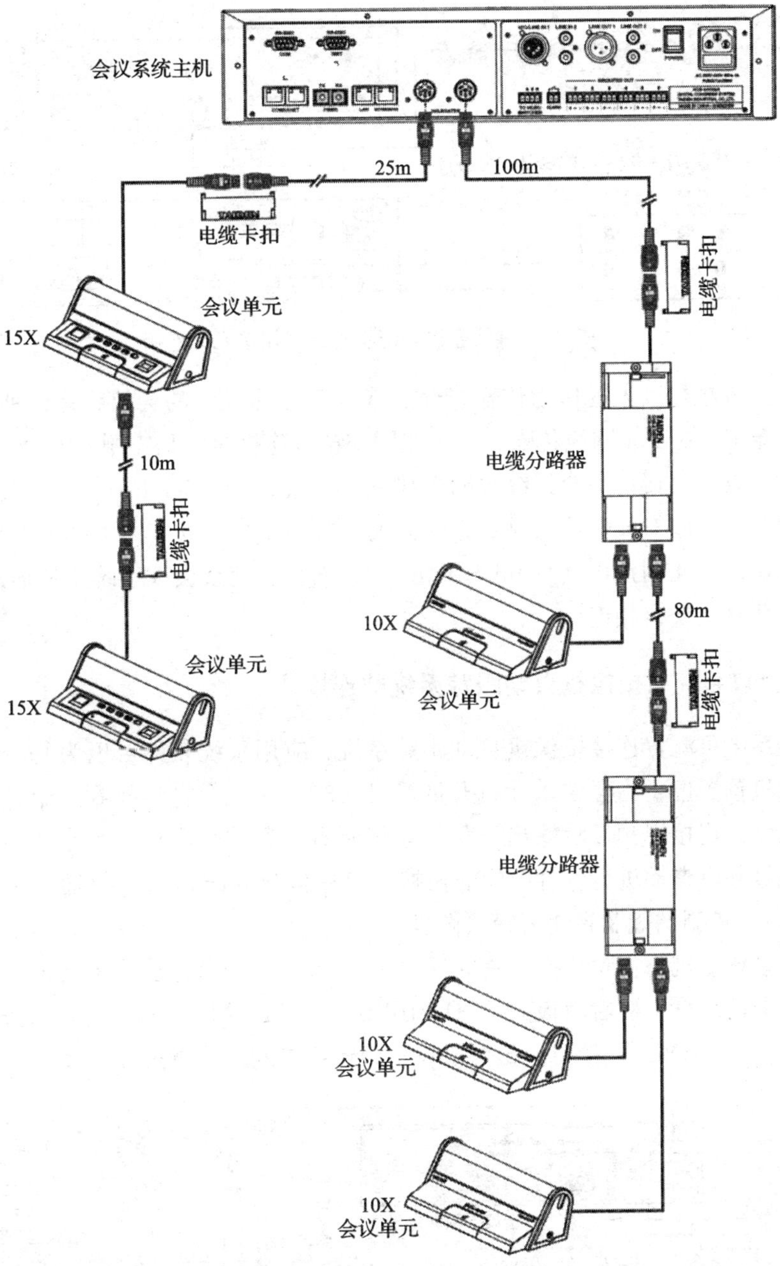

会议系统主机
25m
100m
电缆卡扣
电缆卡扣
会议单元
15X
10m
电缆卡扣
电缆分路器
10X
80m
会议单元
电缆卡扣
会议单元
15X
电缆分路器
10X
会议单元
10X
会议单元

图 2—5—1　有线会议系统连接图

2. 有线会议系统主机与会议单元的连接

会议单元和会议终端都自带 1.5 m 6P－DIN 标准插头（公头）和 0.6 m 6P－DIN（母头）电缆线，会议单元采用“手拉手”的连接方式，安装简便快捷，只要将第一台会议单元连接到主机输出接口，然后将后一台会议单元的电缆插到前一台会议单元的插座上面，所有会议单元就可以依次串联起来，如图 2—5—2 所示。具体详见任务二。

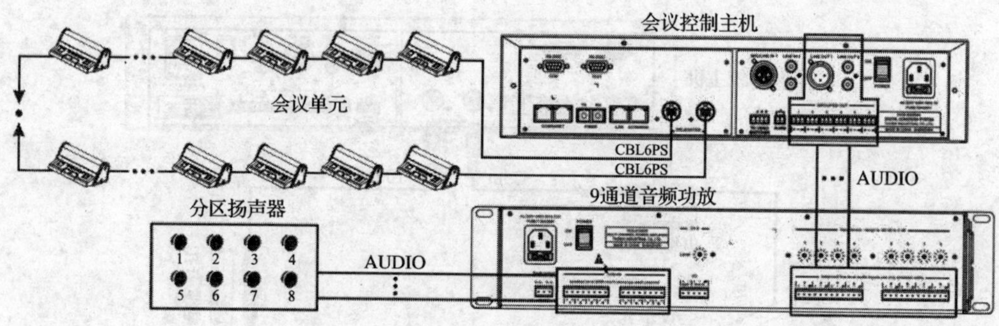

图 2—5—2　有线会议系统主机与会议单元的连接

另一种连接方法是以太网作为传输媒介。基于千兆网设计的会议终端，所有音频、视频信号通过一条 Cat. 6 千兆网线传输，与千兆网交换机连接时，只需用 Cat. 6 千兆网线将千兆网交换机的会议单元接口与会议终端的千兆网接口（1 000 M Ethernet）对接；另一台会议终端连接时，只需用 Cat. 6 千兆网线将该会议终端的千兆网接口（1 000 M Ethernet）与另一台会议终端的千兆网接口（1 000 M Ethernet）对接；有线会议系统主机通过一条 Cat. 6 千兆网线与千兆网交换机相连。

3. 有线会议系统与摄像机自动跟踪系统的连接

有线会议系统可配置连接摄像机自动跟踪系统，应用系统软件可以为每一台会议单元设置一个摄像机预置位，当会议单元打开话筒发言时，系统会自动找到这个预置位，同时控制摄像机动作，连接视频显示输出设备便会将所摄制到的图像显示出来。系统可兼容多种视频输入信号并可自动进行各种图像的切换。摄像机自动跟踪系统包括视频切换台（音视频混合矩阵）、控制键盘及高速云台摄像机。

有线会议系统主机与视频切换台之间通过一条 RS－485 串行线缆进行连接，连线的一端连接到有线会议系统主机后面板的“TO VIDEO SWITCHER”接口；另一端连接到视频切换台后面板上的“TAINET”接口。摄像机自动跟踪系统的连接方式如图 2—5—3 所示。

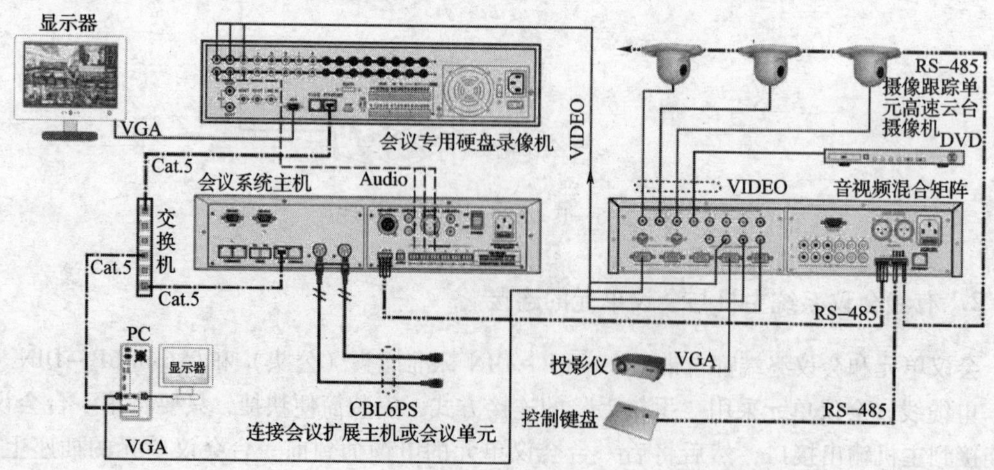

图 2—5—3　有线会议系统主机与摄像机自动跟踪系统的连接

4. 有线会议系统与数字红外语言分配系统的连接

通过连接数字红外语言分配系统，可将有线会议系统主机的音频信号转化成红外信号发射出去，与会者使用数字红外接收机就可以收听到清晰的语音。数字红外语言分配系统包括数字红外发射主机、数字红外辐射单元及数字红外接收机。数字红外语言分配系统一般有4通道、8通道、16通道及32通道四个系列。

系统根据会场的面积安装数字红外辐射单元，接收机的数量原则上不受限制，只要在红外信号的覆盖范围内可随意增加其数量。

有线会议系统与数字红外语言分配系统的连接如图2—5—4所示。

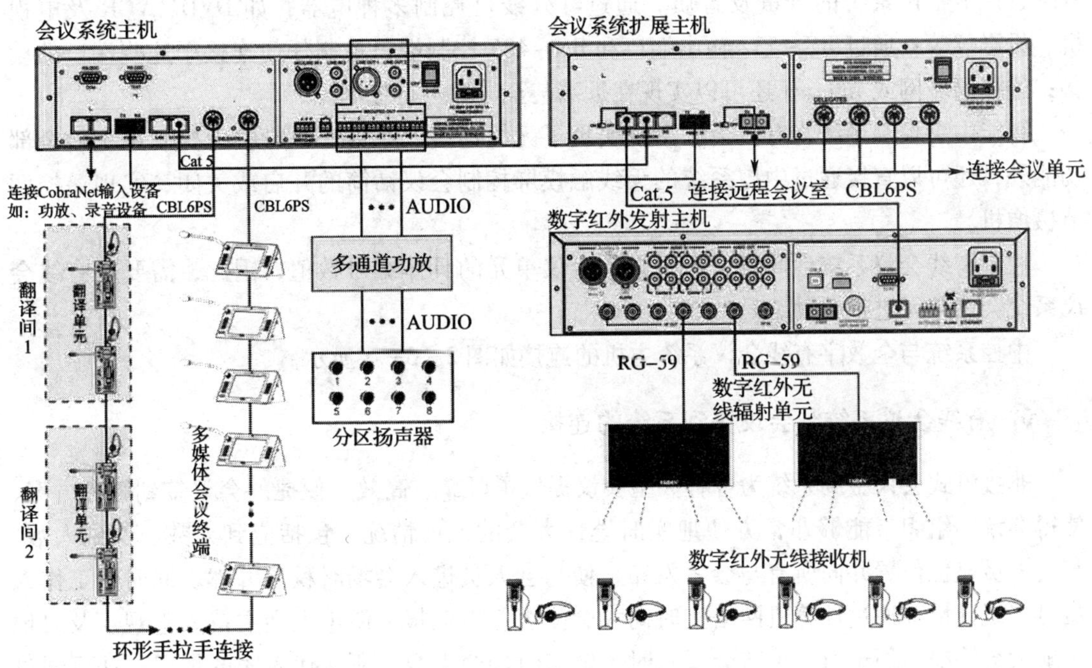

图2—5—4　有线会议系统主机与数字红外语言分配系统的连接

（1）数字红外发射主机与全数字化有线会议系统主机直接相连有以下三种连接方式，但不能同时使用，只能选用一种。

1）将全数字化有线会议系统主机或扩展主机的一路会议单元输出接口，用专用6芯电缆连接到数字红外发射主机的翻译单元/主机接口（INTERPRETER'S UNIT / MAIN UNIT）。

2）将全数字化有线会议系统主机或扩展主机的扩展接口（EXTENSION），使用Cat. 5线缆连接到数字红外发射主机的DCS接口。

3）将全数字化有线会议系统主机或全数字化会议扩展主机的光纤接口，使用光缆连接到数字红外发射主机的光纤接口。

（2）数字红外发射主机与辐射单元之间通过一条阻抗为75 O hm的同轴电缆进行连接，先将同轴电缆一端的BNC插头连接到数字红外发射主机的“HF OUT”接口；另一端连接到辐射单元的“MODULATION IN”接口。如需连接下一台辐射单元，只需用另一条同轴电缆一端连接辐射单元的“MODULATION OUT”接口，另一端连接下一台辐射单元的“MODULATION IN”接口便可，有多台辐射单元的连接方法依此类推。每路最多可连接30台辐射单元，每台数字红外发射主机提供6路接口。

5. 有线会议系统与智能中央控制系统的连接

智能中央控制系统（中控系统）是一种先进的综合控制系统，可以将不同厂家、型号、性质的器材或设备，以及环境装置连接起来，只需轻按触摸屏就可实现：音/视频切换、VGA切换，集中控制系统电源的开关；环境灯光的调节及开关；窗帘及投影幕布的开关、升降；调节扩声系统的音量及音质。通过红外线可控制多种电器，如DVD、VCR及电视机、投影仪等；通过RS－232输出端口和RS－485控制端口控制任何连接于这些端口的设备；连接局域网或Internet还可以实现在远端甚至异地进行控制。

智能中央控制系统与有线会议系统实现了无缝连接，除具有一般中央控制系统的全部功能外，还可以直接通过中控系统的无线触摸屏控制会议话筒的开启或关闭；实现遥控调节摄像机。

控制有线会议系统话筒时，需要知道会议单元的具体编号数值，因此，需要对有线会议系统会议单元进行手动编号。

中控系统与全数字有线会议系统主机的连接如图2—5—5所示。

6. 有线会议系统与会议签到系统的连接

非接触式会议签到系统为各种大型会议提供了可靠、高效、便捷的会议签到解决方案，使得会议的组织者能够非常方便地实时统计大会的人员情况，包括应到人数、实到人数、与会人员座位位置并向所有与会者发布，使与会人员进入会场时秩序井然。同时，工作人员可将统计情况通过计算机网络实时向大会的组织者汇报，便于大会主持人直观、及时地了解大会情况；便于每一个与会者及时了解实时到会人数、所在代表团的情况；并可通过会场大屏幕发布大会主题、会议议程等内容。

会议签到系统采用远距离IC卡或近距离IC卡签到技术，可根据实际情况任选其中一种签到方式。同时，可在IC卡表面印刷个性化人像及图案，使会议代表证卡合一。对于远距离IC卡，当代表们通过签到机时，不需要做任何动作就可完成签到，大大方便了代表们的签到过程，缩短了签到时间。

会议签到系统采用客户/服务器模式，并具安全保护和抗“病毒”机制，且同时可方便灵活地进行升级、扩充及选择应用软件。

会议签到系统与有线会议系统的连接如图2—5—6所示。

7. 多会议室合并/拆分

有线会议系统一般支持多种形式的多会议室合并/拆分功能。下面逐一介绍其方法。

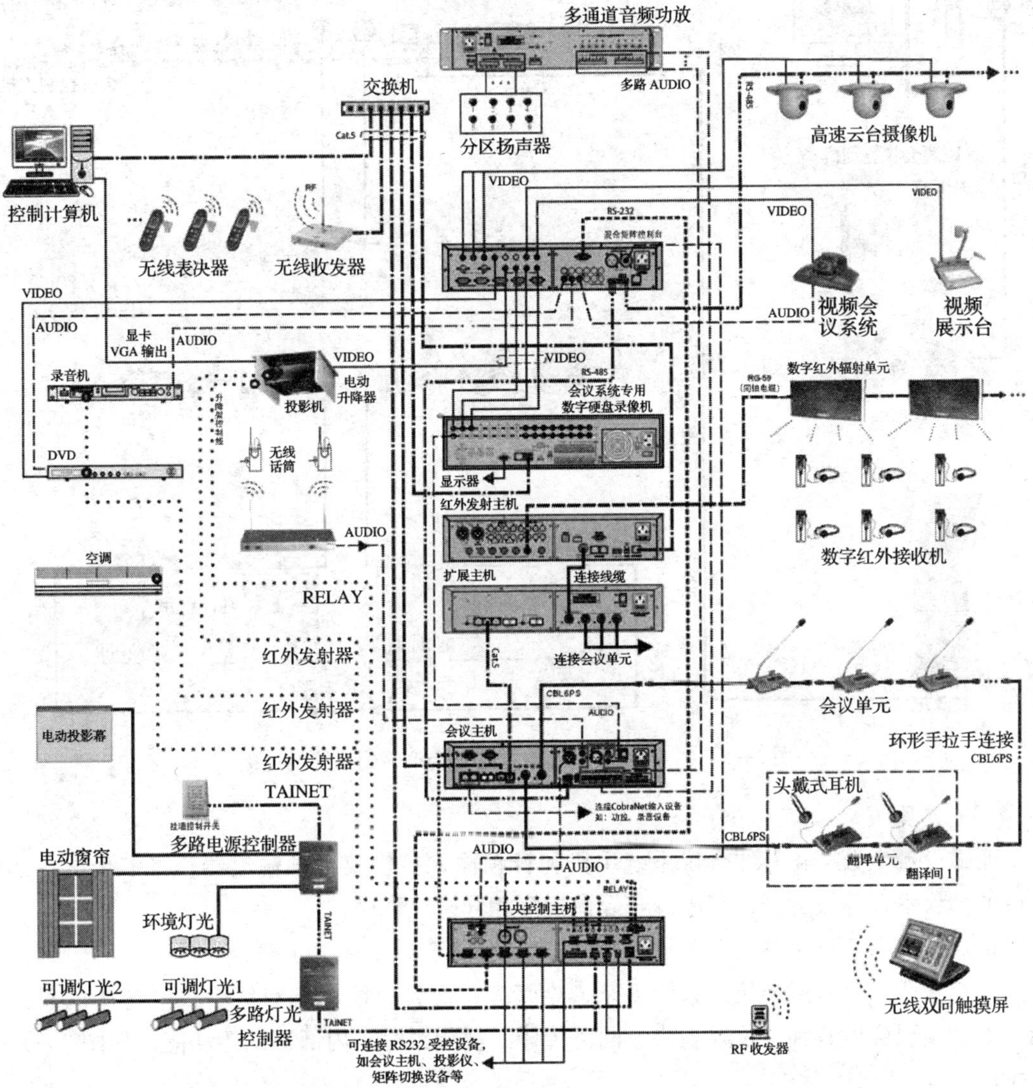

图 2—5—5　有线会议系统主机与智能中央控制系统的连接

(1) 方案 A

通过多会议室控制器，用 Cat. 5 线缆将多个会议室任意合并/拆分。

特点：一台多会议室控制器最多可将 8 个会议室合并为一个会议室，并可由中控系统进行轻松切换。其功能结构图如图 2—5—7 所示。

(2) 方案 B

通过光纤接口连接远距离的两个会议室的有线会议系统主机，将两个会议室合并为一个会议室。

特点：距离远，可达几十公里。如图 2—5—8 所示。

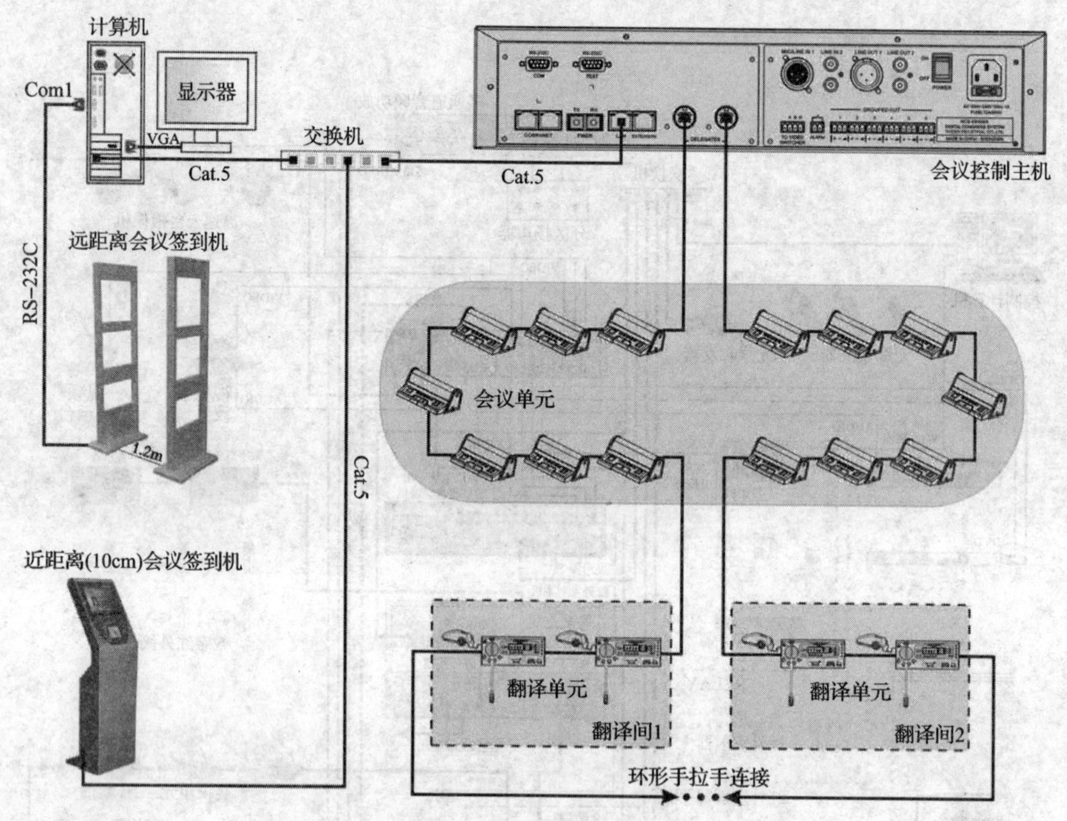

图 2—5—6　有线会议系统主机与会议签到系统的连接

（3）方案 C

通过一台全数字化有线会议系统主机和音频输入接口及音频输出器，将多个电容话筒组成的会议室合并或拆分，其原理与媒体矩阵相同。

优点：多个会议室共用 1 台控制主机，成本降低。

缺点：话筒呈星形连接，系统复杂，难管理，而且只能实现有线会议系统中的讨论功能，不能实现会议签到、投票表决、同声传译、视频跟踪、内部通话等功能。如图 2—5—9 所示。

8．连接远程翻译系统

配备音频输入接口/音频输出器和电话耦合器，可实现远程翻译功能，节省同声传译员的成本。如图 2—5—10 所示。

9．有线会议系统设置实例

一个有线会议系统由一台有线会议系统主机、一台有线会议系统扩展主机、四台翻译单元、十台会议单元（包括主席和代表两种单元）和若干个通道选择器组成。系统连接如图 2—5—11 所示。

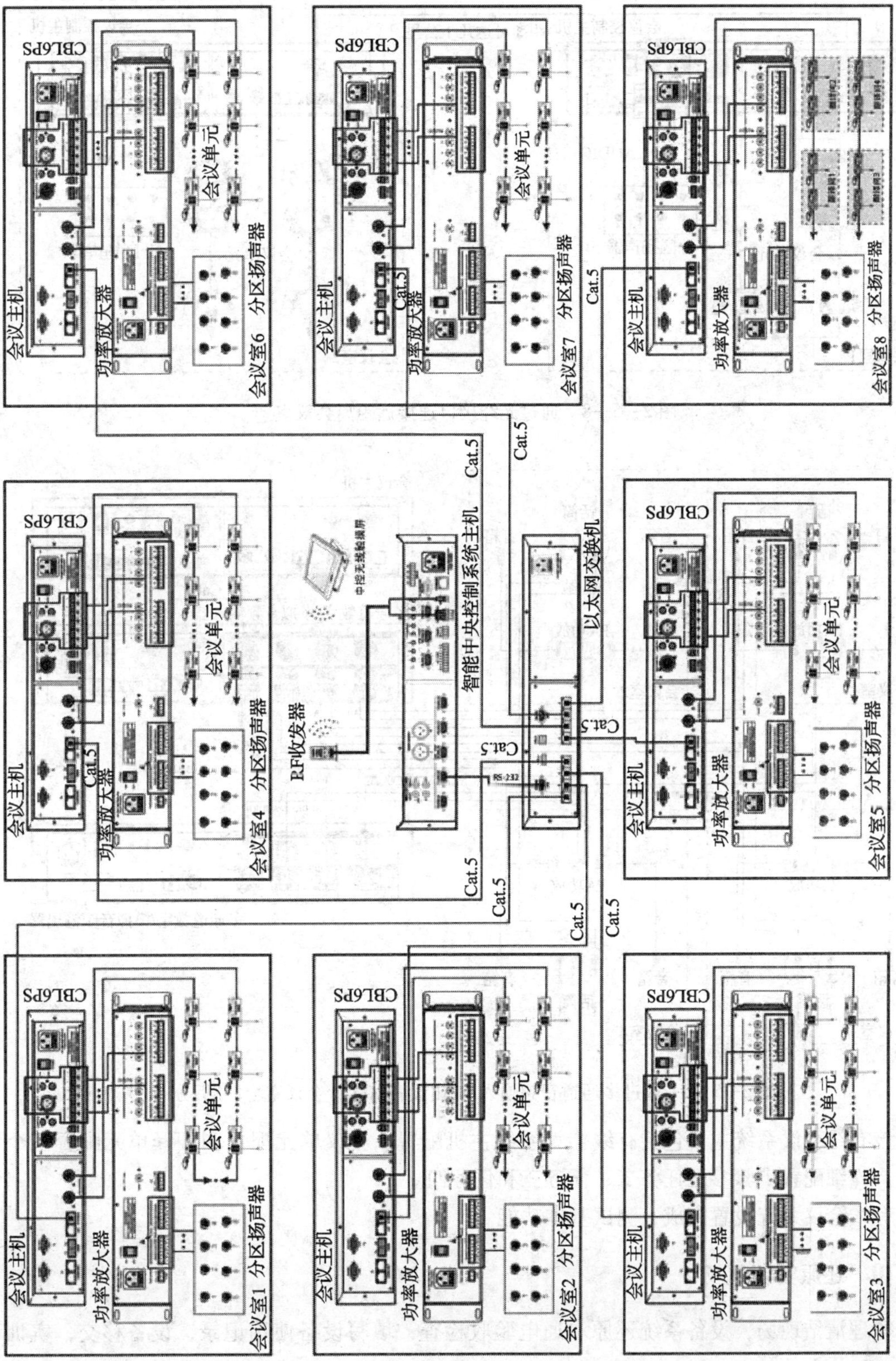

图 2—5—7 通过多会议室控制器用 Cat. 5 线缆将多个会议室合并/拆分

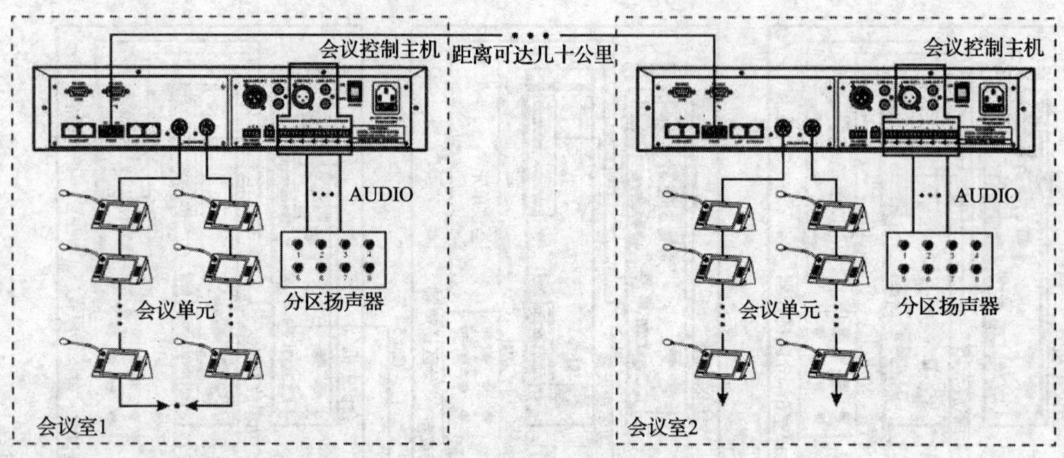

图 2—5—8　通过光纤接口连接远距离会议室

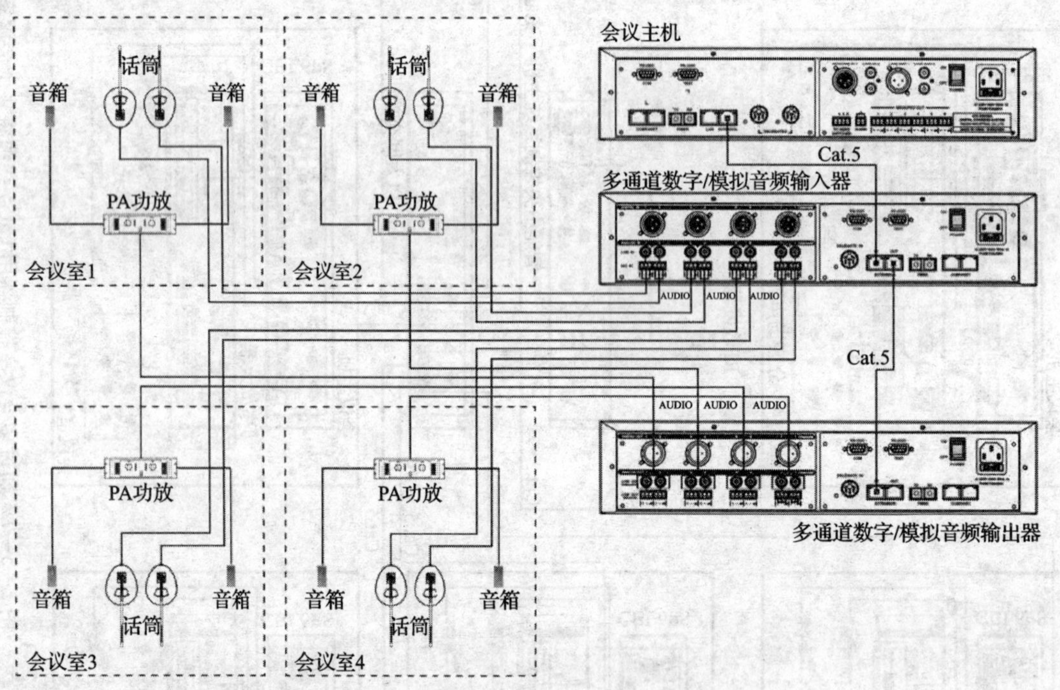

图 2—5—9　通过多通道音频输入/输出设备将多个会议室合并/拆分

该有线会议系统主要包括有线会议系统主机配置、会议单元配置和翻译单元配置三个部分，详细配置步骤参见任务二、任务三和任务四。

有线会议系统设置完成，测试基本功能。

10．还原实训现场

整理清洁现场，设备系统还原。通电验收检查，填写设备使用记录，设备移交，实训结束。

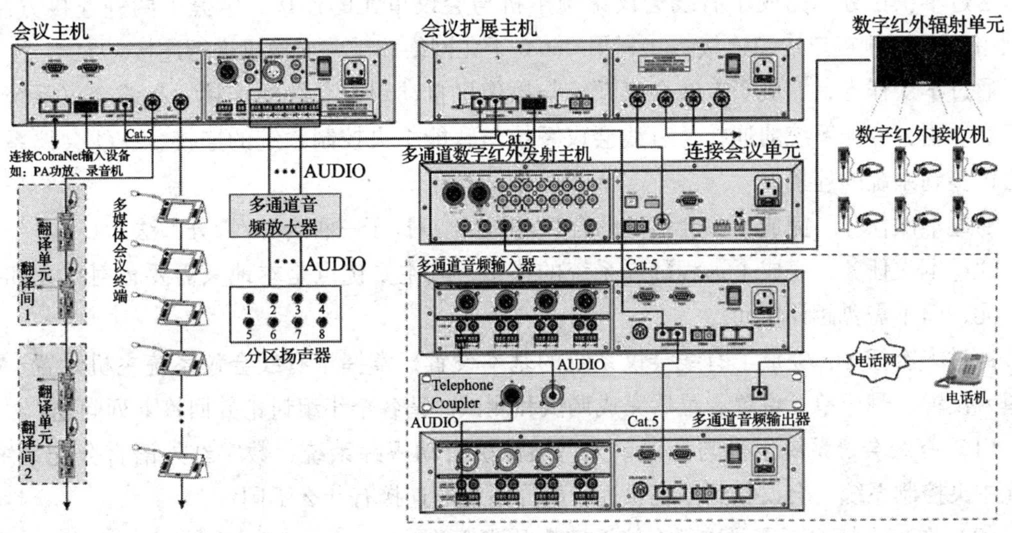

图 2—5—10　远程连接翻译系统

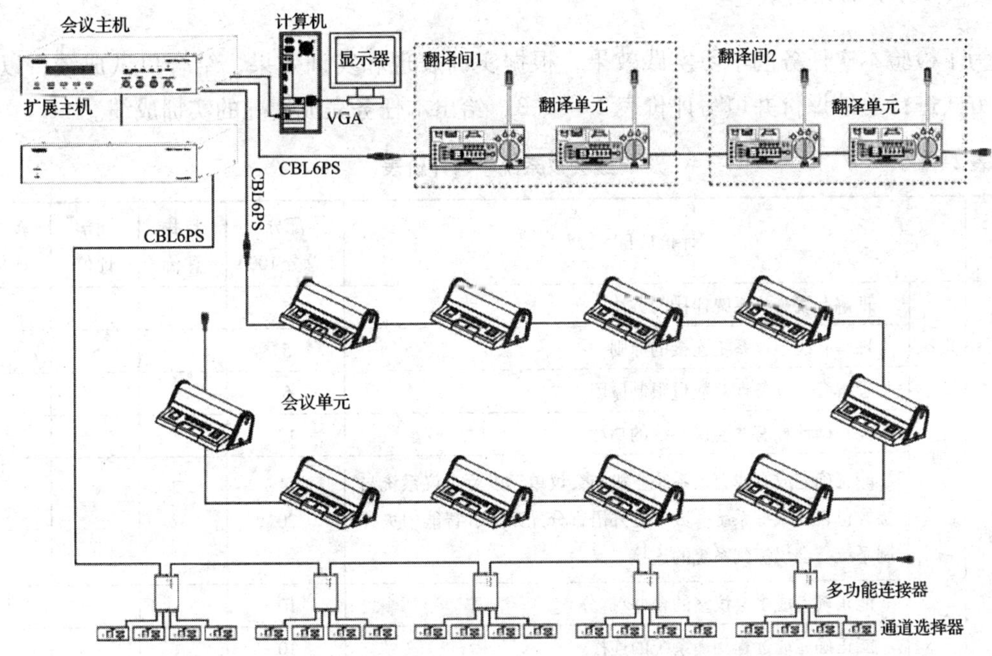

图 2—5—11　有线会议系统连接图

总结评价

1. 主题讨论

通过本次任务，掌握了有线会议系统的功耗计算方法，根据设备功耗、线路功耗和主机支持的最大功耗，计算出该主机能够连接几台设备。

通过本次任务，完成了有线会议系统主机与会议单元的连接，掌握了两种连接方法：①利用 6P－DIN 接口线缆连接；②利用 Cat. 6 千兆网络和千兆交换机进行连接。

通过本次任务，完成了有线会议系统与摄像机自动跟踪系统的连接、有线会议系统与数字红外语言分配系统的连接、有线会议系统与智能中央控制系统的连接、有线会议系统与会议签到系统的连接。

通过本次任务，完成了多会议室的合并/拆分，掌握了三种合并/拆分方法。

通过本次任务，完成了远程翻译系统的连接，其主要优点是本地只需要辐射单元和接收单元，而不需要翻译单元。

通过本次任务，完成了有线会议系统的基本设置，掌握了有线会议系统主机设置、会议单元设置、翻译单元设置，最后完成调试和测试。请各个小组讨论并回答下列问题：

（1）有线会议系统主机与会议单元、摄像机自动跟踪系统、数字红外语言分配系统、智能中央控制系统、会议签到系统、远程翻译系统的连接有什么不同?

（2）在什么情况下需要进行会议系统拆分或合并?

2. 填写实训评价表

为了检验本次任务的学习实践效果，根据实训表现和实训效果，结合口试成绩，以分值的方式进行总结评价并填写评价表 2—5—3，给出本任务完成情况的实训成绩。

表 2—5—3　　有线会议系统学习评价表

能力	评价项目		配分（总分 100）	自我评价	同学评价	教师评价
职业能力	理论	理解有线会议系统连接的方法	5			
		理解有线会议系统连接的原则	5			
		理解会议设备连接数量限制原因	5			
	实践	能正确计算有线会议系统的功耗	10			
		能正确完成有线会议系统主机与会议单元以及会议系统与摄像机自动跟踪系统、数字红外语言分配系统、智能中央控制系统、会议签到系统的连接	20			
		能正确完成多会议室的合并/拆分	10			
		能正确完成远程翻译系统的连接	10			
		能正确配置有线会议系统	10			
		测试有线会议系统的基本功能	5			
		现场整理与设备移交（其中，未切断总电源扣 2 分，未移交扣 1 分，未清理扣 1 分，清理不干净扣 1 分）	5			
通用能力	观察能力		5			
	动手能力		5			
	协作能力		5			

续表

能力	评价项目	配分 （总分100）	自我 评价	同学 评价	教师 评价
自我 评价		综合评分	自己签名：		
小组 评价		综合评分	组长签名：		
教师 评价		综合评分	教师签名：		

项目三　红外无线会议系统的连接与配置

学习目标

全面了解红外无线会议系统的功能、特色、系统组成、技术原理，以及红外无线会议系统的发展历程和发展趋势。熟练掌握有关红外无线会议系统的各项技能：①认识红外无线会议系统，能够组建简单的红外无线会议系统，测试红外收发器红外工作区；②连接同声传译设备，连接辅助设备：外部音频设备、录音机和PA功放，系统连接Ⅰ［无线讨论+(1+3 CHs) 数字同声传译+投票表决+视频跟踪］，系统连接Ⅱ［无线讨论+(1+3 CHs) 数字同声传译+视频跟踪+中控］，系统连接Ⅲ［无线讨论+视频跟踪+中控］，配置红外无线会议系统主机；③规划数字红外收发器，规划会议主机与红外收发器之间的线路，安装数字红外收发器，连接数字红外收发器与会议主机；④部署红外无线会议单元，配置红外无线会议单元（代表单元和主席单元）；⑤拆分与合并会议室，连接红外多会议室控制器，配置红外多会议室控制器。

任务一　认识红外无线会议系统

任务描述

1. 组建简单的红外无线会议系统
2. 测试红外收发器红外工作区
3. 记录测试结果，进行小组讨论总结

基础知识

1. 概述

目前，国内外会议广泛采用红外无线会议系统。红外无线会议系统是利用红外光作为音视频数据的载波传输介质的会议系统，它具有灵活方便、高效快速、多路传输、失真小、频响宽、功能完善、保密性好、抗干扰强和性价比高等优点。由于红外无线会议设备便于灵活地安装与移动，可以轻松地安排各种会议。

虽然无线语音网络传输技术有3G、WiFi、蓝牙、无线电波、微波、红外光、激光等多种技术，但是，只有利用红外光作为传输技术的无线会议系统应用最多。红外无线会议系统主要由会议系统主机、红外无线辐射器（发射器）、红外无线接收器和会议终端构成，能

够为会议现场中每个与会者提供语音、数据、文件的实时传输服务，并且控制会议进程有序进行。

2. 工作原理

红外无线会议系统只需要为每一个与会者分配一个手持式无线会议终端设备，就可以在会议系统主机的控制下，进行一对一、一对多或多对多的发言讨论。在这个过程中，音频信号经过编码、扩频、放大、传送、接收和还原等处理过程。

（1）红外光产生原理

电子从高能级向低能级跃迁，以电磁辐射的形式释放能量形成光，光的波长由材料和掺杂决定，一般采用砷化镓二极管，主要是因为效率高，频谱接近红外光谱，其波长最大值为925 nm。

人眼感光波长范围为400～700 nm，红外光人们看不到，且对人体健康无害。

红外信号传输所需的能量密度低，不会损害人体健康。辐射光的强弱由砷化镓二极管内流过的正向电流的大小决定，利用这一特点很容易实现红外光的幅度调制。

（2）红外光接收原理

红外光接收采用PIN硅二极管，它灵敏度高，开关时间短，工作在反向状态，在受到光线照射时，会在势垒层内产生载流子对，使二极管导通，导通程度取决于光照的强弱。

（3）红外光的传输

红外光作为通信媒介，是利用红外光的辐射，一般应用在封闭的生活空间或工作空间内。例如：红外无线遥控器对准电视机就能遥控操作电视频道。

辐射的红外光通过墙壁和顶棚产生的漫反射到达接收机完成红外光传输。对于红外辐射，大多数房间内普通装饰涂料都是有效的漫反射体。因此，辐射到这些表面的红外光，大部分反射到房间内，反射不是单向的射束，而是朝许多方向散射。这种传输方式的优点在于能给发射机与接收机之间提供众多的传输途径。这样，传输就不会被阻断，尽管有障碍物，但是，由于是漫反射，红外光仍能均匀地分布在房内空间。

红外辐射的另一重要特性是，它不会从不透光的房间内溢出，这样，它的绝大部分能量集中在限定传输的房间内，无须担忧相邻房间内使用时会相互干扰。而无线传输则不同，用无线电波进行通信，那么它的能量在很大频率范围内都会漏出。

3. 工程施工考虑

红外无线传输具有方向性、不易穿透墙壁等障碍物的特性，因而其在具体的工程应用时，为了确保系统的高效运行，一般对会场环境、工程施工都有一定的要求。

在产品应用方案的配置阶段，技术人员需要根据会场的使用面积和几何外形，结合会场中红外收发装置的发射功率来确定应用到该会场的红外收发装置的数量。

有些会场面积较大，几何图形复杂，存在红外辐射难以覆盖到的死角。为了使红外信号能覆盖整个会场，保证最后工程完工的使用效果，有时在同一会场甚至需要配置多达十几块的辐射板，这为后期的现场施工和设备调试带来了一定的困难。因为任何一块辐射板的安装位置、安装角度都会对整套系统的运行效果产生影响。同时，这也增加了整套设备的投资。

如果会场的中间有很多柱子，那整个方案配置会变得更为复杂。在小型会场遇到这些问题相对容易解决，而当应用到面积较大的会场时，以上各种因素的考虑就显得尤为重要，有时为了确保系统运行的最后效果，甚至连会场的装饰材料都需要考虑周详，如会场的墙体装饰是否光滑，有无采用浅色的涂装材料，这些因素都会极大地影响红外光的反射和折射，影响最后的使用效果。由于红外光本身就是太阳光谱中的一种，采用红外技术的无线会议系统一般都不能满足户外会场的使用需求，这就是现在市场上还没有一套红外无线会议系统应用于户外会场的原因。

4. 红外无线会议系统构成

红外无线会议系统的基本构成包括与会人员使用的红外无线会议单元、控制系统功能的红外无线会议系统主机以及连接到主机上的红外收发器等。其系统构成如图 3—1—1 所示。

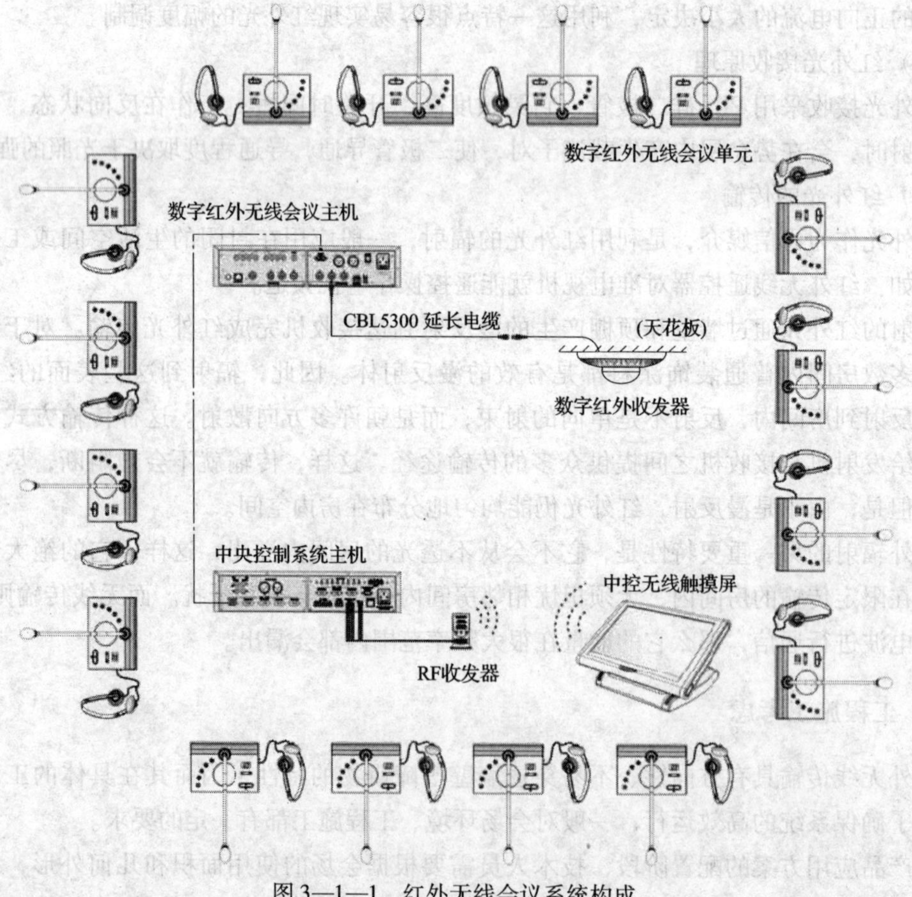

图 3—1—1　红外无线会议系统构成

红外无线会议系统主机将音频控制信号转换成载波输出，并传输到数字红外收发器。数字红外收发器将系统主机的载波信号调制成红外线发送给红外无线会议单元，同时，接

收来自红外无线会议单元的红外信号，并将之转换成音频信号和/或相关数据传输到系统主机。如图 3—1—2 所示。

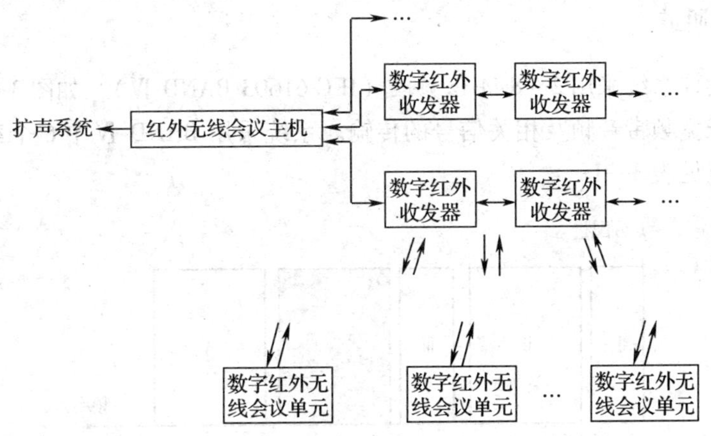

图 3—1—2　系统信号交换示意图

红外无线会议系统主机有三种：①带讨论、表决功能、1 +3 通道同声传译三种功能；②带讨论、1 +3 通道同声传译两种功能；③仅有讨论功能。

红外收发器有五种：①吸顶式、挂墙式或支架式，宽角型；②吸顶式、挂墙式或支架式，窄角型；③支架式；④吊杆式，宽角型；⑤吊杆式，窄角型。

红外无线会议单元分为主席单元、代表单元和旁听单元。

主席单元有三种：①带发言、表决、3 +1 通道选择器、中文面板/英文面板功能；②带发言、表决、3 +1 通道选择器；③仅有发言功能。

代表单元有三种：①带发言、表决、3 +1 通道选择器、中文面板/英文面板功能；②带发言、3 +1 双通道选择、双话筒 ID 功能；③仅有发言功能。

旁听单元仅有旁听功能，包括红外无线耳麦和便携式数字红外收发器两个设备。

5. 红外无线传输技术

红外无线会议系统的音频信号和控制信号载波于基于调制的红外光进行传输。红外光是电磁辐射频谱中的一部分，电磁辐射频谱包括了可见光、无线电波和其他成分的辐射波。红外光的波长高于可见光。

红外光不能穿透墙壁和天花板，保证了其传输的私密性，避免窃听和无线电干扰。另外，红外系统无电磁辐射，无须无线电频率许可。

红外无线传输技术的特点归纳如下：

（1）红外线不可穿透墙壁或天花板，保证了无线会议的私密性。

（2）在会议室之间只要有隔断，就能保证互不干扰。

（3）同一建筑物内可安装任意多套红外无线会议系统。

（4）不必担心被窃听或受到无线电干扰。

(5) 红外辐射对人健康无害。

(6) 无须无线电频率使用许可。

6. 载波和通道

红外无线会议系统采用2～8 MHz频段（IEC 61603 BAND Ⅳ），如图3—1—3所示。该频段载波适用于宽频带音频及相关信号的传输。系统采用BAND Ⅳ中6个载波频点，各通道对应载波频点见表3—1—1。

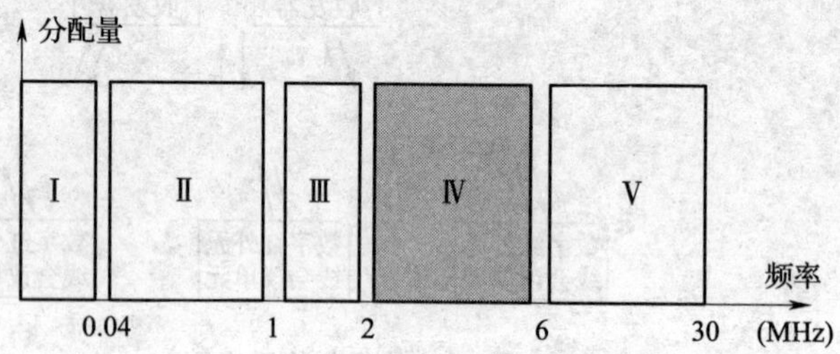

图3—1—3 红外无线会议系统所采用的标准频段

表3—1—1 红外无线会议系统各通道对应的载波频点

路径	通道	载波频点
会议单元发送，主机通过收发器接收	音频通道1	4.3 MHz
	音频通道2	4.8 MHz
	音频通道3	5.8 MHz
	音频通道4	6.3 MHz
	控制通道	3.8 MHz
主机通过收发器发送，会议单元接收	原音＋译音（1～3）＋控制	2.333 MHz

一个好的红外无线会议系统，必须保证所有信号传输不受到干扰。除了使用足够多的数字红外收发器外，还必须合理摆放它们的位置，才能保证与会场中的所有无线会议单元之间均匀一致、强度足够的红外信号传输。

规划红外无线会议系统时，必须考虑几个影响红外信号均匀性和强度的因素。

(1) 环境灯光

系统采用2～8 MHz频段，对环境灯光有极强的抗干扰性，如图3—1—4、图3—1—5所示。

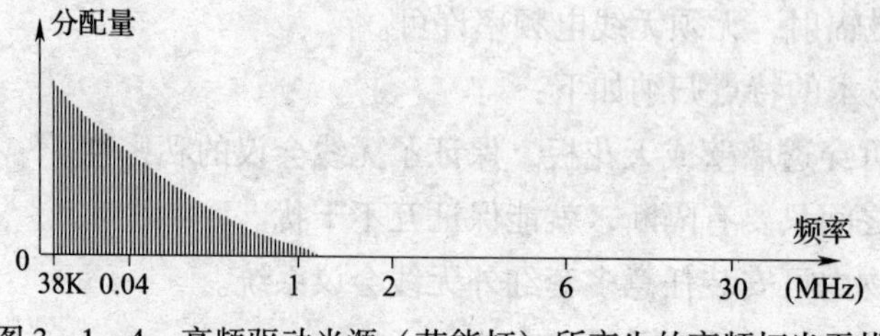

图3—1—4 高频驱动光源（节能灯）所产生的高频灯光干扰

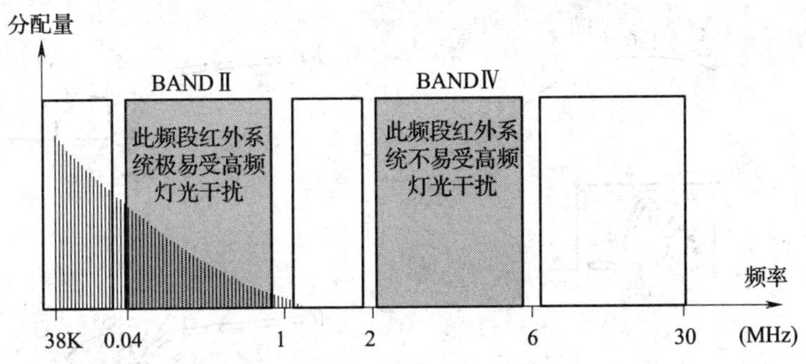

图 3—1—5 采用 2 ~ 8 MHz 的红外无线会议系统可避开高频灯光干扰

对于有大型窗户而不加窗帘的会场，要考虑增加收发器的使用数量。对于露天使用，必须进行现场试验才能确定要使用的收发器数量。有了足够多的收发器，即使在明亮的日光下，也可以实现优质的信号传输。

（2）物体、表面和反射

红外线和可见光一样，遇到硬平面产生反射，遇到透明物质（如玻璃）产生透射。会场中的物体会影响红外光的分布，如建筑物墙面的光滑程度、天花板的材质、颜色都起着重要作用。

红外线几乎对所有平面产生反射，对平滑、光洁的平面反射强烈；而深色、粗糙的平面能吸收大量的红外辐射。但如果平面对可见光是透明的，红外线则有大部分可以穿透。

另外，墙壁和家具的阴影会对红外光的传输造成影响，使用足够多的数字红外收发器，并合理布置其安装位置，可以解决这些问题，使整个会场得到稳定的信号传输。

通常，为了保证稳定的红外信号的传输，应尽量保证每个无线会议单元至少可与两个收发器通信。

（3）红外无线会议单元的红外工作区

红外线是一种具有方向性的不可见光线，红外无线会议单元正对着收发器时灵敏度最佳。为了最大限度满足这个因素对收发信号的要求，红外无线会议单元将红外镜嵌于面板前端，保证了较大的接收角度。

在垂直方向，可根据收发器安装位置选择“垂直”“水平”或“全角度（垂直 + 水平）”工作区，以保证最有效收发红外信号，避免造成不必要的电量损耗。其覆盖区如图 3—1—6 所示。

（4）红外收发器的红外工作区

红外收发器的类型决定了其覆盖范围。增加收发器的安装数量，也可以使覆盖范围加大。

红外收发器的红外工作区与会议单元的接收平面的相交面即覆盖面积，如图 3—1—7 所示的红色区域。在这个覆盖面积中，如果红外收发器和会议单元的红外信号能直接到达对方，直接信号的强度足以保证两者间的正常通信。

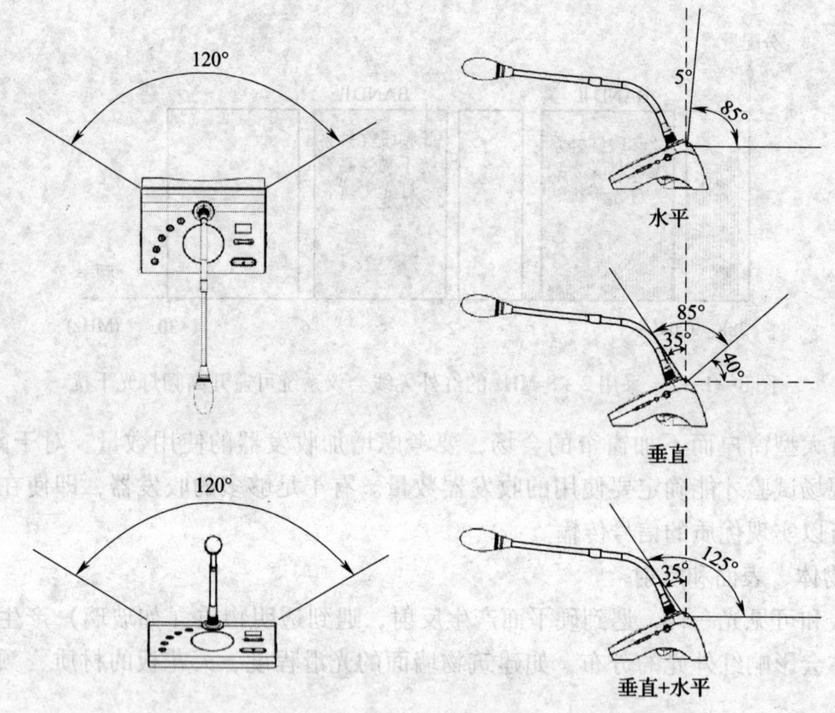

图 3—1—6　红外无线会议单元的红外信号覆盖区

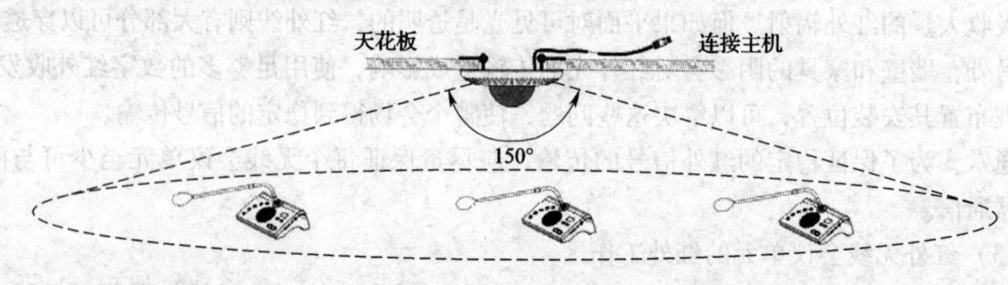

红外收发器信号覆盖区

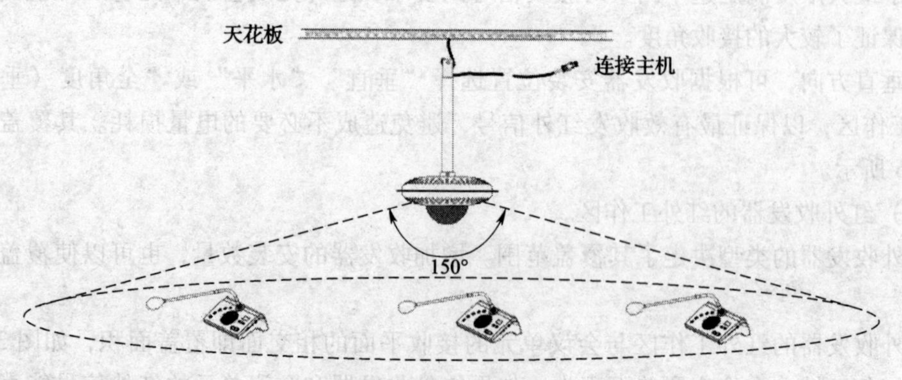

红外收发器信号覆盖区

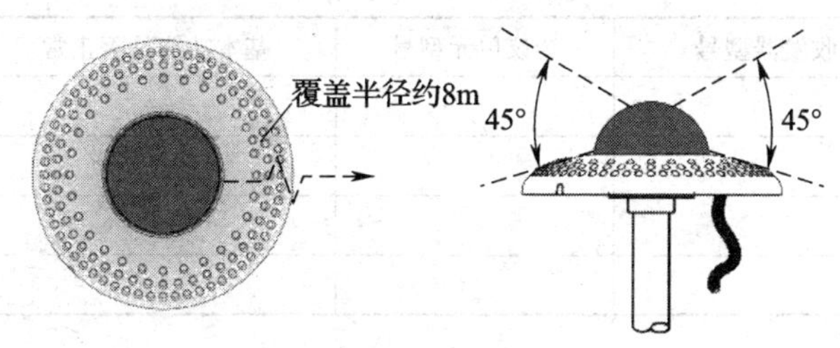

红外收发器信号覆盖区

图 3—1—7　红外收发器信号覆盖区

可以看出，覆盖面积的大小和位置与红外收发器的安装高度有关。

（5）重叠效应和多径效应

当两个收发器的覆盖面积有部分出现重叠，总的覆盖面积有可能大于两个单独的辐射覆盖面积之和。在重叠的区域中，两个收发器的信号辐射能量相加，使得辐射强度大于所需强度的面积加大。如图 3—1—8 所示。

会议单元从两个或多个红外收发器接收到的信号，由于信号延时差异，也可能会互相抵消，出现“多径效应”。最坏的情况下，某些位置可能完全收不到信号，出现“盲点”。

要有效避免“多径效应”，必须保证各红外收发器与主机之间的电缆长度一致。如图 3—1—9所示，由于线缆长度不同，信号延时也会产生差异，从而造成总的覆盖面积有可能小于两个单独的辐射覆盖面积之和。

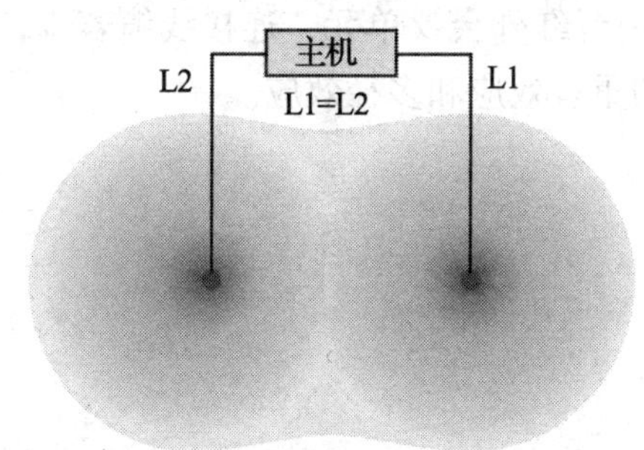

图 3—1—8　辐射能量相加，覆盖面积加大

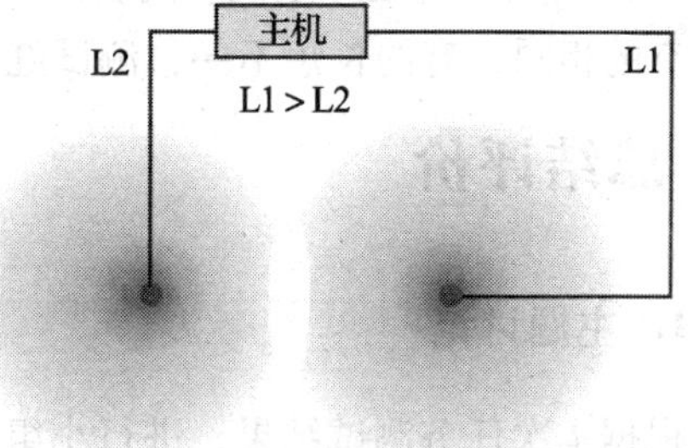

图 3—1—9　信号延时产生差异，覆盖面积变小

任务实施

1. 组建简单的红外无线会议系统

利用一台红外主机、一台红外收发器和两台红外会议单元，连接线缆若干，组建简单的红外无线会议系统并进行简单的功能测试。填写表 3—1—2。

表 3—1—2　　　　测试记录表 I

红外主机型号	收发器型号	会议单元型号	基本功能是否正常	补充说明

2. 测试红外收发器红外工作区

（1）利用一台红外主机、一台红外收发器和两台红外会议单元，连接线缆若干，根据红外收发器和红外会议单元不同的垂直高度，测试红外收发器的覆盖半径，填写表 3—1—3。

表 3—1—3　　　　测试记录表 II

<table>
<tr><td>红外主机型号</td><td></td><td>收发器型号</td><td></td><td>会议单元型号</td><td></td></tr>
<tr><td>序号</td><td>测试高度（m）</td><td>理论覆盖半径（m）</td><td colspan="2">实测覆盖半径（m）</td><td>备注</td></tr>
<tr><td>1</td><td>0.5</td><td>1.866</td><td colspan="2"></td><td></td></tr>
<tr><td>2</td><td>1</td><td>3.732</td><td colspan="2"></td><td></td></tr>
<tr><td>3</td><td>1.5</td><td>5.598</td><td colspan="2"></td><td></td></tr>
<tr><td>4</td><td>2</td><td>7.464</td><td colspan="2"></td><td></td></tr>
<tr><td>5</td><td></td><td></td><td colspan="2"></td><td></td></tr>
</table>

（2）利用一台红外主机、两台红外收发器和一台红外会议单元，连接线缆若干，线缆长度有的相同，有的长短不一，测试红外工作区的重叠效应和多径效应。

总结评价

1. 主题讨论

根据本次任务测试结果，进行小组讨论：

（1）本次任务完成情况。

（2）重叠效应和多径效应是否明显？

（3）在实际应用中如何避免多径效应？

2. 填写实训评价表

为了检验本次任务的学习实践效果，考查对红外无线会议系统的概念、系统设备软硬件组成、系统原理等基本知识的掌握情况，根据实训表现和实训效果，结合口试成绩，以分值的方式进行总结评价，并填写评价表 3—1—4，给出本次任务完成情况的实训成绩。

表 3—1—4　　红外无线会议系统学习评价表

能力		评价项目	配分（总分100）	自我评价	同学评价	教师评价
职业能力	理论	准确理解红外无线会议系统的概念	5			
		准确理解红外无线会议系统的工作原理	5			
		准确理解红外无线会议系统的组成结构	10			
		详细了解红外无线传输技术	5			
		准确理解影响红外无线会议系统的因素	10			
	实践	准确记录实验室设备的名称及型号	5			
		能正确组建红外无线会议系统	10			
		能正确测试重叠效应	10			
		能正确测试多径效应	10			
		能完整记录测试结果	10			
		现场整理与设备移交（其中，未切断总电源扣2分，未移交扣1分，未清理扣1分，清理不干净扣1分）	5			
通用能力		观察能力	5			
		动手能力	5			
		自我提高能力	5			
自我评价			综合评分	自己签名：		
小组评价			综合评分	组长签名：		
教师评价			综合评分	教师签名：		

任务二　配置红外无线会议系统主机

任务描述

1. 连接同声传译设备
2. 连接辅助设备：外部音频设备、录音机和 PA 功放
3. 系统连接Ⅰ［无线讨论＋（1＋3 CHs）数字同声传译＋投票表决＋视频跟踪］
4. 系统连接Ⅱ［无线讨论＋（1＋3 CHs）数字同声传译＋视频跟踪＋中控］

5. 系统连接Ⅲ［无线讨论＋视频跟踪＋中控］
6. 配置红外无线会议系统主机
7. 测试通信质量并恢复现场

基础知识

1. 红外无线会议系统主机组成

红外无线会议系统主机是无线会议系统的核心设备，可用于连接红外收发器及录音设备，并显示系统的功能设置及状态，实现自动化的会议控制；还可直接连接红外语言分配系统。在需要更加全面复杂的管理时，由管理人员通过计算机管理红外无线会议系统主机。

每台红外无线会议系统主机可以连接多达 10 个收发器，而系统中会议单元数量最多为 1 000台，其中主席单元数量最多为 20 台，最多可同时开启 4 个话筒。主机附带 3 路译音通道，可直接连接翻译单元或通过音频信号输入接口输入远程同声传译信号。

一般红外无线会议系统主机适合装入 19 in 的计算机网络设备机柜机架或置于桌面，其中，机架安装提供两个安装支架，桌面使用提供四个底脚。

2. 红外无线会议系统主机功能

了解红外无线会议系统主机功能应从其面板指示和接口开始逐步深入。红外无线会议系统主机的面板功能及指示如图 3—2—1 所示。

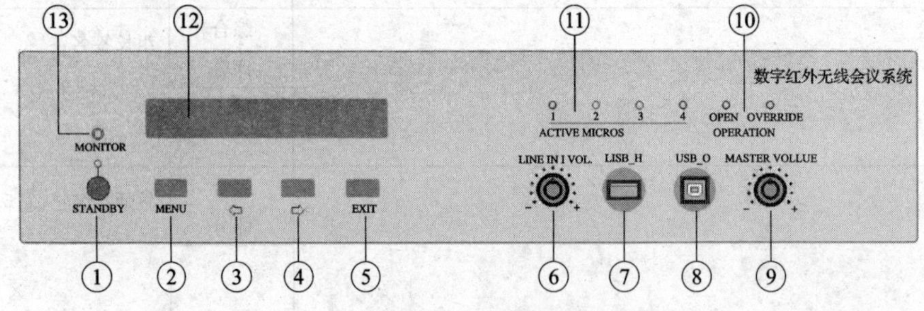

红外无线会议系统主机正面板

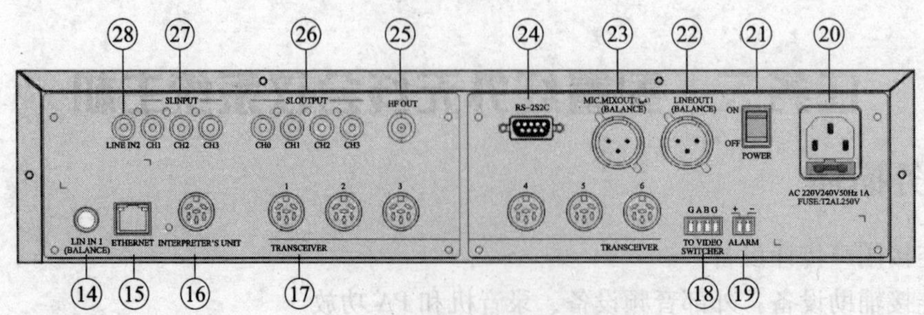

红外无线会议系统主机背面板

图 3—2—1 红外无线会议系统主机面板标志图

①“STANDBY”（待机）按键

②“MENU”（菜单）按键

在LCD屏显示开机初始界面，按下“MENU”按键进入LCD设置菜单。

在菜单状态下，按下“MENU”按键起到确认功能，选中反白显示的项目或进入下一级菜单。

网络设置时，按下“MENU”按键为选中/解除选中数值。

③“⇦”（左）方向键

在菜单状态下，按下“⇦”（左）方向键左移光标。

④“⇨”（右）方向键

显示开机初始界面时，用于选择代表发言单元开机数量。

在菜单状态下，按下“⇨”（右）方向键右移光标。

⑤“EXIT”（退出）键

显示开机初始界面时，用于选择话筒开启模式。

在菜单状态下，按下“EXIT”（退出）键退出当前菜单。

⑥线路输入1电平调节旋钮

⑦A型USB接口

用于连接U盘。

⑧微型USB接口

用于连接计算机。

⑨全局音量调节旋钮

⑩话筒开启模式指示灯（“OPEN”/“OVERRIDE”）

设定相应的模式后，对应指示灯亮起。

⑪话筒可开启数量指示灯（1/2/3/4）

⑫菜单显示

分辨率为256像素×32像素LCD显示屏，显示主机状态及设置系统时的菜单显示。

⑬耳机监听接口

耳机插口（$\phi3.5$ mm）。

⑭线路输入1接口（$\phi6.4$ mm）

⑮以太网接口

主机与计算机使用TCP/IP协议，通过以太网接口连接，可以进行远程控制，或者接入无线网络使用无线触摸屏进行无线控制。

⑯翻译单元接口

用于连接翻译单元。

⑰数字红外收发器接口（6个）

⑱连接视频切换台

配合视频切换台和摄像机达到视频自动跟踪功能。

⑲消防报警连动触发接口

当此接口短接，主机显示屏显示“警报”，关闭所有会议单元话筒，而且会议单元显示屏上会显示“ALARM”。

当此接口断开，主机返回进入报警状态前的工作状态。

⑳电源输入接口

㉑电源开关

㉒线路输出 1 接口（3 芯 XLR 平衡输出）

㉓话筒混音输出可作录音用

㉔RS－232C 连接串口

用于连接中控系统，实现集中控制。

㉕高频信号输出接口（BNC 插座）

用于连接红外语言分配系统辐射单元。

㉖同声传译话筒输出（1～4）可作录音用

㉗译音（1～3）信号输入接口

㉘线路输入 2 接口（RCA）

红外无线会议系统主机可以安装在标准 19 in 机柜上。先将主机两侧的螺钉②拧开，然后将一对固定支架①用这些螺钉②拧紧。放入机柜中，用螺钉将四个孔③固定在机柜中的机架上即可，如图 3—2—2 所示。

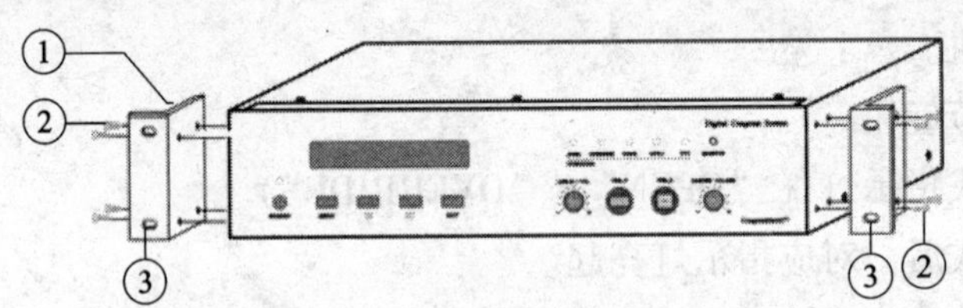

图 3—2—2　红外无线会议系统主机的安装

将 1U[①] 高度机柜装饰铁条安装在机柜中主机之间，美观且利于主机通风散热。安装时用螺丝将四个孔③固定便可，如图 3—2—3 所示。

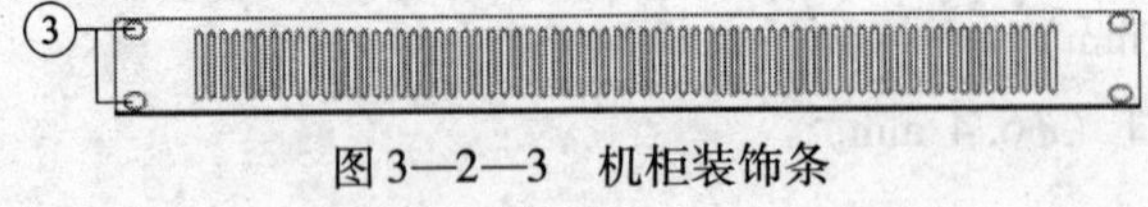

图 3—2—3　机柜装饰条

任务实施

1. 连接同声传译设备

一般红外无线会议主机具有 1＋3 同声传译通道，通过译音通道音频源接口［翻译单元

① U 是一种表示设备外部尺寸的单位，是 unit 的缩略语，详细尺寸由作为业界团体的美国电子工业协会（EIA）决定。1U 是一个表示高度的名词，1U＝1.75 in＝4.445 cm。

接口或译音（1~3）信号输入接口］连接同声传译设备。

（1）通过主机翻译单元接口连接翻译单元

通过翻译单元接口连接翻译单元，如图3—2—4所示，实现4通道同声传译（含原声通道）。

此时，主机菜单“选择同传接口”必须选择“数字翻译台”。

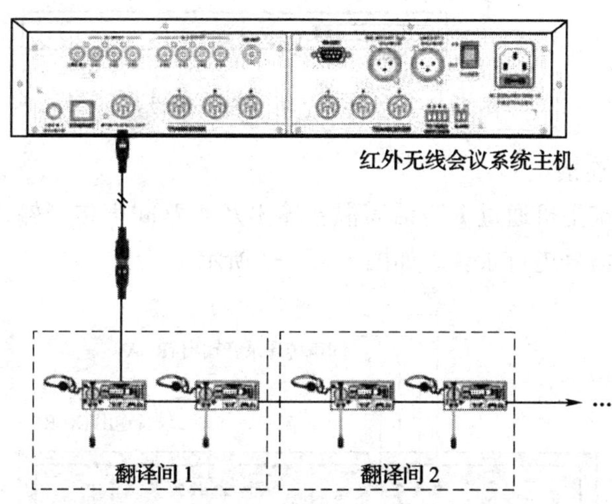

图3—2—4　通过主机翻译单元接口连接翻译单元

（2）通过主机译音信号输入接口连接同声传译设备

主机利用译音（1~3）信号输入接口，直接连接远程同声传译设备，如图3—2—5所示，实现4通道同声传译（含原声通道）。

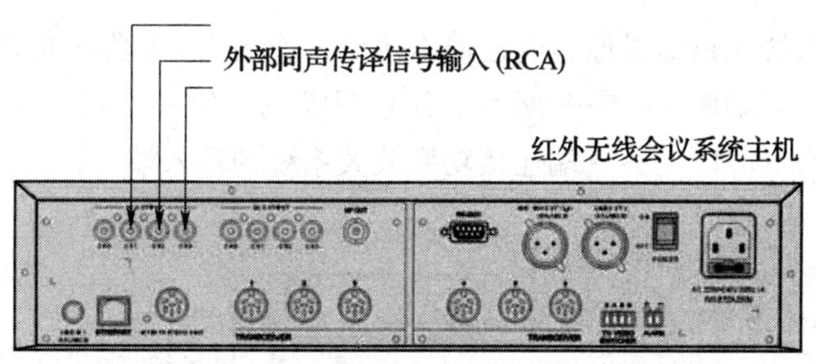

图3—2—5　通过主机译音信号输入接口连接外部同声传译设备

此时，主机菜单“选择同传接口”必须选择“模拟接口”。

2. 连接辅助设备

（1）与外部音频设备的连接

通过LINE IN1线路音频输入，连接外部音频设备，音频信号将在原音通道上输出。如图3—2—6所示。

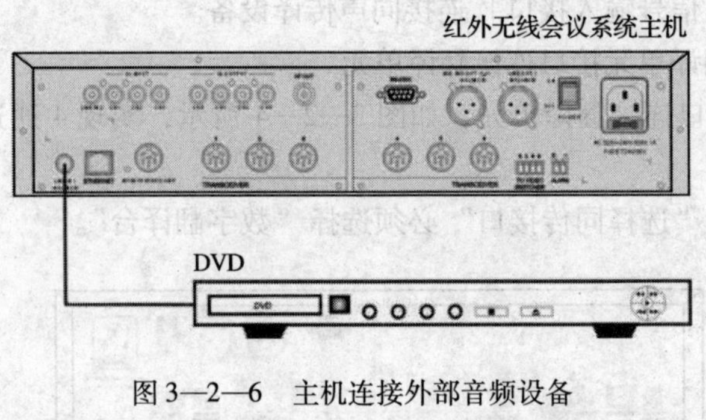

图 3—2—6　主机连接外部音频设备

（2）与录音机的连接

红外无线会议系统主机通过 1 路话筒混音输出及 4 路同声传译输出，配置录音设备即可对会议或同声传译信号进行录音。如图 3—2—7 所示。

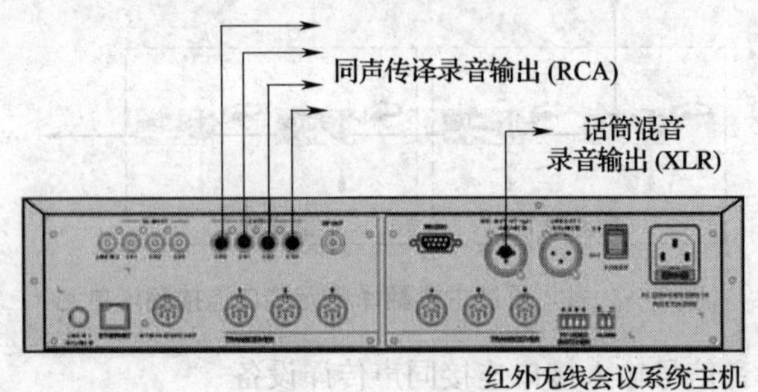

图 3—2—7　主机连接录音设备

（3）与 PA 功放的连接

红外无线会议系统主机通过原音通道输出接口，连接到 PA 功率放大系统，可将发言人的声音进行放大输出，如图 3—2—8 所示。连接只需用一组音频线，一端连接红外无线会议系统主机的“LINE OUT”，另一端连接功率放大系统的输入端。

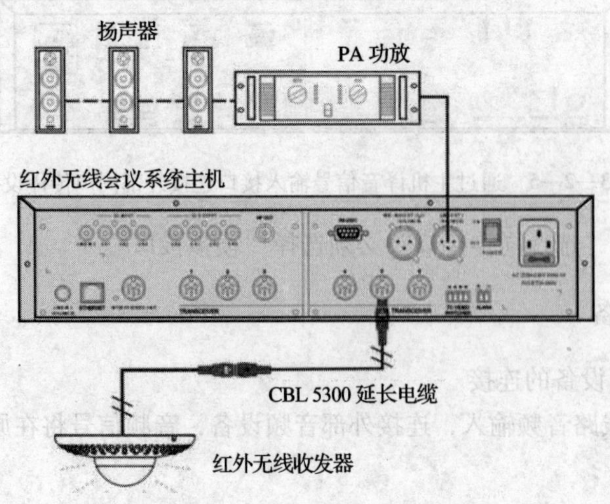

图 3—2—8　主机连接 PA 功放

3. 系统连接Ⅰ［无线讨论 +（1 +3 CHs）数字同声传译 + 投票表决 + 视频跟踪］

红外无线会议系统主机具有讨论、表决及1 +3 通道数字同声传译功能；连接摄像机自动跟踪系统，应用系统软件为每一台会议单元设置一个摄像机预置位，当会议单元打开话筒发言时，系统会自动找到这个预置位，同时控制摄像机动作，连接视频显示输出设备，便会将所摄制到的图像显示出来。系统兼容多种视频输入信号并自动进行各种图像的切换。摄像机自动跟踪系统包括视频切换台（混合矩阵控制台）、计算机及高速云台摄像机。

系统主机与视频切换台（混合矩阵控制台）之间通过一条 RS－485 电缆进行连接，电缆的一端连接到系统主机后面板的“TO VIDEO SWITCHER”接口；另一端连接到视频切换台（混合矩阵控制台）后面板上的“TAINET”接口。如图 3—2—9 所示。

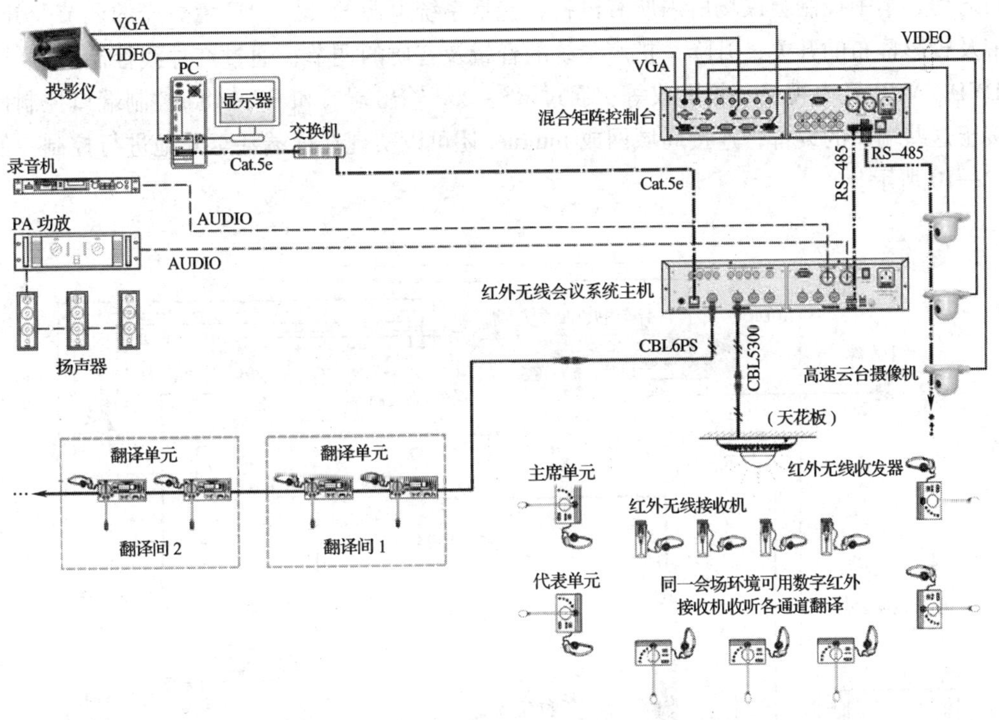

图 3—2—9　红外无线会议系统连接［无线讨论 +（1 +3 CHs）数字同声传译 + 投票表决 + 视频跟踪］

该连接可实现的系统功能：

（1）外无线会议。

（2）4 通道数字红外语言分配系统。

（3）投票表决。

（4）视频跟踪。

4. 系统连接Ⅱ［无线讨论 +（1 +3 CHs）数字同声传译 + 视频跟踪 + 中控］

红外无线会议系统主机具有讨论及1 +3 通道数字同声传译功能；连接摄像机自动跟

踪系统，应用系统软件可以为每一台会议单元设置一个摄像机预置位，当会议单元打开话筒发言时，系统会自动找到这个预置位，同时控制摄像机动作，连接视频显示输出设备，便会将所摄制到的图像显示出来。系统可兼容多种视频输入信号并可自动进行各种图像的切换。摄像机自动跟踪系统包括视频切换台（混合矩阵控制台）、计算机及高速云台摄像机。

系统主机与视频切换台（混合矩阵控制台）之间通过一条 RS－485 电缆进行连接，电缆的一端连接到系统主机后面板的“TO VIDEO SWITCHER”接口；另一端连接到视频切换台（混合矩阵控制台）后面板上的“TAINET”接口。

红外无线会议系统还可与智能中央控制系统实现无缝连接，将不同厂家、型号、性质的器材或硬件，以及环境装置连接起来，通过无线/有线彩色触摸屏实现有线以太网、无线双向通信，集中控制会议场所内所有设备，包括系统电源的开关，环境灯光的调节及开关，窗帘及投影幕布的开关、升降，扩声系统的音量及音质的调节；通过红外线控制多种电器，如 DVD、VCR 及电视机、投影仪等；通过 RS－232 输出端口和 RS－485 控制端口控制任何连接于这些端口的设备；连接局域网或 Internet 还可以实现在远端甚至异地进行控制。如图 3—2—10 所示。

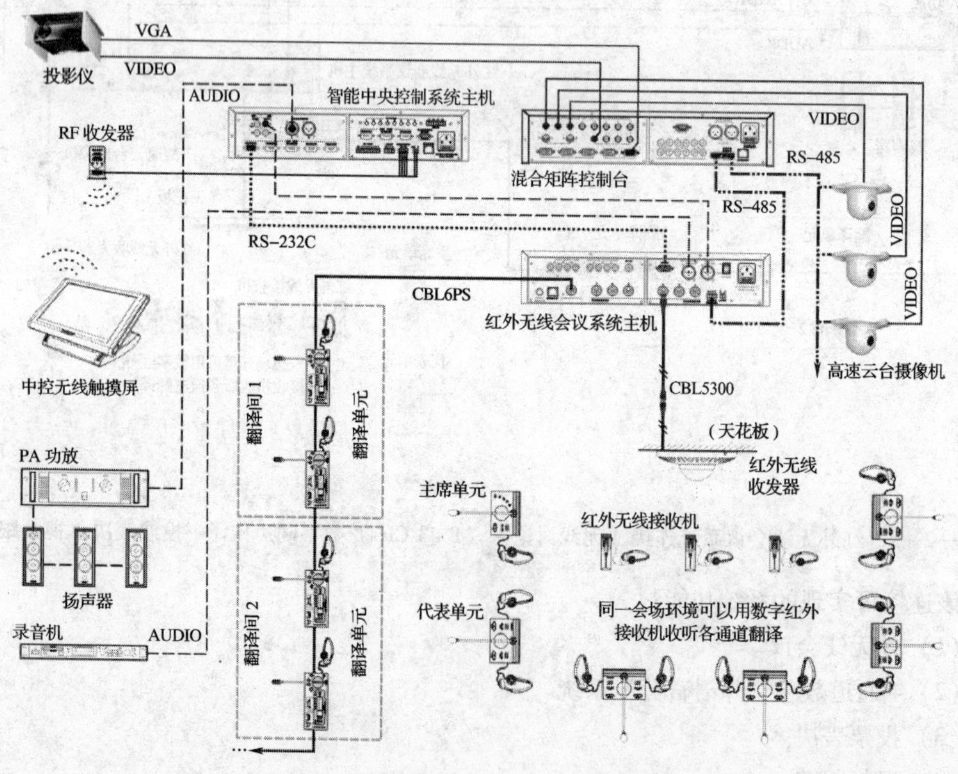

图 3—2—10 红外无线会议系统连接［无线讨论＋（1＋3 CHs）数字同声传译＋视频跟踪＋中控］

利用智能中控系统触摸屏来控制无线会议单元时，需要知道各会议单元的具体 ID 数值，一般在设备出厂时已设置，会议单元通电时会显示在其 LCD 屏上。

该连接可实现的系统功能：

（1）外无线会议。

（2）制会议话筒的开启或关闭。

（3）4 通道数字红外语言分配系统。

（4）视频跟踪，并实现对摄像机进行遥控调节。

（5）集中控制会场设备。

5. 系统连接Ⅲ［无线讨论＋视频跟踪＋中控］

红外无线会议系统主机具有讨论功能，连接摄像机自动跟踪系统，应用系统软件可以为每一台会议单元设置一个摄像机预置位，当会议单元打开话筒发言时，系统会自动找到这个预置位，同时控制摄像机动作，连接视频显示输出设备，便会将所摄制到的图像显示出来。系统可兼容多种视频输入信号并可自动进行各种图像的切换。摄像机自动跟踪系统包括视频切换台（混合矩阵控制台）、计算机及高速云台摄像机。

系统主机与视频切换台（混合矩阵控制台）之间通过一条 RS－485 电缆进行连接，电缆的一端连接到系统主机后面板的“TO VIDEO SWITCHER”接口；另一端连接到视频切换台（混合矩阵控制台）后面板上的“TAINET”接口。

红外无线会议系统还可与智能中央控制系统实现无缝连接，将不同厂家、型号、性质的器材或硬件，以及环境装置连接起来，通过无线/有线彩色触摸屏实现有线以太网、无线双向通信，集中控制会议场所内所有设备，包括系统电源的开关，环境灯光的调节及开关，窗帘及投影幕布的开关、升降，扩声系统的音量及音质的调节；通过红外线控制多种电器，如 DVD、VCR 及电视机、投影仪等；通过 RS－232 输出端口和 RS－485 控制端口控制任何连接于这些端口的设备；连接局域网或 Internet 还可以实现在远端甚至异地进行控制。如图 3—2—11 所示。

利用智能中控系统触摸屏来控制无线会议单元时，需要知道各会议单元的具体 ID 数值，一般在设备出厂时已设置，会议单元通电时会显示在其 LCD 屏上。

该连接可实现的系统功能：

（1）外无线会议。

（2）制会议话筒的开启或关闭。

（3）视频跟踪，并实现对摄像机进行遥控调节。

（4）集中控制会场设备。

6. 配置红外无线会议系统主机

在完成系统安装连接后，需要在会议开始前，对会议系统主机进行相应的设置。通过前面板的会话式菜单及按键对会议系统主机进行设置。设置菜单结构如图 3—2—12 所示。

红外无线会议系统主机的所有状态都通过显示屏上的会话式菜单及四个按键来设置。

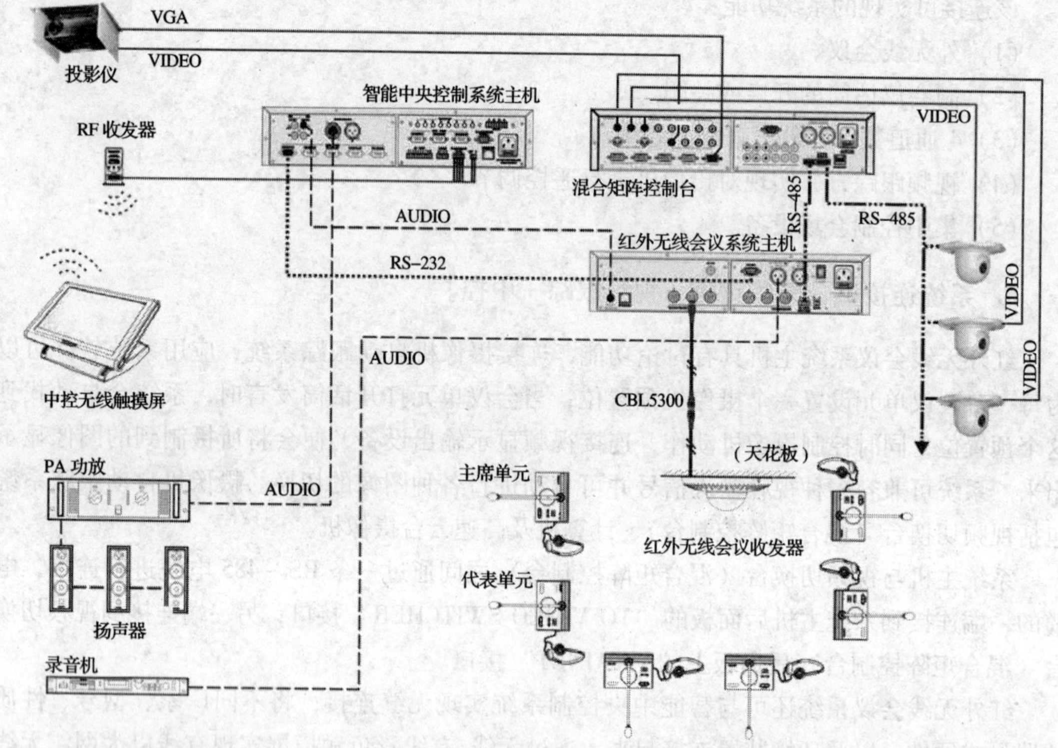

图 3—2—11　红外无线会议系统连接［无线讨论 + 视频跟踪 + 中控］

（1）开机初始化

开启电源开关（ON）后，再按下 STANDBY 键，红外无线会议系统主机开机初始化，如图 3—2—13 所示。

（2）LCD 初始界面操作

初始化完毕，显示 LCD 初始界面，如图 3—2—14 所示，包括“菜单”“开机数量”和“模式”三项。

选择文字下方对应按键可以执行下一步操作：

1）按“MENU”键进入主菜单。

2）连续按“⇨”（右）键调节开机数量，设定可同时开启的代表话筒发言单元（话筒）数量为 1、2、3 或 4。

3）按“EXIT”键可以在“Open”和“Override”两种发言方式下切换。

①“Open”：当已开启的代表发言单元话筒数已达到预设的开机数量后，无法开启新的话筒。

②“Override”：当已开启的代表发言单元话筒数已达到预设的开机数量后，后开启的单元将关闭最先开启的单元，以保持总开启数量仍为限制的开机数量。

（3）进入主菜单

在 LCD 初始界面下按“MENU”键进入主菜单，如图 3—2—15 所示，包括 18 个菜单项，见表 3—2—1。

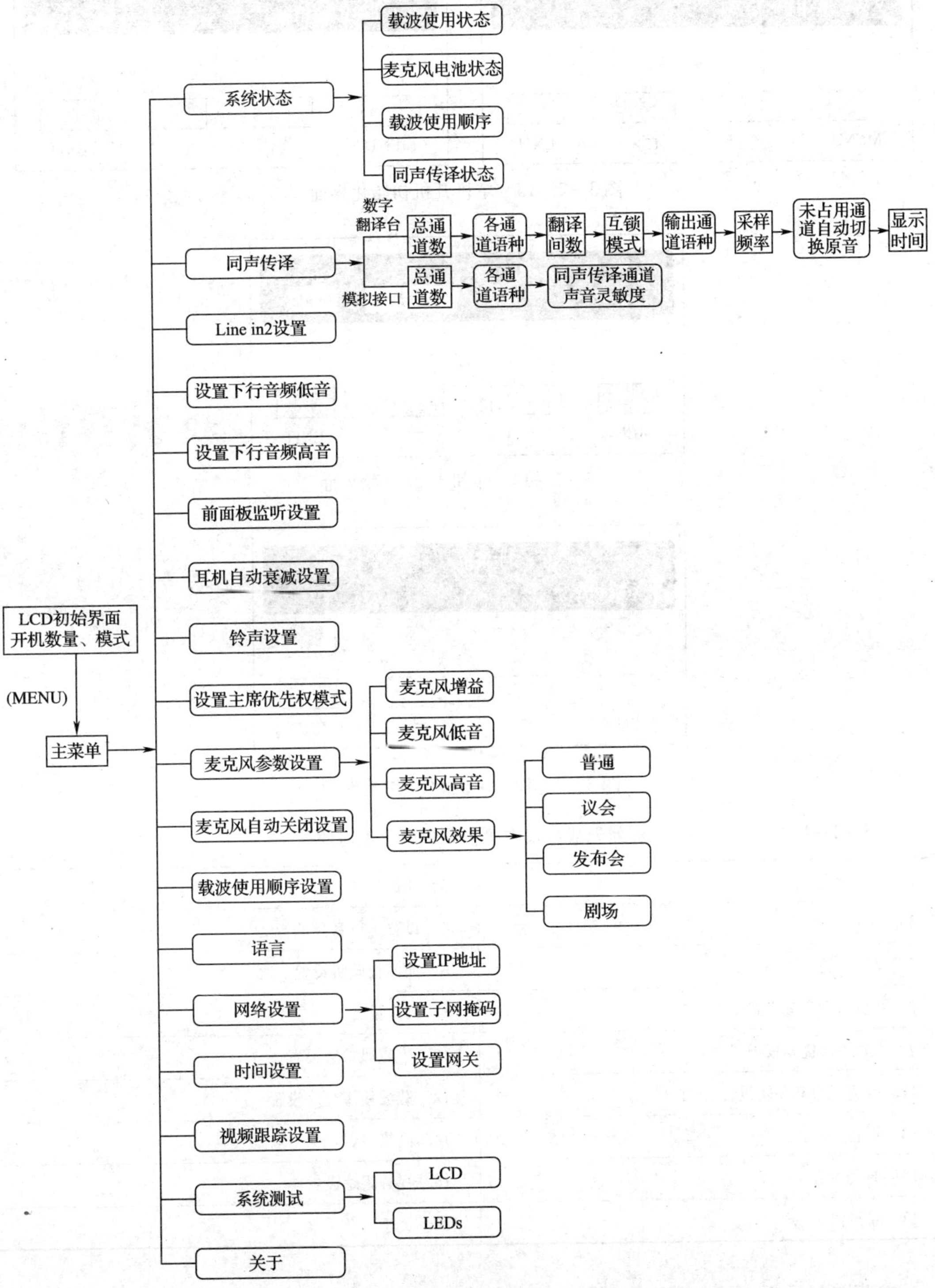

图 3—2—12　红外无线会议系统主机 LCD 菜单结构

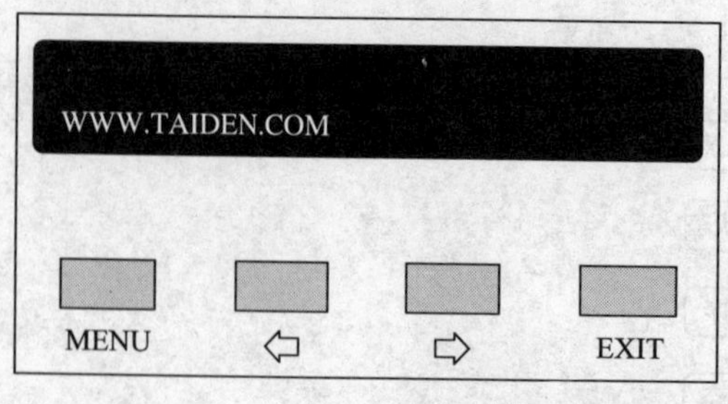

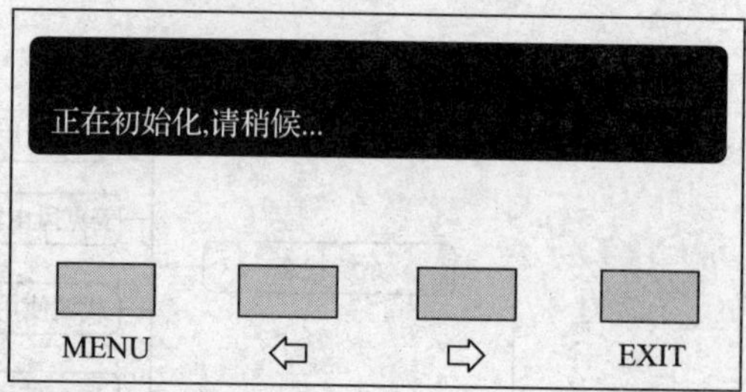

图 3—2—13　主机开机初始化界面

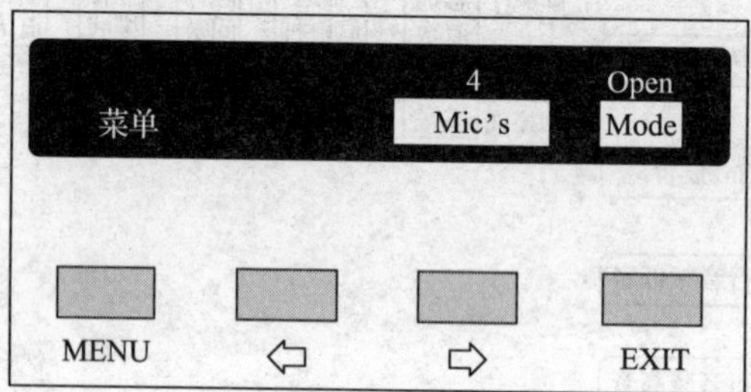

图 3—2—14　主机 LCD 初始界面

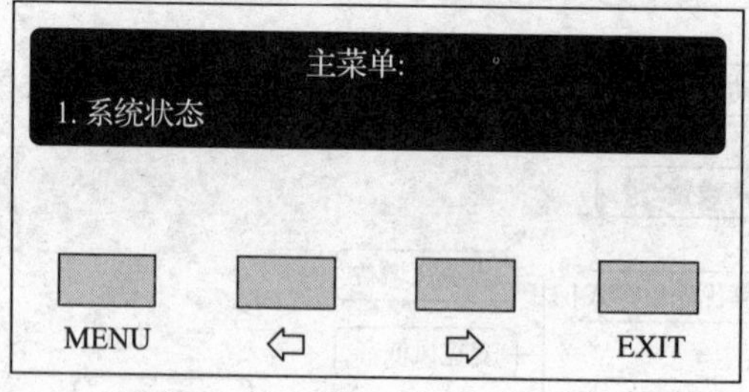

图 3—2—15　主机 LCD 初始界面

表 3—2—1　　红外无线会议主机主菜单设置项对照表

1. 系统状态	2. 同声传译
3. Line in 2 设置	4. 设置下行音频低音
5. 设置下行音频高音	6. 前面板监听设置
7. 耳机自动衰减设置	8. 铃声设置
9. 设置主席优先权模式	10. 麦克风参数设置
11. 麦克风自动关闭设置	12. 载波使用顺序设置
13. 语言	14. 网络设置
15. 时间设置	16. 视频跟踪设置
17. 系统测试	18. 关于

主菜单显示界面下：

1）按“MENU”键可以进入相应菜单项的设置界面。

2）通过“⇦/⇨”（左/右）键可以遍历此界面下各菜单项。

3）按“EXIT”键退出本级菜单，并返回上一级菜单。

7. 功能菜单介绍

（1）系统状态

“系统状态”子菜单如图3—2—16所示，包括“载波使用状态”“麦克风电池状态”“载波使用顺序”和“同传状态”四种状态。

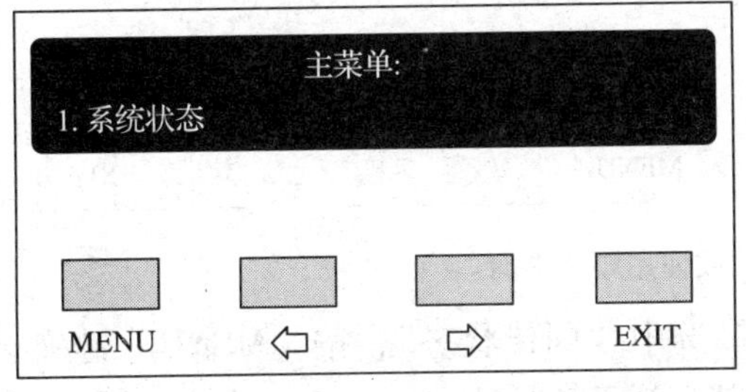

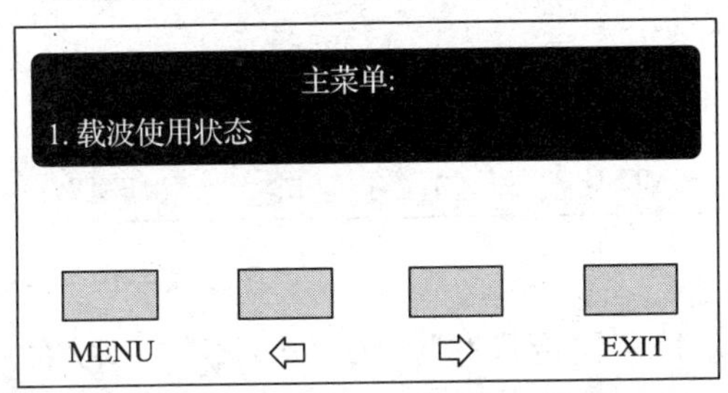

图3—2—16　主机系统状态界面

1）“载波使用状态”。按“⇦/⇨”（左/右）键选中“载波使用状态”，按“MENU”键确定，显示界面如图3—2—17所示，用于监视各通道占用情况及话筒开启状态。

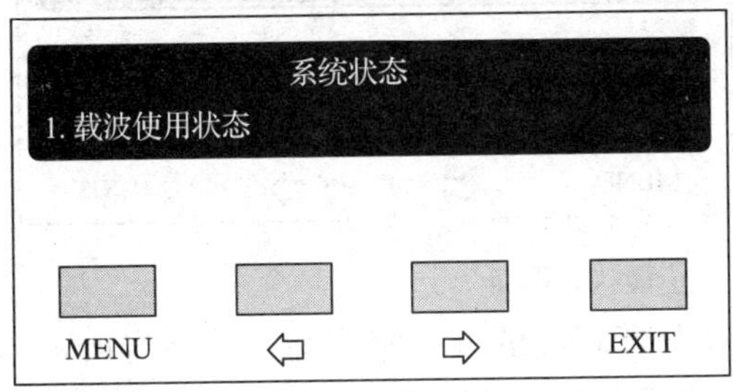

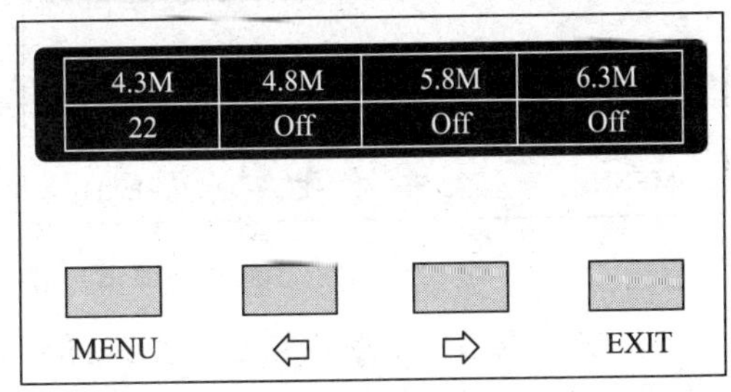

图3—2—17　主机载波使用状态界面

图3—2—17表示仅有ID为“22”的无线会议单元正在发言，占用载波4.3 MHz，其他通道均未被占用。

2）“麦克风电池状态”。按“⇦/⇨”（左/右）键选中“麦克风电池状态”，按“MENU”键确定，显示界面如图3—2—18所示，用于监测已开启话筒的电池电压及剩余发言时间。

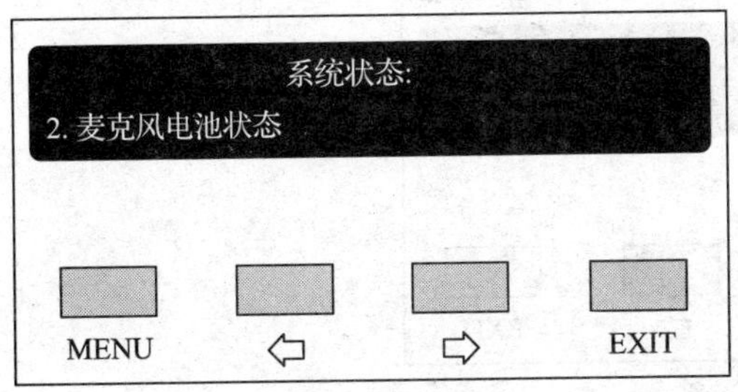

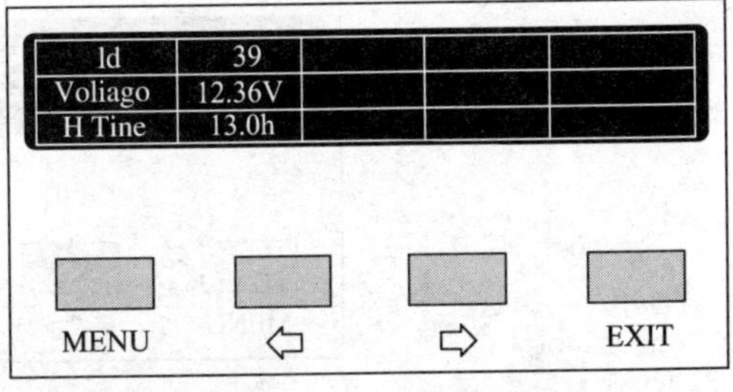

图3—2—18　主机麦克风电池状态界面

图 3—2—18 表示仅有 ID 为“39”的无线会议单元正在发言，其电压为 12. 36 V，剩余发言时间为 13 h。

3）“载波使用顺序”。按“⇦/⇨”（左/右）键选中“载波使用顺序”，按“MENU”键确定，显示界面如图 3—2—19 所示，用于监视各载波使用顺序。

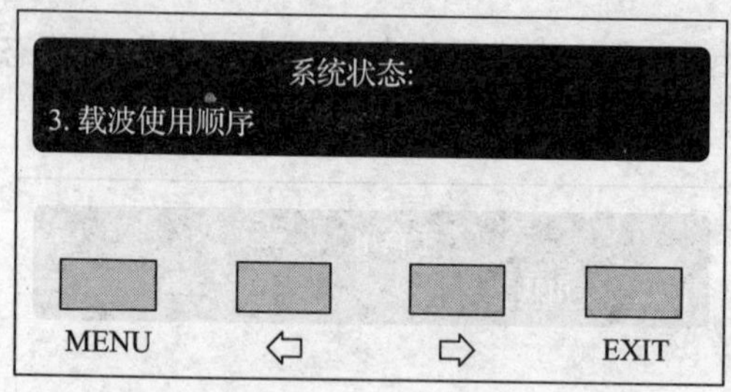

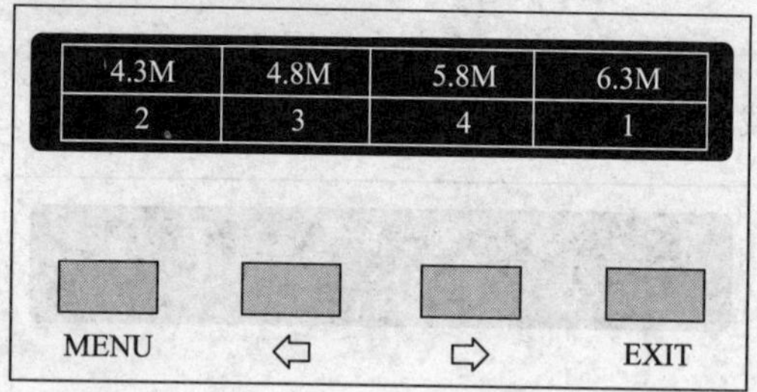

图 3—2—19　主机载波使用顺序界面

4）“同传状态”。按“⇦/⇨”（左/右）键选中“同传状态”，按“MENU”键确定，显示界面如图 3—2—20 所示，用于监视同声传译通道及所处状态。

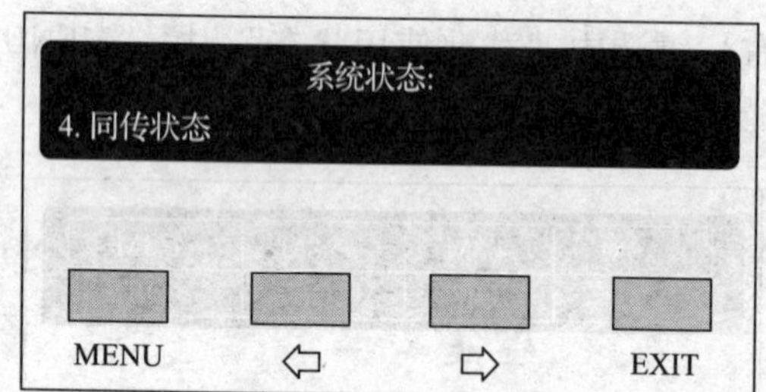

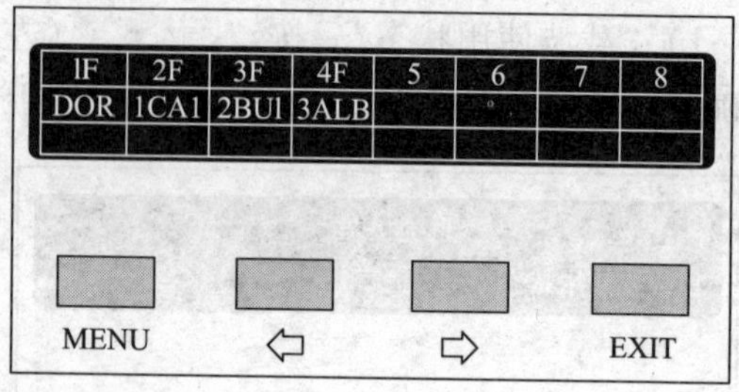

图 3—2—20　主机同声传译状态界面

“F”表示该通道是原声通道，如果通道没有分配相应的翻译间或尚未被译音所占用，也一样会出现“F”。如果相应通道的翻译间内的翻译单元话筒开启后，“F”会被“+”取代，但是，如果翻译间内所有的翻译单元话筒都关闭后，“+”又会变成“F”。

（2）同声传译

进入“同传设置”子菜单，首先选择同声传译接口，随后根据选择的同声传译接口进入相应的设置界面，如图 3—2—21 所示。

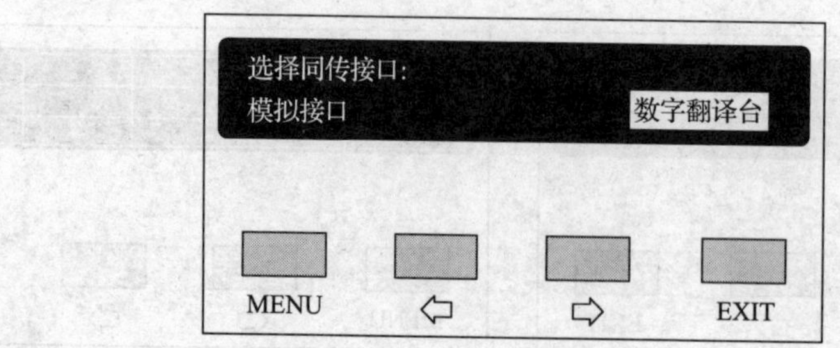

图 3—2—21　主机同声传译接口选择界面

通过“⇦/⇨”（左/右）键选择同声传译接口。

1）选择“模拟接口”：来自译音信号（1～3）输入接口的译音信号将被导入，并在译音通道上输出。连接方式如图3—2—5所示，按“MENU”键确认并进入步骤1)，如图3—2—22所示。

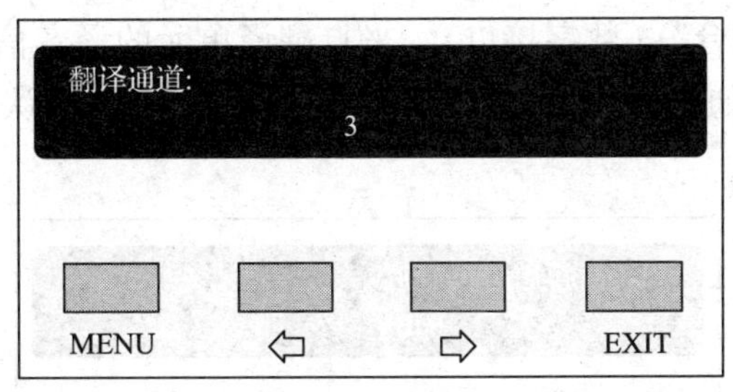

图3—2—22　主机同声传译接口设置界面

①设置翻译通道数量。通过“⇦/⇨”（左/右）键调节同声传译总通道数量，可以在0～3之间选择。

如果选择“0”，则表示没有同声传译功能，按“MENU”键确认，则退回主菜单界面。

如果选择非0数字，表示选择相应数量的翻译语言通道，按“MENU”键确认，则进入下一步骤，如图3—2—23所示。

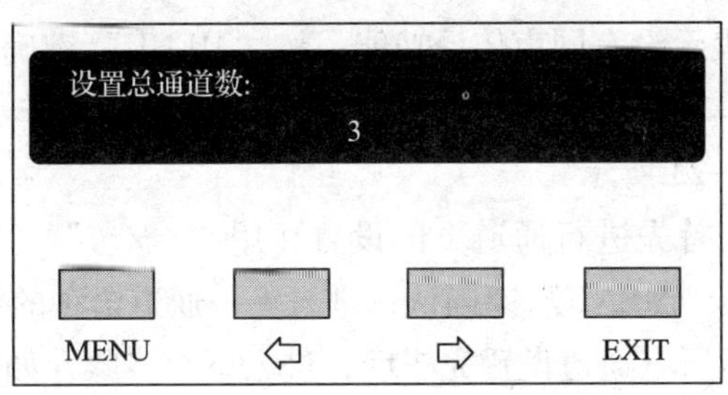

图3—2—23　数字接口通道总数设置界面

②设置各通道语种。首先进行通道1的设置，如图3—2—23所示，用“⇦/⇨”（左/右）键在多种语言之间选择。

选好语种后按“MENU”键确定，进入下一通道语种的设置。

重复上述步骤，直至所有通道设置完毕后，按“MENU”键确认，则进入下一步骤，如图3—2—24所示。

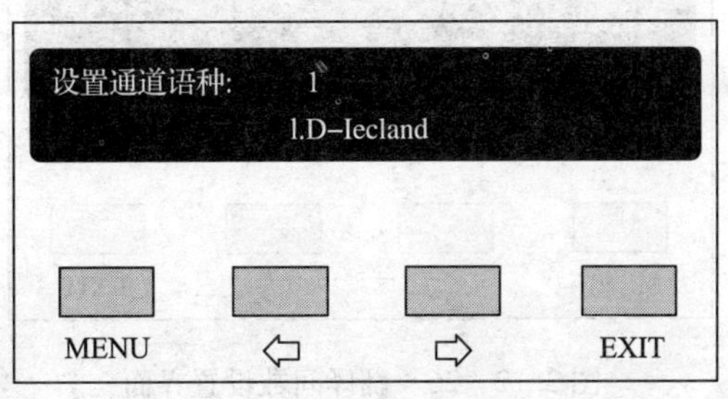

图3—2—24　通道语种设置界面

③设置通道灵敏度。先进行通道 1 的设置，如上图所示，用“⇦/⇨”（左/右）键调节灵敏度，范围为 - 12 ~ 12 dBV。

设置完毕，按“MENU”键确认，进入下一通道声音灵敏度的设置。

所有通道设置完成，按“MENU”键保存设置，并返回主菜单。

2）选择“数字翻译台”（数字接口）：来自翻译单元的译音信号将被导入，并在译音通道上输出。连接方式如图 3—2—24 所示，按“MENU”键确认则进入下一步骤，如图 3—2—25 所示。

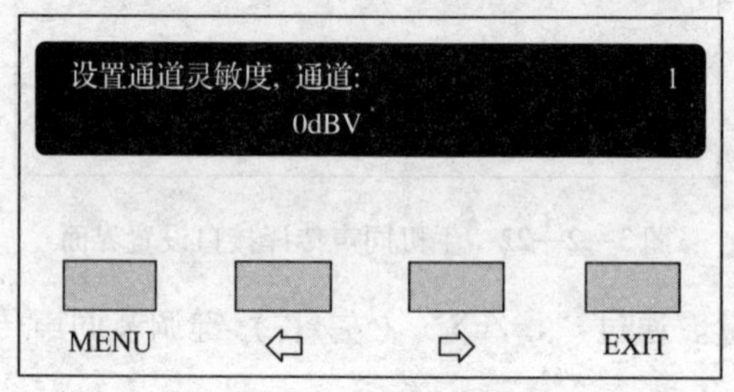

图 3—2—25　同声传译通道灵敏度设置界面

①设置总通道数。通过“⇦/⇨”（左/右）键调节同声传译总通道数量，可以在 0 ~ 3 之间选择。

如果选择“0”，则表示没有同声传译功能，按“MENU”键确认，则退回主菜单界面。

如果选择非 0 数字，表示选择相应数量的翻译语言通道，按“MENU”键确认，则进入下一步骤，如图 3—2—23 所示。

②设置各通道语种。首先进行通道 1 的设置，用“⇦/⇨”（左/右）键在多种语言之间选择。选好语种后，按“MENU”键确认，进入下一通道语种的设置。

重复上述步骤，直至所有通道设置完毕后，进入下一步骤，如图 3—2—24 所示。

③设置翻译间数。通过“⇦/⇨”（左/右）键调节翻译间数量，可以在 0 ~ 3 之间选择，通常一个通道语种占用一个翻译间。

如果选择“0”，则表示没有使用翻译间，按“MENU”键确认，则进入下一步骤；如果选择非“0”数字，表示选择相应数量的翻译间数量，按“MENU”键确认，则进入下一步骤。如图 3—2—26 所示。

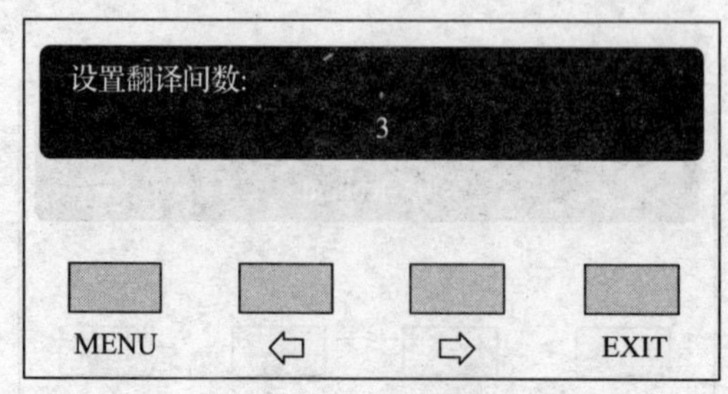

图 3—2—26　翻译间数设置界面

④选择翻译间互锁方式。“互锁模式”用于设定系统中不同翻译间内翻译单元的互锁方式，如图3—2—27所示，包含：“抢占”和“互锁”两种模式。

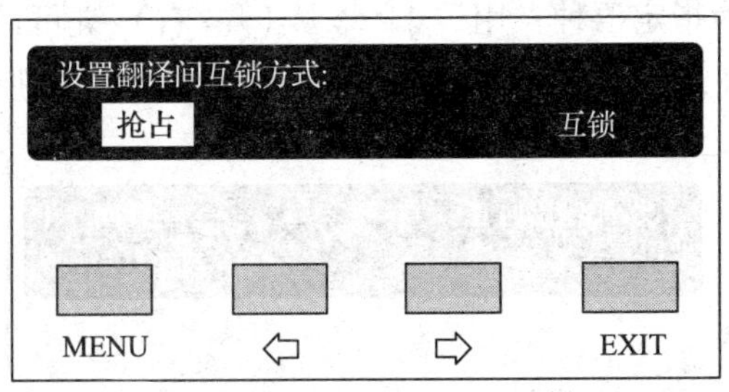

图3—2—27 互锁模式设置界面

通过“⇦/⇨”（左/右）键可在两个模式间切换，选择需要的方式。

当选择“抢占”模式时，另一翻译间的翻译单元可开启已经被占用的通道，同时关闭占用该通道的翻译单元。

当选择“互锁”模式时，另一翻译间的翻译单元不可开启已经被占用的通道。

按“MENU”键确认则进入下一步骤。

⑤选择各翻译间输出通道语种。为了分传译音，翻译单元提供了A、B、C三种通道语言输出口，同一翻译间内所有翻译单元同一输出通道语种相同。选择翻译间互锁方式以后，进入对各个翻译间输出通道所需语种的设置界面。

设置翻译间1输出通道A的语种：用“⇦/⇨”（左/右）键可以遍历通道语种设置步骤②中所设定的各通道语种，按“MENU”键确定。如图3—2—28所示。

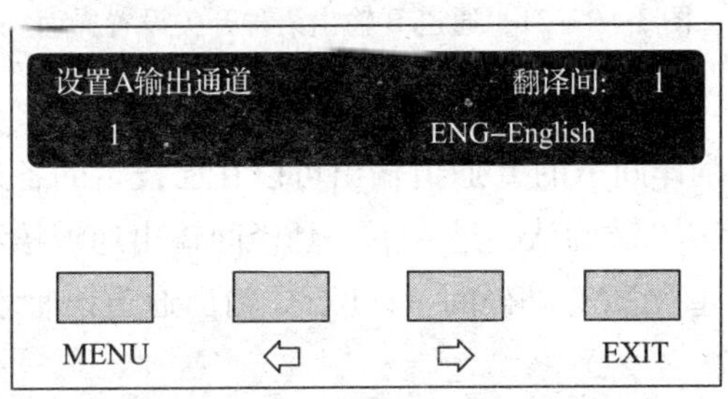

图3—2—28 通道A语种设置界面

置翻译间1输出通道C的语种：可以在“无”和“全部”之间选择，如图3—2—29所示。

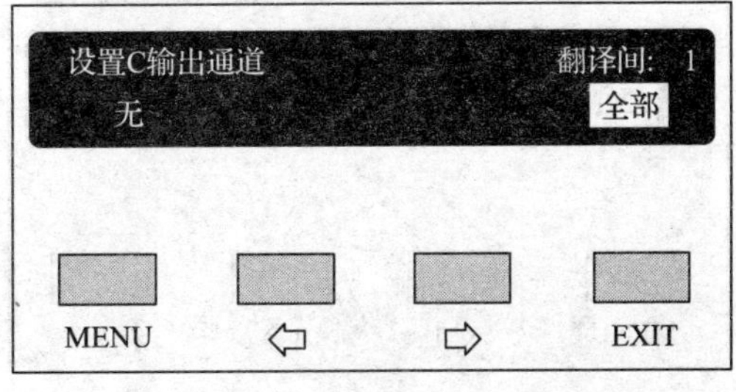

图3—2—29 通道C语种设置界面

选择“全部”，表示翻译间 1 的 C 通道输出可以在已设定的各通道间选择。

选择“无”，表示翻译间 1 的 C 通道不输出语种。

此时，输出通道 B 为指定语种：用“⇦/⇨”（左/右）键可以遍历通道语种设置步骤②中所设定的各通道语种，按“MENU”键确定，如图 3—2—30 所示。

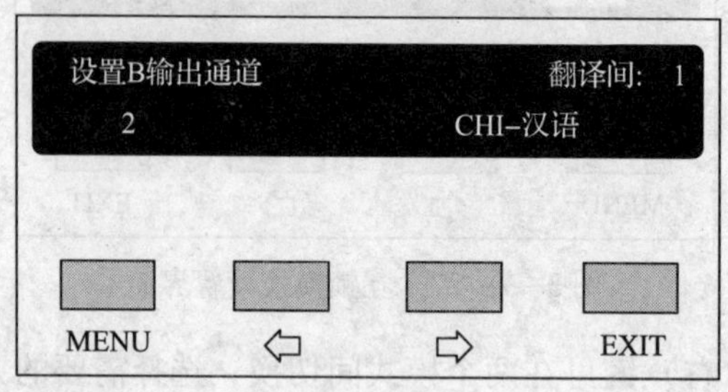

图 3—2—30　通道 B 语种设置界面

此时，输出通道 B 的语种设置可以在“无”和“全部”之间选择，如图 3—2—31 所示。

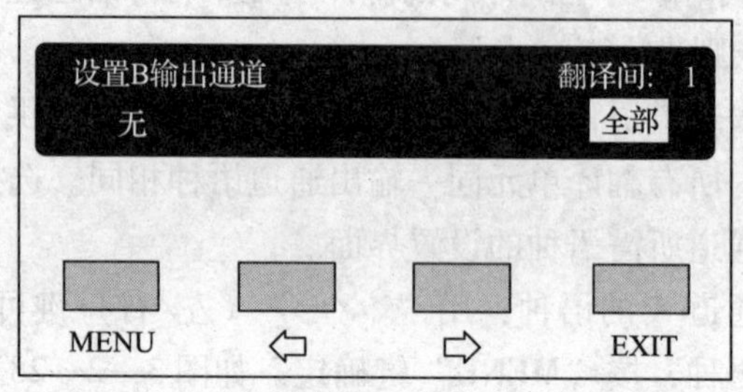

图 3—2—31　通道 B 输出语种开关设置界面

选择“无”，表示翻译间 1 的 B 通道不输出语种。

选择“全部”，表示翻译间 1 的 B 通道输出可以在已设定的各通道间选择。

选择完毕后按“MENU”键确认，进入下一翻译间输出通道语种的设置。

重复上述两个步骤，直至所有翻译间 A、B、C 输出通道语种设置完毕后，返回到主设置界面。

⑥设置翻译单元采样频率。选择翻译单元所采用的采样频率，可在 32 kHz 和 48 kHz 间进行选择。如果选择“48 kHz”采样频率，则系统频率响应可达 30 Hz 至 20 kHz；如果选择“32 kHz”采样频率，则系统频率响应为 30 Hz 至 16 kHz。如图 3—2—32 所示。

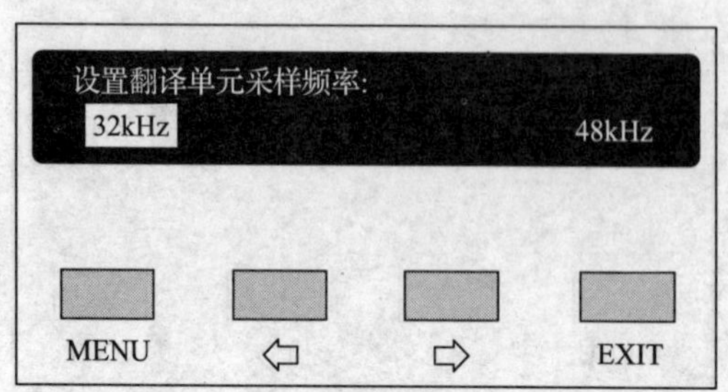

图 3—2—32　翻译单元采样频率设置界面

通过“⇦/⇨”（左/右）键选择“32 kHz”或“48 kHz”。按“MENU”键保存设置，并返回上一级菜单。

⑦设置未占用翻译通道是否自动切换原音。选择会议系统中未使用翻译通道时，设置是否将会议单元耳机音频输出自动切换到原声通道，如图 3—2—33 所示。

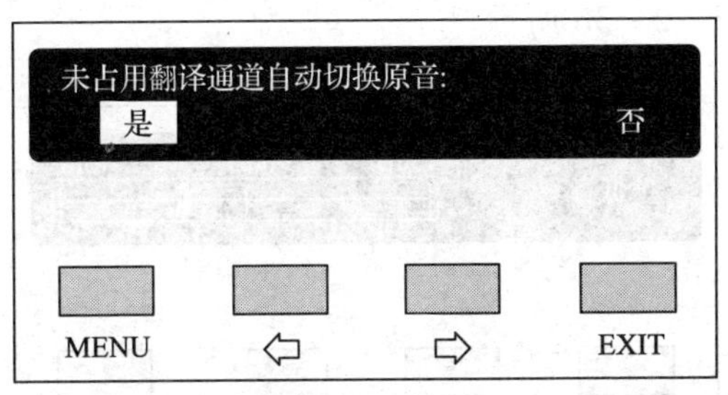

图 3—2—33　未占用翻译通道自动切换开关设置界面

通过“⇦/⇨”（左/右）键选择“是”或“否”。按“MENU”键保存设置，并返回上一级菜单。

⑧设置翻译单元是否显示时间。选择是否在翻译单元 LCD 屏上显示时间，如图 3—2—34 所示。

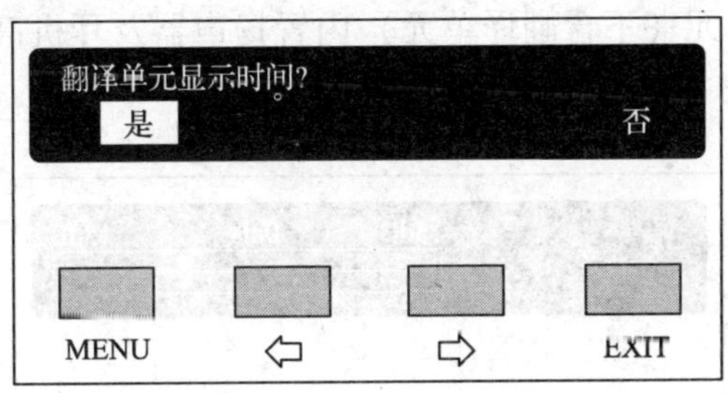

图 3—2—34　翻译单元时间显示设置界面

通过“⇦/⇨”（左/右）键选择“是”或“否”。按“MENU”键保存设置，并返回上一级菜单。

（3）Line in 2 设置

调节主机线路输入 2 音量，可调范围：mute（静音）、-30 ~ 0 dB，其设置界面如图 3—2—35 所示。

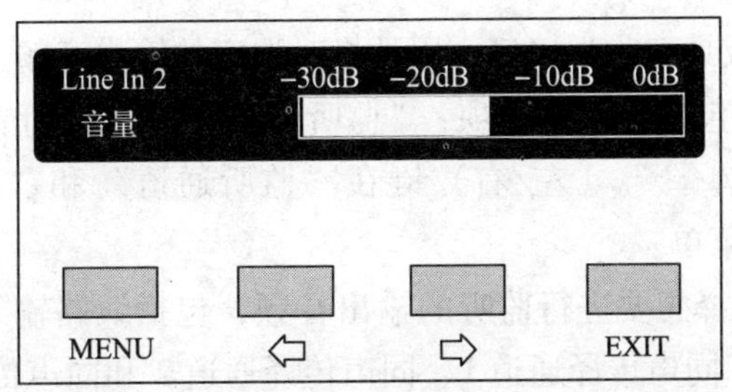

图 3—2—35　主机 Line in 2 设置界面

1）通过“⇦/⇨”（左/右）键调节。

2）按“MENU”键保存设置，并返回上一级菜单。

（4）设置下行音频低音

调节系统中各会议单元（不含翻译单元）内置扬声器及耳机低音。可调范围：－15 ~ 15 dB，其设置界面如图 3—2—36 所示。

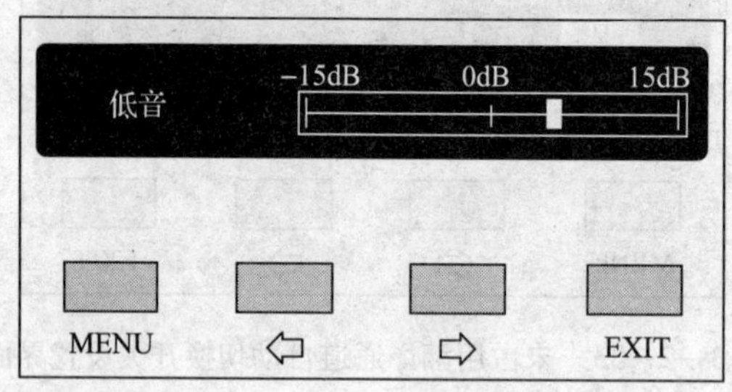

图 3—2—36　下行音频低音设置界面

1）通过“⇦/⇨”（左/右）键调节。

2）按“MENU”键保存设置，并返回上一级菜单。

（5）设置下行音频高音

调节系统中各会议单元（不含翻译单元）内置扬声器及耳机高音。可调范围：－15 ~ 15 dB，其设置界面如图 3—2—37 所示。

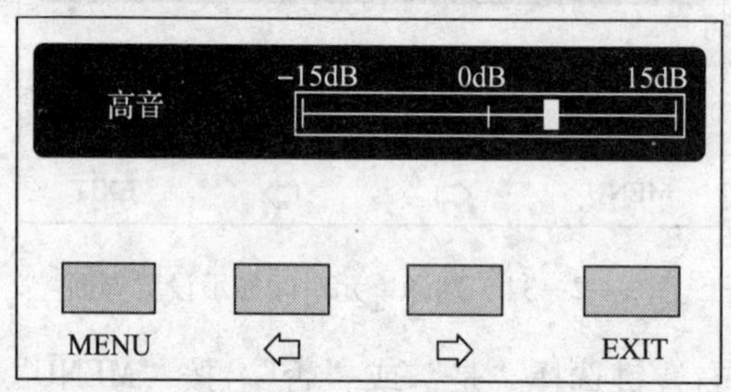

图 3—2—37　下行音频高音设置界面

1）通过“⇦/⇨”（左/右）键调节。

2）按“MENU”键保存设置，并返回上一级菜单。

（6）前面板监听设置

会议系统主机前面板具有监听接口，用耳机对选定的输出音频进行监听。

“前面板监听设置”包括两个菜单项：“监听通道”和“监听音量”，其设置界面如图 3—2—38 所示。通过“⇦/⇨”（左/右）键在“监听通道”和“监听音量”间切换。按“MENU”键进入下一级菜单。

1）“监听通道”。选择想要进行监听的输出音频，包括线路输入 1、线路输入 2、线路输出、麦克风混音输出、同声传译通道 1、同声传译通道 2 和同声传译通道 3，如图 3—2—39 所示。

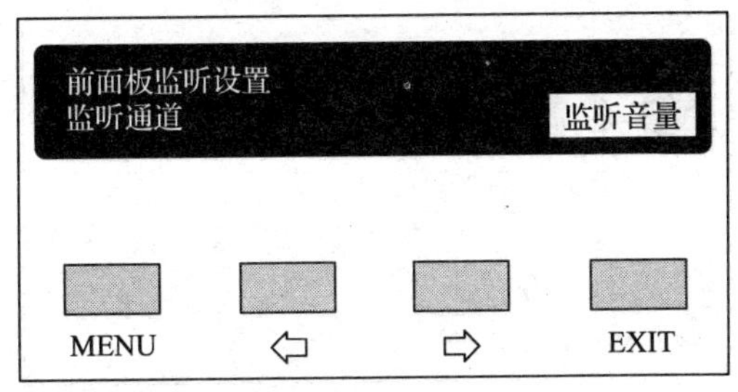

图 3—2—38 前面板监听设置界面

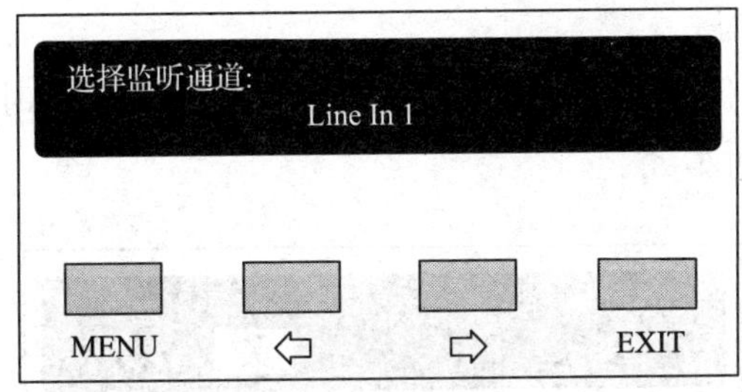

图 3—2—39 监听通道设置界面

①通过“⇦/⇨”（左/右）键选择监听通道。

②按“MENU”键保存设置，并返回上一级菜单。

2）“监听音量”。调节耳机监听音量，可调范围：－30～0 dB，如图 3—2—40 所示。

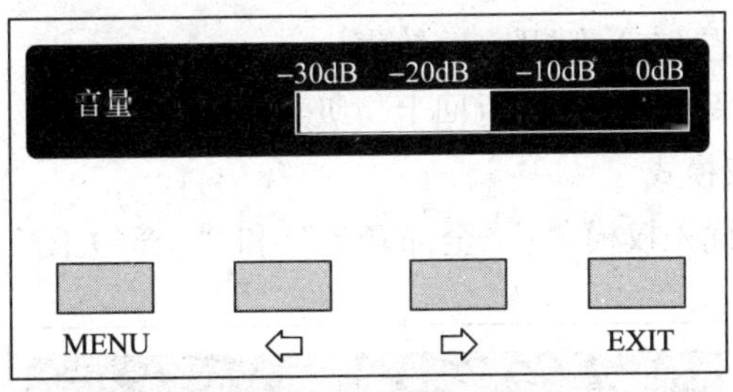

图 3—2—40 监听音量设置界面

①通过“⇦/⇨”（左/右）键调节音量大小，长按“⇦/⇨”（左/右）键可以快速调整数值。

②按“MENU”键保存设置，并返回上一级菜单。

（7）耳机自动衰减设置

会议单元插上耳机后，再开启本机话筒易产生啸叫。耳机衰减功能用于抑制啸叫。启用耳机自动衰减功能后，开启本机话筒，耳机信号电平自动衰减 12 dB，如图 3—2—41 所示。

1）通过“⇦/⇨”（左/右）键选择是否开启耳机自动衰减。

2）按“MENU”键保存设置，并返回上一级菜单。

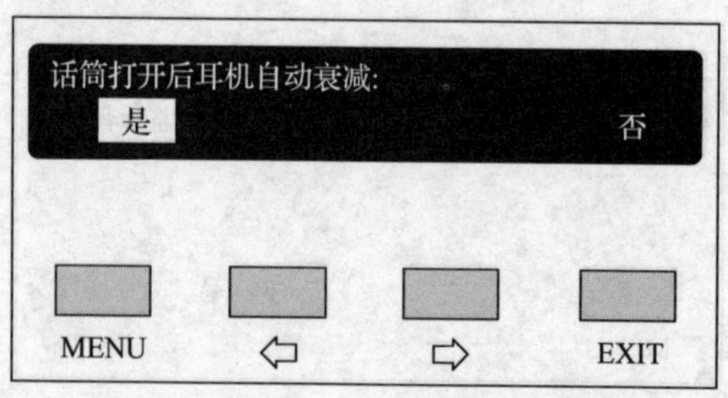

图 3—2—41　耳机自动衰减设置界面

（8）铃声设置

选择申请发言、按下优先权按键及定时发言时间提示等事件时，是否有铃声提示，其设置界面如图 3—2—42 所示。

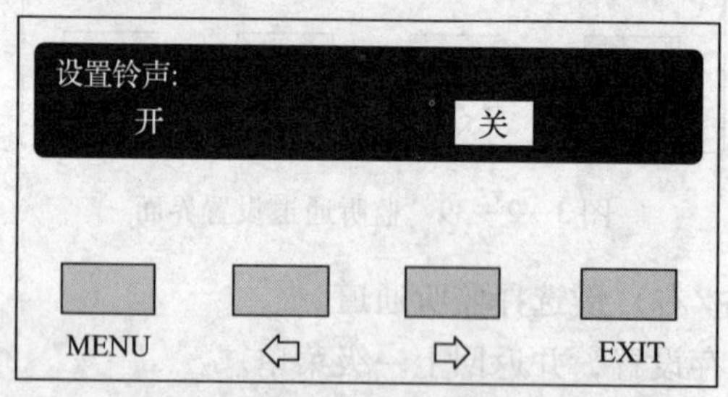

图 3—2—42　铃声提示设置界面

1）通过“⇦/⇨”（左/右）键开、关铃声。

2）按“MENU”键保存设置，并返回上一级菜单。

（9）设置主席优先权模式

“优先权”包括两个优先权模式：“全部静音”和“全部关闭”。如图 3—2—43 所示。

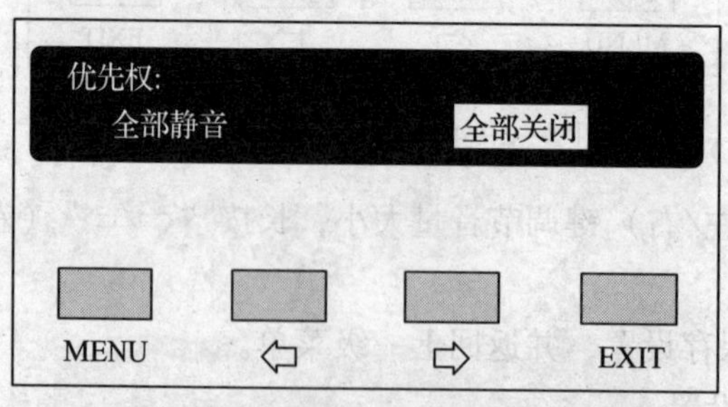

图 3—2—43　主席优先权模式设置界面

1）通过“⇦/⇨”（左/右）键选择主席单元优先权模式为“全部静音”或“全部关闭”。

2）按“MENU”键保存设置，并返回上一级菜单。

“全部静音”：会议进行时，如果主机设置的主席优先权模式为“全部静音”，则主席

按下优先权按键，会将所有开启的会议单元暂时静音，松开按键后，被静音的会议单元恢复开启状态。

“全部关闭”：如果主机设置的主席优先权模式为“全部关闭”，则主席按下优先权按键，会将所有开启的会议单元关闭。

（10）麦克风参数设置

1）“麦克风增益设置”。“麦克风增益设置”包括两个菜单项：“设置所有麦克风”和“设置打开麦克风”，如图 3—2—44 所示。

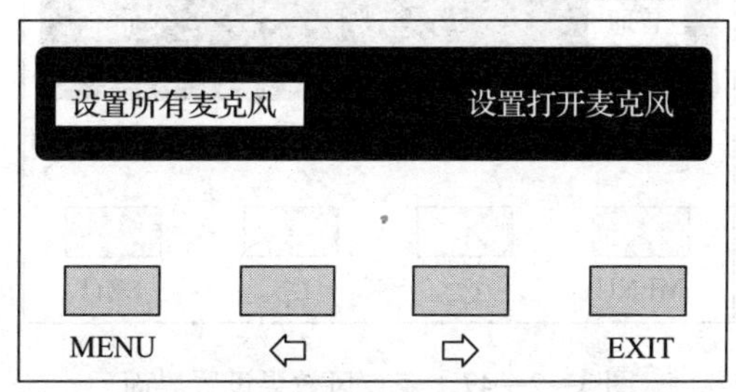

图 3—2—44 麦克风增益设置界面

“麦克风增益设置”设为“设置所有麦克风”，如图 3—2—45 所示。

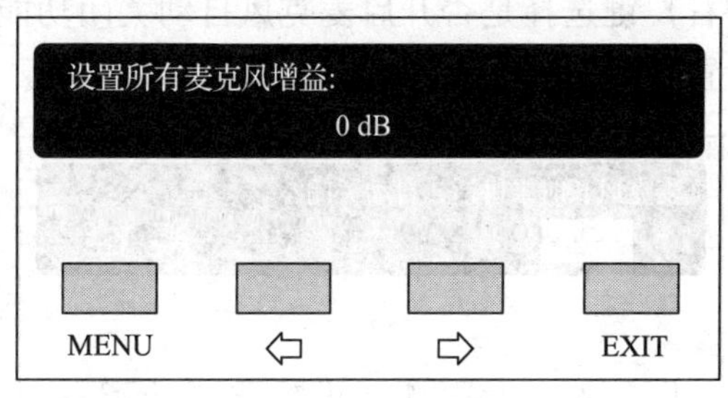

图 3—2—45 所有麦克风增益设置界面

①通过“⇦/⇨”（左/右）键调节所有麦克风增益，范围为 - 12 ~ 12 dB。

②设置完毕，按“MENU”键保存设置，并返回上一级菜单。

“麦克风增益设置”设为“设置打开麦克风”，如图 3—2—46 所示。

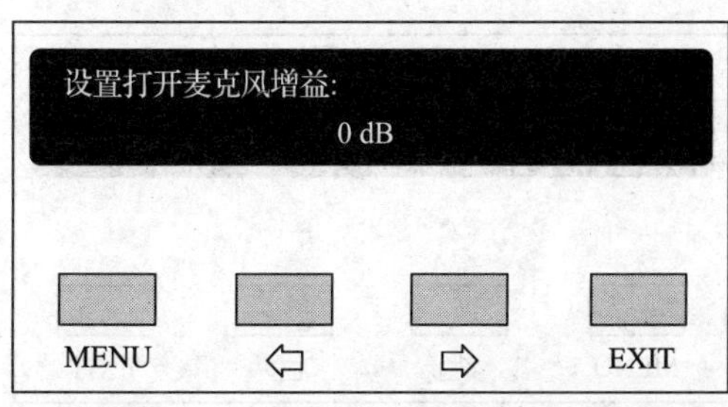

图 3—2—46 打开麦克风增益设置界面

①通过“⇦/⇨”（左/右）键调节打开麦克风增益，范围为 -12 ~ 12 dB。

②设置完毕，按“MENU”键保存设置，并返回上一级菜单。

2）“麦克风低音”：与设置麦克风增益方法相同。

3）“麦克风高音”：与设置麦克风增益方法相同。

4）“麦克风效果”。主机预设四种麦克风效果，不同效果下，麦克风高、低音有所不同。可根据会议类型选择需要的麦克风效果，其设置界面如图 3—2—47 所示。

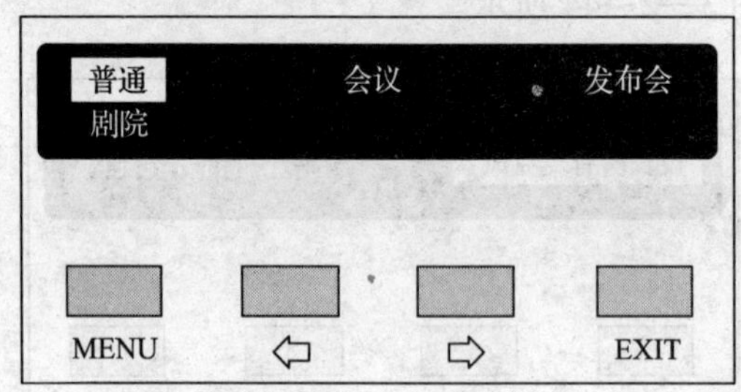

图 3—2—47　麦克风效果设置界面

①通过“⇦/⇨”（左/右）键可在四个模式间切换，选择需要的效果。

②按“MENU”键保存设置，并返回上一级菜单。

（11）麦克风自动关闭设置

通过“⇦/⇨”（左/右）键选择是否开启麦克风自动关闭功能，即话筒在沉默一段时间后是否自动关闭，其设置界面如图 3—2—48 所示。

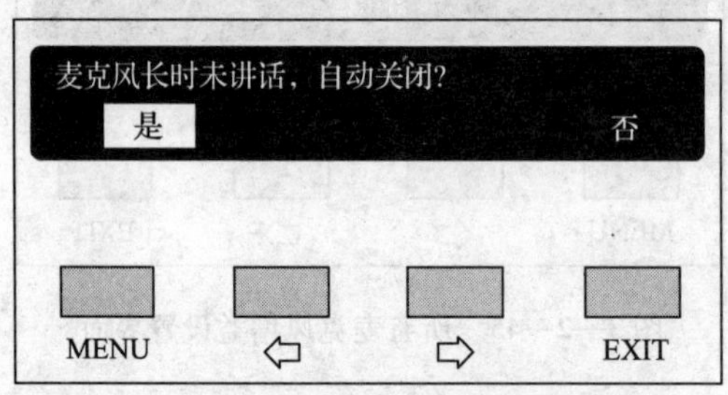

图 3—2—48　麦克风自动关闭设置界面

选择“是”：启用话筒自动关闭功能，并对话筒自动关闭时间进行设置，如图 3—2—49 所示。

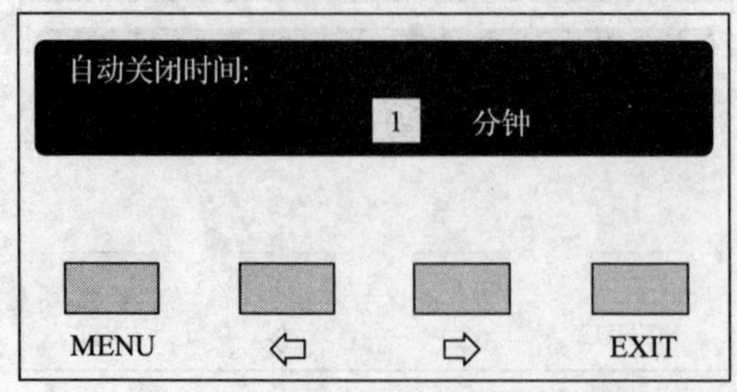

图 3—2—49　麦克风自动关闭时间设置界面

1）通过“⇦/⇨”（左/右）键调节话筒自动关闭时间，范围为1～59 min。

2）按“MENU”键保存设置，并返回上一级菜单。

选择“否”：不启用话筒自动关闭功能，并返回上一级菜单。

（12）载波使用顺序设置

载波使用顺序设置界面如图3—2—50所示。

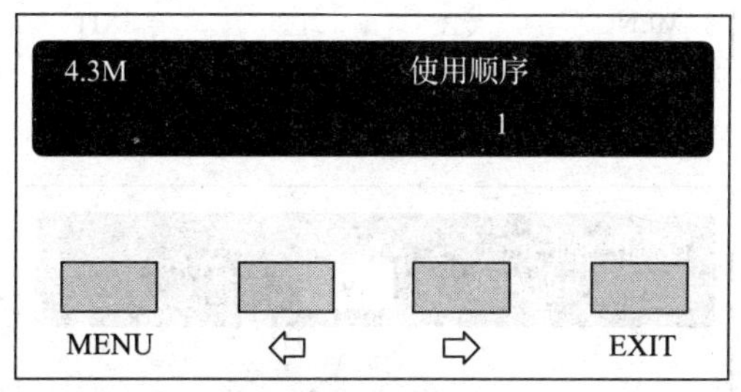

图3—2—50　载波使用顺序设置界面

1）通过“⇦/⇨”（左/右）键调节载波顺序，范围为1～4。

2）按“MENU”键保存设置，并进入下一载波设置界面。

3）所有载波设置完毕，按“MENU”键保存设置，并返回上一级菜单。

（13）语言设置

语言设置界面如图3—2—51所示。

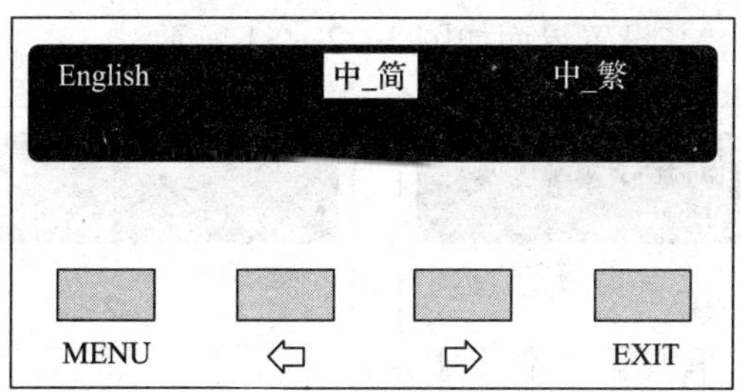

图3—2—51　语言设置界面

1）按“⇦/⇨”（左/右）键可在简体中文、繁体中文和英语之间切换，选择所需的语言。

2）按“MENU”键保存设置，并返回上一级菜单。

（14）网络设置

“网络设置”子菜单包括“IP地址”“子网掩码”和“网关”，如图3—2—52所示。

1）给红外无线会议系统主机指定唯一的IP地址

①选择IP地址后，按“MENU”键进入设置IP地址界面，如图3—2—53所示。

②通过“⇦/⇨”（左/右）键可以遍历IP地址的四个点分十进制数值。

③按“MENU”键选中相应的数值。

④按“⇦/⇨”（左/右）键调整数值，长按“⇦/⇨”（左/右）键可以快速调整数值。

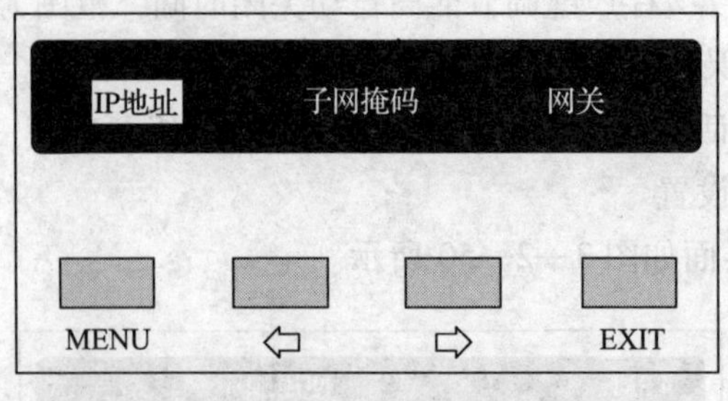

图 3—2—52 网络设置界面

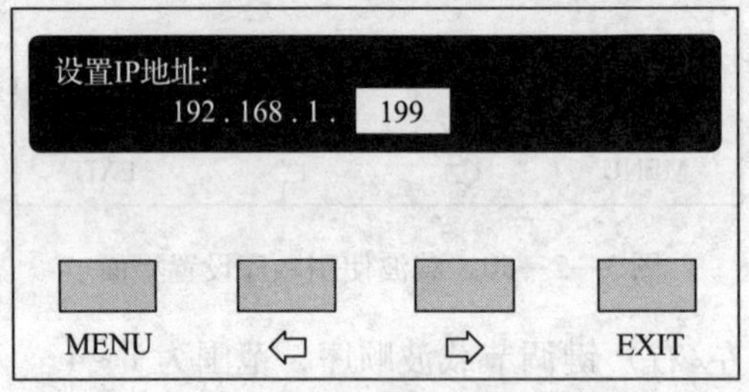

图 3—2—53 主机 IP 地址设置界面

⑤选择好相应的数值后，按“EXIT”键返回上一级菜单。

2）设置子网掩码和网关。与设置 IP 地址方法相同。

（15）时间设置

对当前时间进行设置，其设置界面如图 3—2—54 所示。

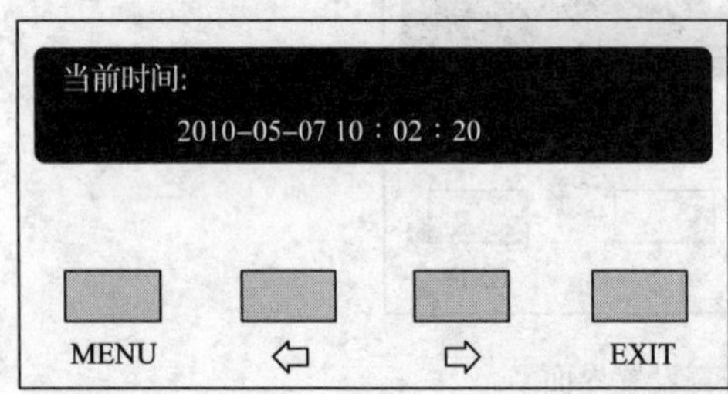

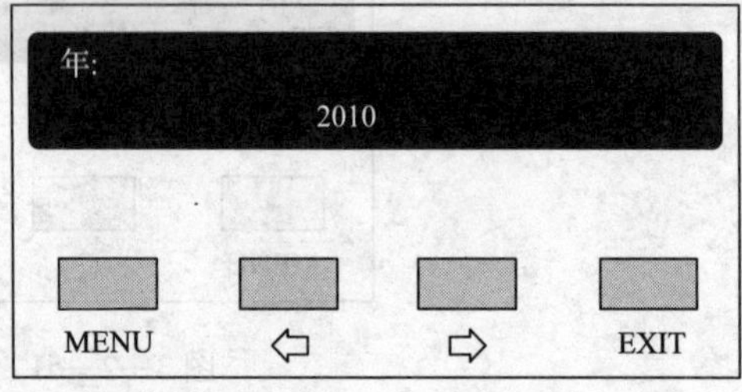

图 3—2—54 当前时间设置界面

1）按“MENU”键依次进入“年”“月”“日”“时”和“分”设置菜单。

2）通过“⇦/⇨”（左/右）键调整数值，长按“⇦/⇨”（左/右）键可以快速调整数值。

3）设置完毕，按“MENU”键保存设置，并返回上一级菜单。

（16）视频跟踪设置

选择是否允许视频跟踪功能，如图 3—2—55 所示。

1）通过“⇦/⇨”（左/右）键选择“是”或“否”。

选择“是”表示允许视频跟踪。

选择“否”表示不允许视频跟踪。

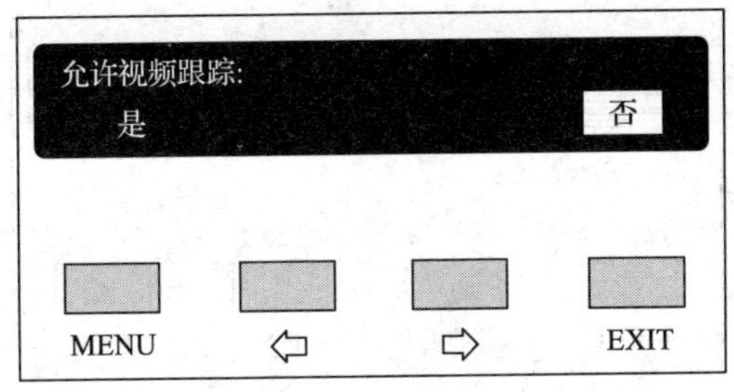

图 3—2—55　视频跟踪设置界面

2）按“MENU”键保存设置，并返回上一级菜单。

（17）系统测试

“系统测试”子菜单如图 3—2—56 所示，包括“LCD”和“LEDs”两种。

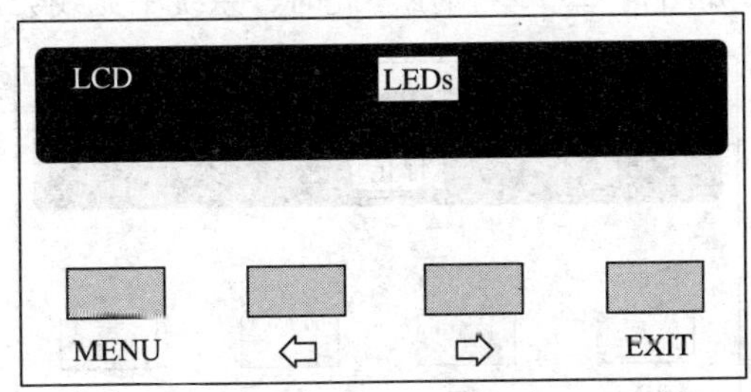

图 3—2—56　系统测试界面

1）“LCD”

①按“⇦/⇨”（左/右）键选中“LCD”，并按“MENU”键确定，进入 LCD 屏测试界面，立即开始 LCD 屏的列扫描，如图 3—2—57 所示。

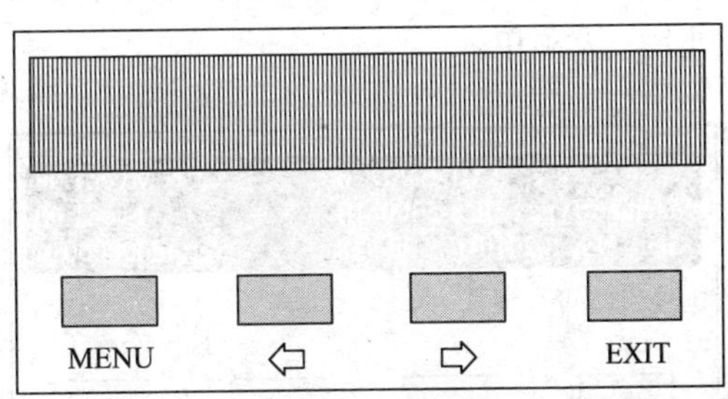

图 3—2—57　LCD 测试列扫描界面

②第一次列扫描完成，按任意键，可进行第一次行扫描，如图 3—2—58 所示。

③第一次行扫描完成，按任意键，可进行第二次扫描。

④再按任意键，进行全屏点扫描。

⑤扫描完成后，按任意键返回上一级菜单。

注意：

①结合软件控制时，此功能设置必须与软件设置的内容一致，否则会导致连接问题。

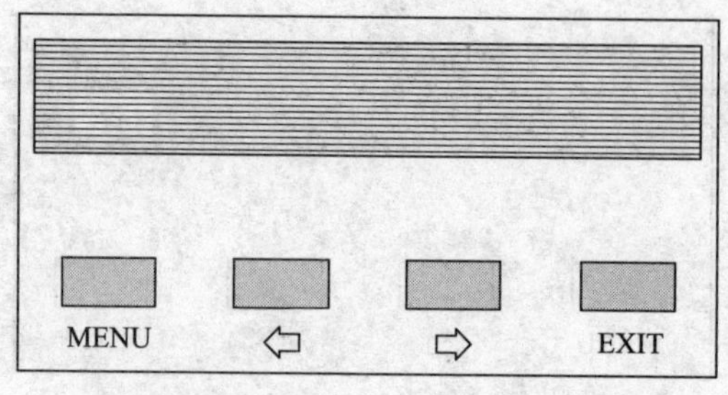

图 3—2—58　LCD 测试行扫描界面

②在菜单设置过程中，除“网络设置”外，其余各项设置的改动均需通过“MENU”键保存退出，按“EXIT”键退出不保存当前设置。

2）“LEDs”。按“⇦/⇨”（左/右）键选中“LEDs”，并按“MENU”键确定，进入无线会议单元 LED 测试界面，如图 3—2—59 所示。此时，系统中无线会议单元的所有 LED 闪烁。

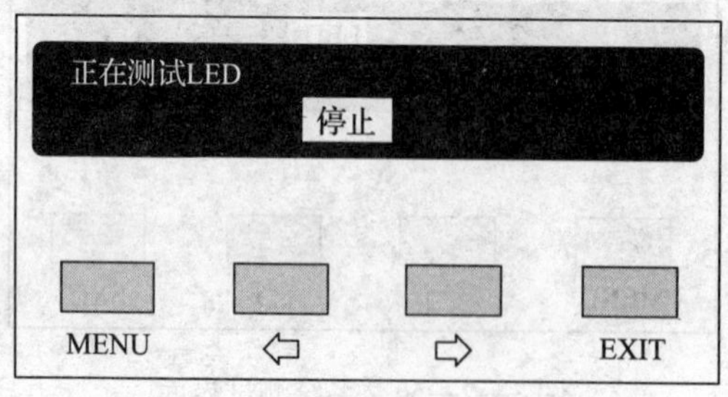

图 3—2—59　LED 测试界面

按“MENU”键确定退出 LED 测试状态。

（18）关于

显示红外无线会议系统主机软件的版本号、产品公司信息以及产品的序列号，如图 3—2—60 所示。按任意键返回上一级菜单。

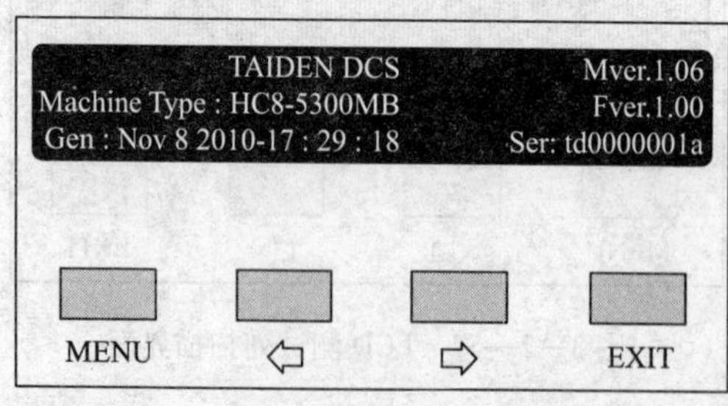

图 3—2—60　主机产品信息界面

（19）音量调节

可以通过会议系统主机前面板的音量调节旋钮—线路输入 1（Line In 1 VOL.）电平调节旋钮、主音量调节旋钮（MASTER VOLUME）来调节相应音量。同时，前面板的 LCD 屏会显示相应的调节界面，如图 3—2—61 所示。

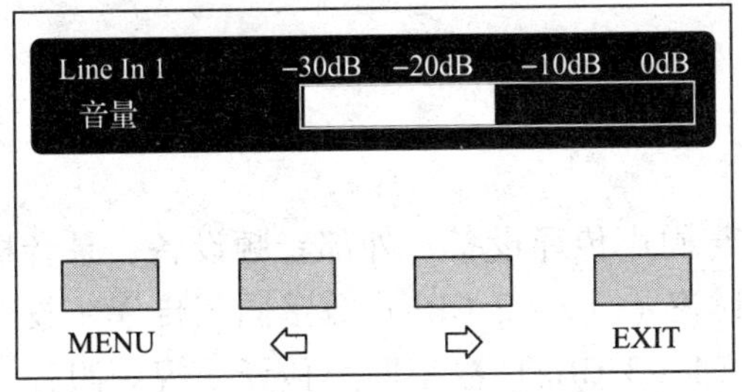

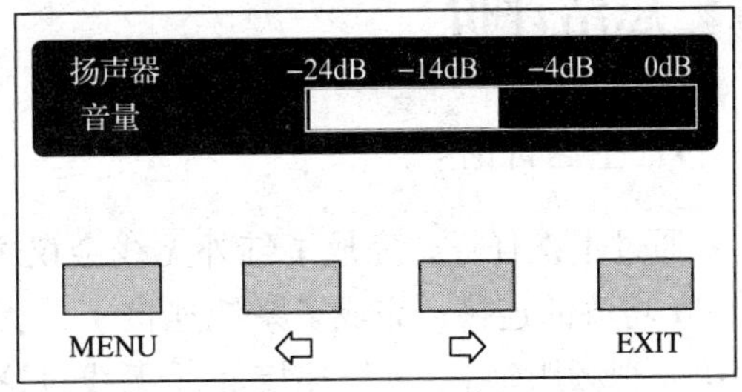

图 3—2—61　音量调节设置界面

(20) 连接计算机

通过会议管理系统软件将主机与操作计算机连接后，主机前面板被锁定，不能对主机的前面板进行设置操作。此时，主机 LCD 屏显示如图 3—2—62 所示。

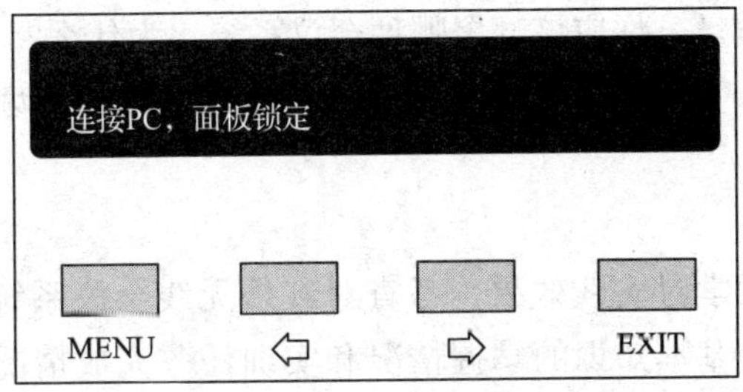

图 3—2—62　连接计算机界面

8. 测试通信质量

红外无线会议系统设备连接后，接通电源，开启系统，测试会议代表单元与主席单元之间的通信质量，测试会议代表单元和主席单元的基本功能，填写实训记录表 3—2—2。

表 3—2—2　　红外无线会议系统实训记录表

序号	测试设备	规格型号	通信质量	备注

9. 还原实训现场

整理清洁现场，设备系统还原。通电验收检查，填写设备使用记录，设备移交，实训结束。

总结评价

1. 主题讨论

通过本次任务，完成了红外无线会议主机与同声传译设备、外部音频设备、录音机和 PA 功放的连接；完成了系统连接Ⅰ［无线讨论＋（1＋3 CHs）数字同声传译＋投票表决＋视频跟踪］、系统连接Ⅱ［无线讨论＋（1＋3 CHs）数字同声传译＋视频跟踪＋中控］和系统连接Ⅲ［无线讨论＋视频跟踪＋中控］；完成了红外无线会议系统主机的配置；完成了会议代表单元与主席单元的通信测试和基本功能测试。请各个小组讨论并回答下列问题：

（1）红外无线会议系统与有线会议系统有什么区别？各有什么优缺点？

（2）在条件许可的情况下，你喜欢部署红外无线会议系统还是有线会议系统？为什么？为了保证会议信号传输质量，你应该部署哪种会议系统，为什么？

（3）在实际应用中，是否应结合具体情况，灵活地混合部署两种会议系统？

2. 填写实训评价表

为了检验本次任务的学习实践效果，考查对红外无线会议系统主机的概念、结构、原理、安装、连接、配置等基本知识的掌握情况和实训任务完成情况，根据实训表现和实训效果，结合口试成绩，以分值的方式进行总结评价并填写评价表 3—2—3，给出本任务完成情况的实训成绩。

表 3—2—3　　红外无线会议系统学习评价表

能力		评价项目	配分（总分 100）	自我评价	同学评价	教师评价
职业能力	理论	准确理解红外无线会议系统主机的概念	5			
		准确理解红外无线会议系统主机的组成结构	5			
		准确理解红外无线会议系统主机的控制原理	5			
		能正确记录实验室设备的名称及型号	5			
	实践	能正确连接同声传译设备	10			
		能正确连接外部音频设备、录音机和 PA 功放	10			
		能正确完成三种系统连接	10			
		配置红外无线会议系统主机	20			
		测试话筒、LCD、按键、扬声器、LED 等外部设备	5			
		测试发言、表决、讨论等各种会议功能	5			
		现场整理与设备移交（其中，未切断总电源扣 2 分，未移交扣 1 分，未清理扣 1 分，清理不干净扣 1 分）	5			

续表

<table>
<tr><td>能力</td><td>评价项目</td><td>配分
（总分 100）</td><td>自我
评价</td><td>同学
评价</td><td>教师
评价</td></tr>
<tr><td rowspan="3">通用
能力</td><td>观察能力</td><td>5</td><td></td><td></td><td></td></tr>
<tr><td>动手能力</td><td>5</td><td></td><td></td><td></td></tr>
<tr><td>自我提高能力</td><td>5</td><td></td><td></td><td></td></tr>
<tr><td rowspan="2">自我
评价</td><td rowspan="2"></td><td>综合
评分</td><td colspan="3" rowspan="2">自己签名：</td></tr>
<tr><td></td></tr>
<tr><td rowspan="2">小组
评价</td><td rowspan="2"></td><td>综合
评分</td><td colspan="3" rowspan="2">组长签名：</td></tr>
<tr><td></td></tr>
<tr><td rowspan="2">教师
评价</td><td rowspan="2"></td><td>综合
评分</td><td colspan="3" rowspan="2">教师签名：</td></tr>
<tr><td></td></tr>
</table>

任务三　规划与安装数字红外收发器

任务描述

1. 规划数字红外收发器
2. 规划会议主机与收发器之间的线路
3. 安装数字红外收发器
4. 连接数字红外收发器与会议主机

基础知识

1. 数字红外收发器结构组成

数字红外收发器是利用红外光作为载波发送或接收音视频数据的设备。数字红外收发器主要有吸顶式和吊杆式两种，其具体组成如图 3—3—1 所示。

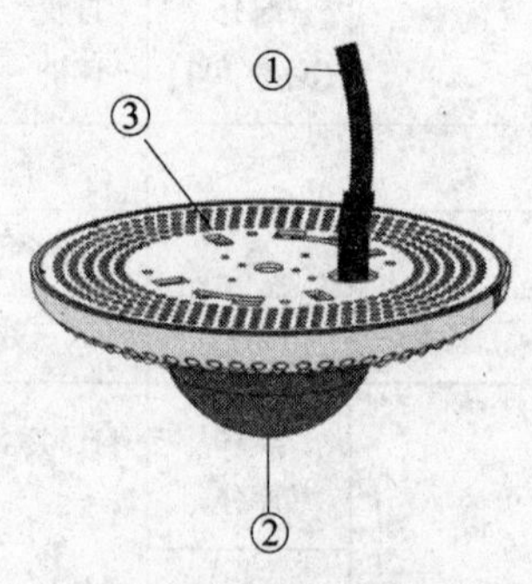

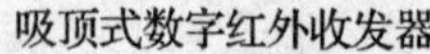
吸顶式数字红外收发器

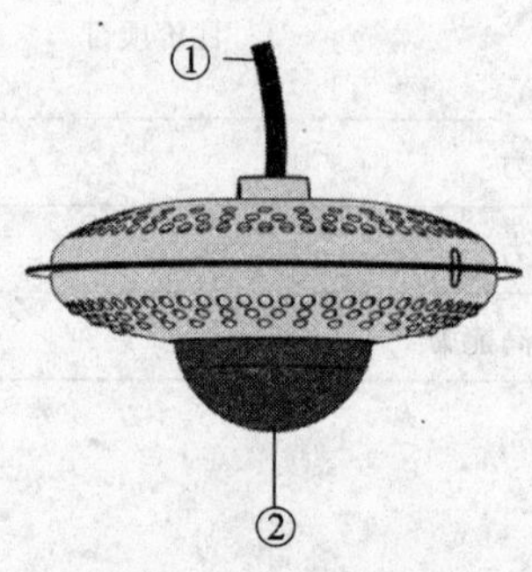

吊杆式数字红外收发器

图 3—3—1　数字红外收发器

图 3—3—1 中，①为收发器电缆，长度约 2 m；②为电源指示灯，数量 1 个；③为辐射区选择开关，数量 4 个。

吊杆式数字红外收发器内置 4 个辐射区选择开关，缺省设置均为"ON"，在实际应用中根据需要，拆开上盖，关闭其中某一个或几个辐射区。

数字红外收发器需结合数字红外收发器分路器使用，数字红外收发器分路器结构如图 3—3—2 所示，①为连接至主机数字红外收发器接口；②为数字红外收发器接口，数量 4 个。

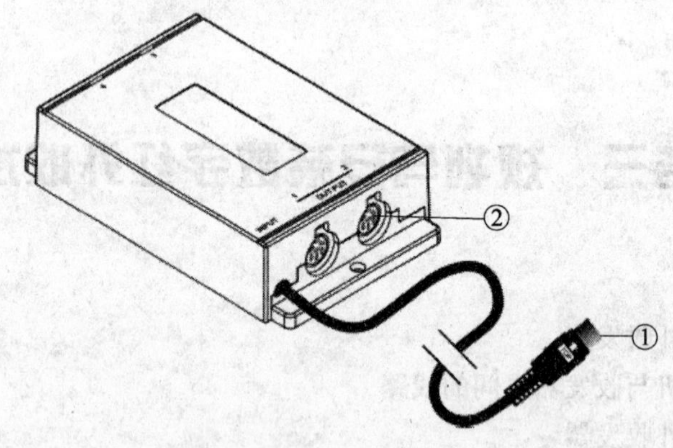

图 3—3—2　数字红外收发器分路器

2. 数字红外收发器信号覆盖区

数字红外收发器信号覆盖区大小由产品决定，不同产品覆盖区不同。数字红外收发器产品类型主要有吸顶式宽角型、吊杆式宽角型、吸顶式窄角型、吊杆式窄角型和支架式五种，其具体覆盖情况如图 3—3—3 所示。

3．规划数字红外收发器要点

由于红外无线会议系统对红外信号的强度及稳定性有极高的要求，所以，在进行数字红外收发器的安装前，须详细了解影响红外信号传输的各个因素，并在系统规划时将这些因素加以考虑。

（1）避免阳光直射

将数字红外收发器暴露于阳光下或安装在接近红外光源的环境中，有可能导致系统失效或有杂音，如图3—3—4所示。为保证红外信号的强度及稳定性，应尽可能避免将数字红外收发器安装于近似红外光源的环境。

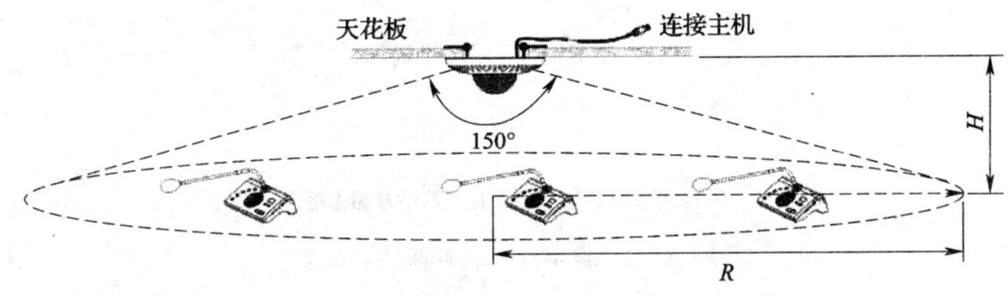

吸顶式宽角型数字红外收发器信号覆盖区

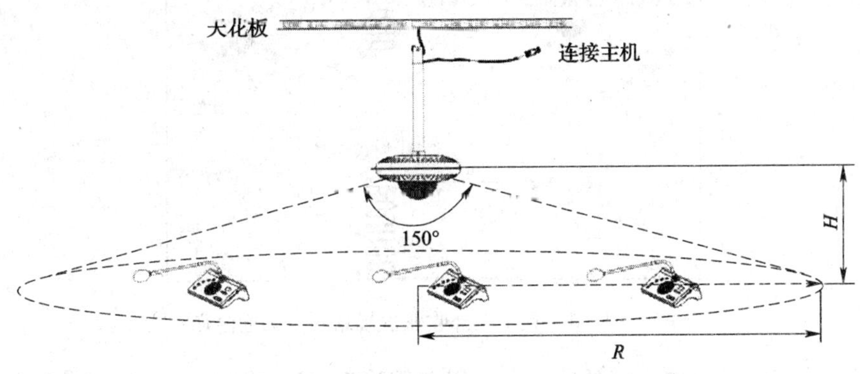

吊杆式宽角型数字红外收发器信号覆盖区

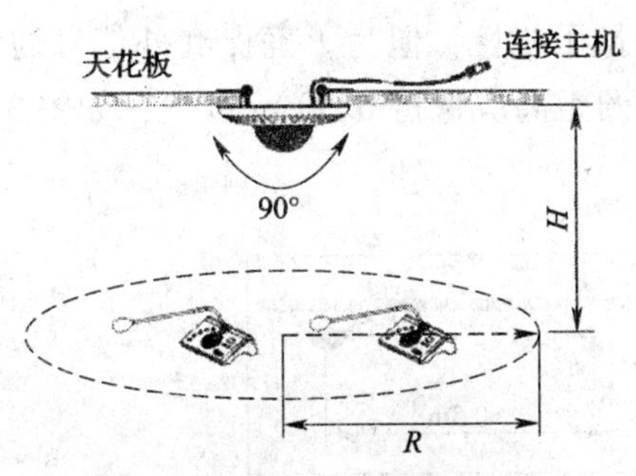

吸顶式窄角型数字红外收发器信号覆盖区

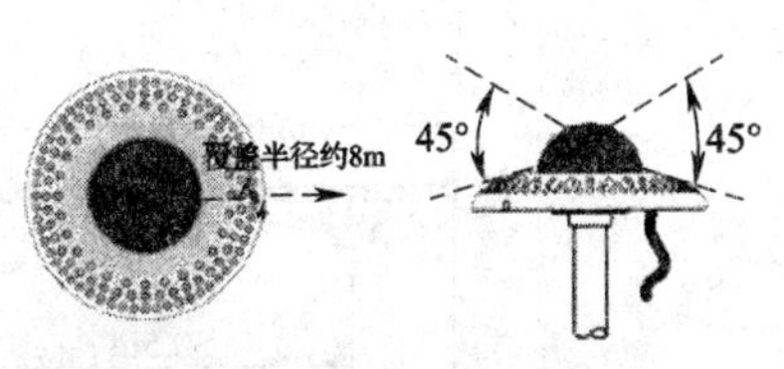

支架式数字红外收发器信号覆盖区

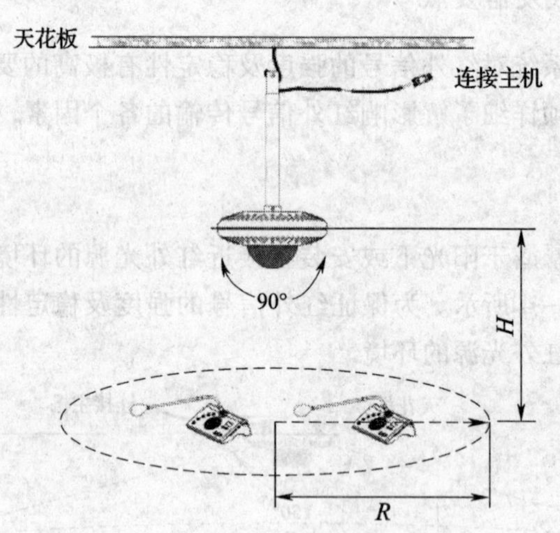

图 3—3—3　数字红外收发器信号覆盖区

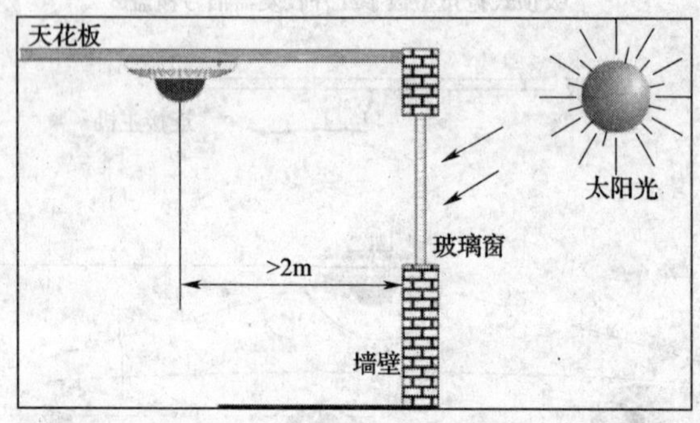

图 3—3—4　数字红外收发器规划——靠近窗户

1）拉上窗帘或遮挡数字红外收发器，以免阳光直射。

2）数字红外收发器的安装位置离最近的窗户的距离大于 2 m。

（2）远离照明设备

虽然红外无线会议系统对环境灯光有极强的抗干扰性，但为了确保红外信号的强度及稳定性，数字红外收发器的安装位置离照明设备的距离应保持 0.50 m 以上，如图 3—3—5 所示。

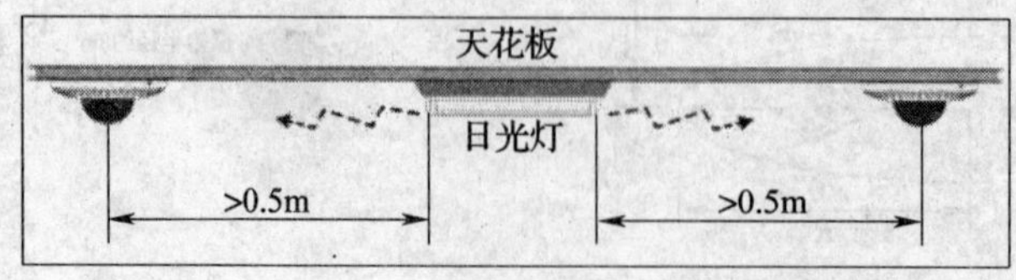

图 3—3—5　数字红外收发器规划——靠近照明设备

注意：如果照明设备安装位置高于数字红外收发器，则可以不考虑其干扰。

（3）远离墙壁、柱子及其他障碍物

由于会场中物体会使红外线发生反射，因此，应避免在安装数字红外收发器时紧挨墙壁、柱子或其他障碍物。否则，数字红外收发器自身发出的红外信号经反射后再被其接收，有可能引起误操作，如图3—3—6所示。

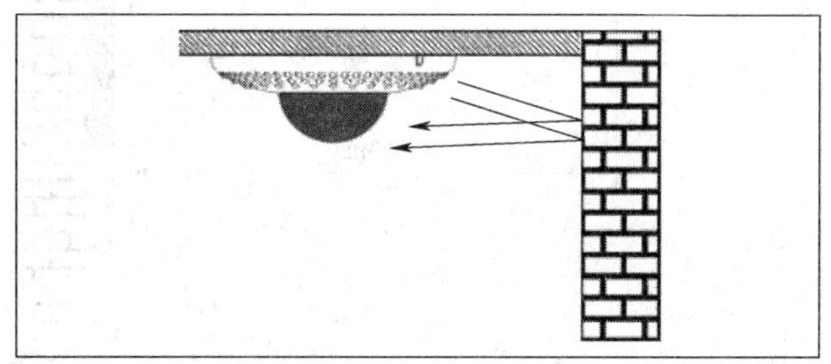

图3—3—6　数字红外收发器规划——信号反射

数字红外收发器的安装位置与障碍物至少保持30 cm的距离，以免受其影响。

注意：

①如果会场中存在易反射的表面（如镜子），则反射引起的干扰仍然存在。

②特殊情况下，如数字红外收发器安装于大型会场，会场中央的柱子造成的反射也有可能形成干扰。

（4）保持每个会议单元与一个以上数字红外收发器通信

如图3—3—7所示，前排的代表起立发言时，会议单元的红外信号接收将受到影响。为了确保红外信号的强度及稳定性，代表单元按前后排安排的会场中，应保证每个会议单元能同时与两个以上数字红外收发器通信。

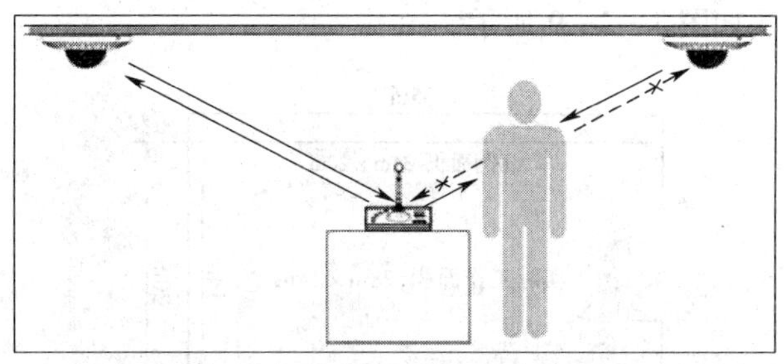

图3—3—7　数字红外收发器规划——动态阻挡

同样，必须保持每个会议单元的发送器与一个以上的数字红外接收器通信。

（5）不宜使用等离子显示器

规划红外无线会议系统时，会场不宜使用等离子显示器。如图3—3—8所示，若必须使用等离子显示器，应避免在距离等离子显示器3 m范围内使用红外无线会议单元和安装数字红外收发器；或者在等离子显示器屏幕上加装红外线过滤装置。

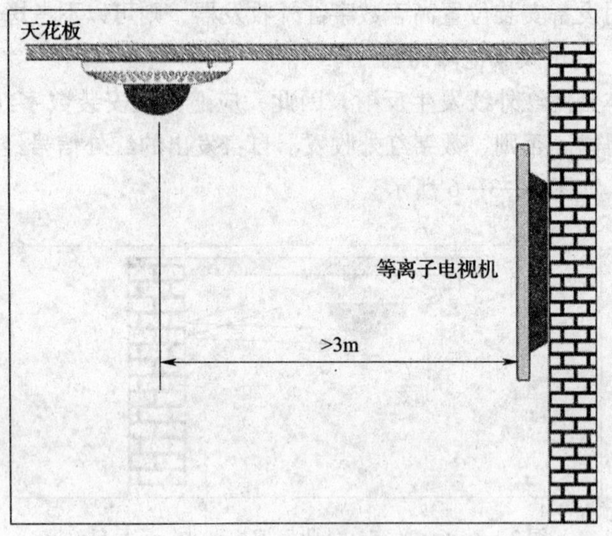

图 3—3—8　数字红外收发器规划——靠近等离子设备

任务实施

1. 规划数字红外收发器

数字红外收发器的信号覆盖区域取决于会议单元到数字红外收发器之间的距离。必须根据会议室高度选择适当的数字红外收发器型号，并合理摆放数字红外收发器，使所有会议单元都在其覆盖范围之内。

（1）数字红外收发器规划步骤

1）确定系统实际工作面积，即有会议单元工作的区域。对于长 35 m、宽 20 m 房间的实际工作面积计算方法如图 3—3—9 所示。

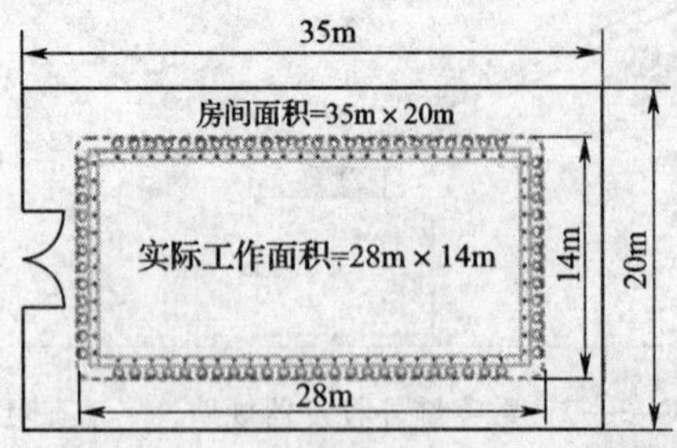

图 3—3—9　房间面积与实际工作面积

2）根据会场高度选择适当的数字红外收发器型号，并确定单个数字红外收发器的覆盖面积，如图 3—3—3 所示。

3）根据单个数字红外收发器的覆盖面积及系统实际工作面积，规划足够数量的数字红外收发器，使其覆盖面积足以覆盖整个工作区域，如图 3—3—10 所示。

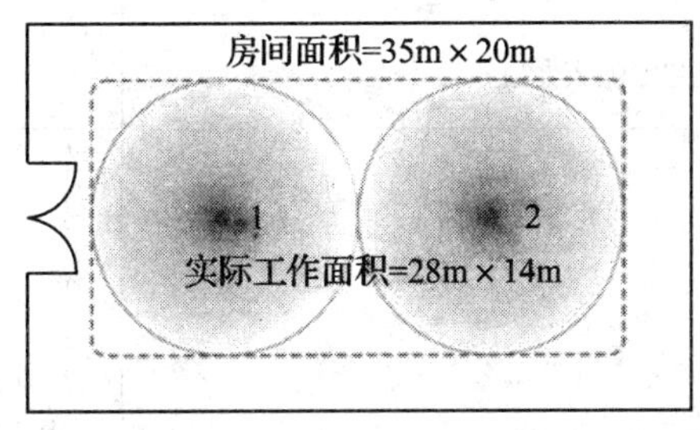

图 3—3—10 两个数字红外收发器无法覆盖整个实际工作区域

显然，只在工作区内放置两个数字红外收发器无法完全覆盖整个工作区域，所以，须选择在工作区内均匀地放置 4 个数字红外收发器，各个数字红外收发器红外工作区的相交边缘产生的“重叠效应”，足以使红外信号覆盖空白区域，如图 3—3—11 所示。

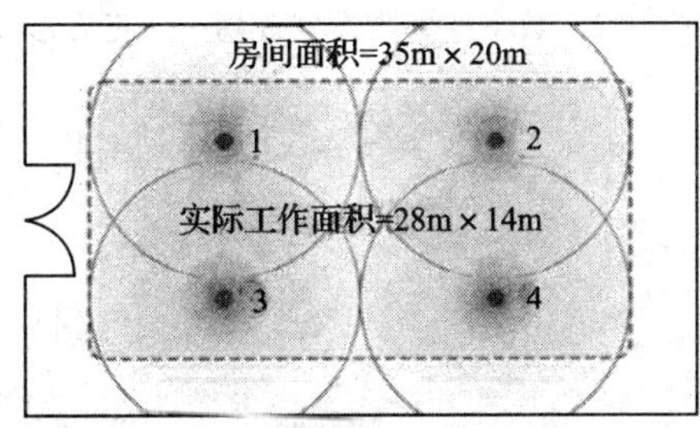

图 3—3—11 4 个数字红外收发器可覆盖整个实际工作区域

4）确定主机及分路器的位置，按照“主机与收发器之间的线路规划”内容进行规划并连线。

注意：

①实际应用中，信号覆盖区域通常会小于整个会场面积，所以，要先确定会议单元的实际工作面积及其位置。

②要避免“多径效应”，各数字红外收发器与主机之间的电缆长度必须相等。

（2）数字红外收发器规划方法

1）正方形会场规划方法。一个正方形空间，按照图 3—3—12 所示的间隔方法摆放数字红外收发器，可以使工作区覆盖会场的每个角落。

2）圆形会场规划方法。若所有的会议单元都在单个数字红外收发器的圆形覆盖区域内，则只需要一个数字红外收发器就可以覆盖所有的会议单元，如图 3—3—13 所示。

然而，为了避免通信的意外中断，应安装两个或多个数字红外收发器。

3）长方形会场规划方法。在面积相同的长方形会场中，数字红外收发器的位置规划取决于座位的摆放，如图 3—3—14 和 3—3—15 所示，两图分别为环式和议会式座位摆放风格。

下面逐项介绍环式和议会式[①]两种座位摆放风格理想的收发器位置规划。

---

① 议会式是指会议设备和桌椅布局便于讨论或分组讨论的一种模式。

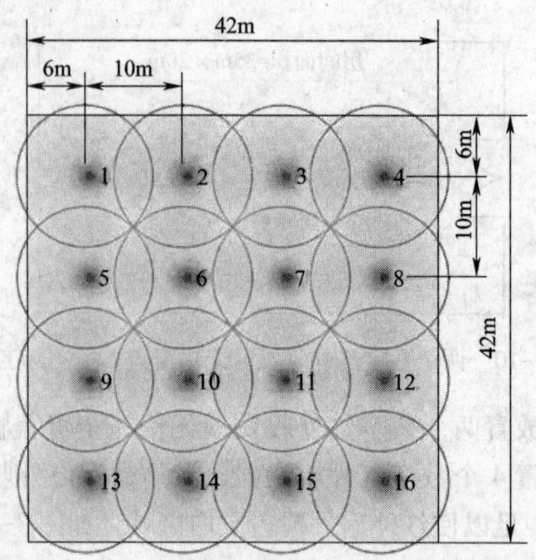

图 3—3—12　数字红外收发器规划——正方形会场

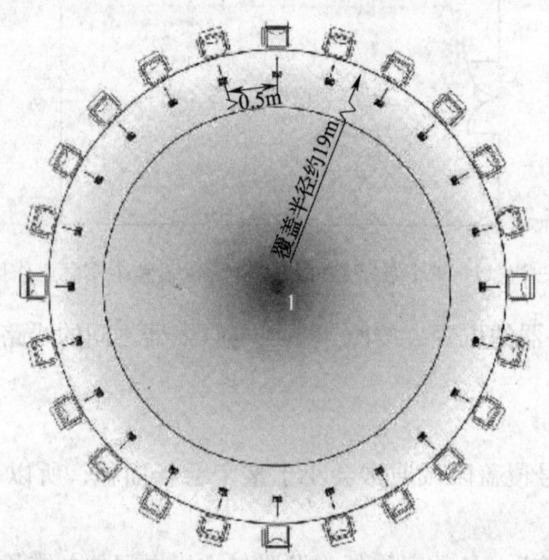

图 3—3—13　数字红外收发器规划——圆形会场

①环式规划方法。在会议单元工作的环形区域内，均匀地摆放收发器，尽量使每个会议单元同时与两个收发器通信。

图 3—3—16 所示为区域明确的环式座位摆放会场中，收发器的安装规划。

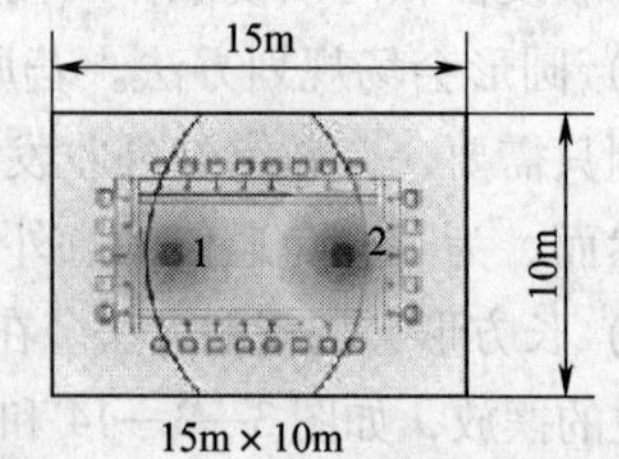

图 3—3—14　座位摆放风格决定数字红外收发器规划——环式

②议会式规划方法。在这种情况下，如果采用图 3—3—16 所示的均匀分布的数字红外收发器规划方案，红外镜安装于会议单元的前端，那后面的数字红外收发器只能与极少数的会议单元通信。为了更有效地利用覆盖面积，应将数字红外收发器尽量安装在会议单元的前方。

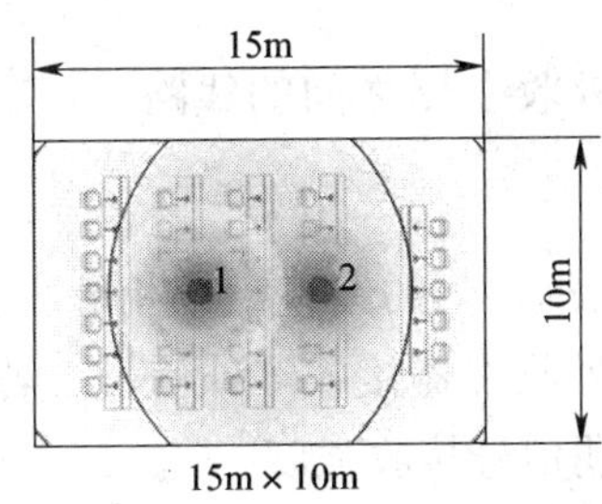

图 3—3—15　座位摆放风格决定数字红外收发器规划——议会式

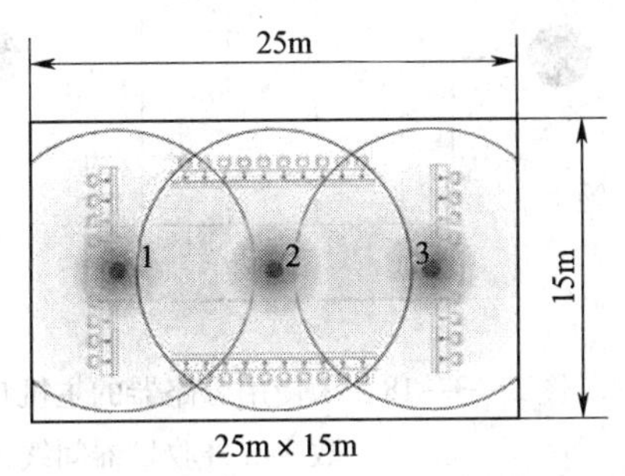

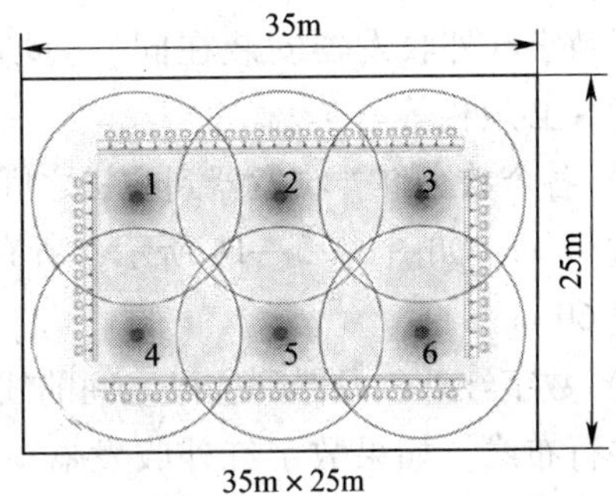

图 3—3—16　数字红外收发器规划——环式座位摆放

图 3—3—17 所示为区域明确的议会式座位摆放会场，数字红外收发器的安装规划方法。

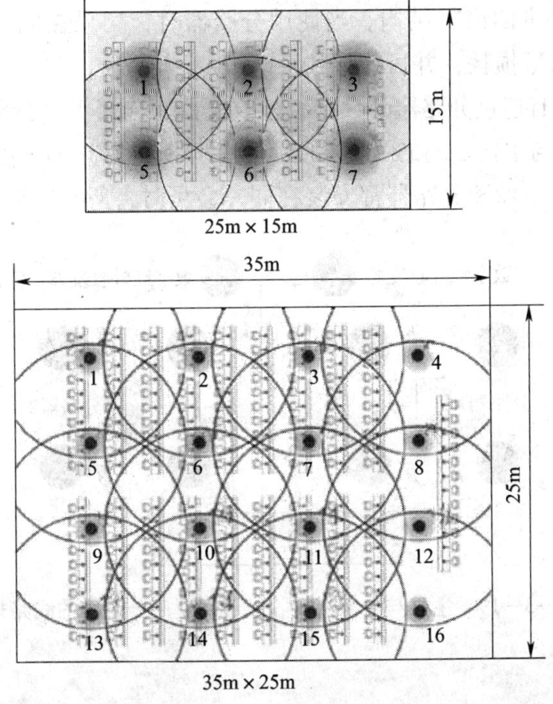

图 3—3—17　数字红外收发器规划——议会式座位摆放

2. 规划会议主机与数字红外收发器之间的线路

（1）连线原则

1）各个数字红外收发器到主机之间的线缆长度相等。如果红外信号工作区出现重叠，会议单元可从两个或多个数字红外收发器接收红外信号。若信号相位相同，则会增强信号接收强度；若相位相反，则会减弱信号接收强度。

要避免多径效应，必须保证各个数字红外收发器到主机之间的线缆长度相等。如图 3—3—18 所示，当数字红外收发器安装在同一会场时，所有电缆长度 *A* 必须相等。

2）各个数字红外收发器到主机之间的线缆长度不超过 60 m。如图 3—3—18 所示，所有电缆长度 *A* 不超过 60 m。

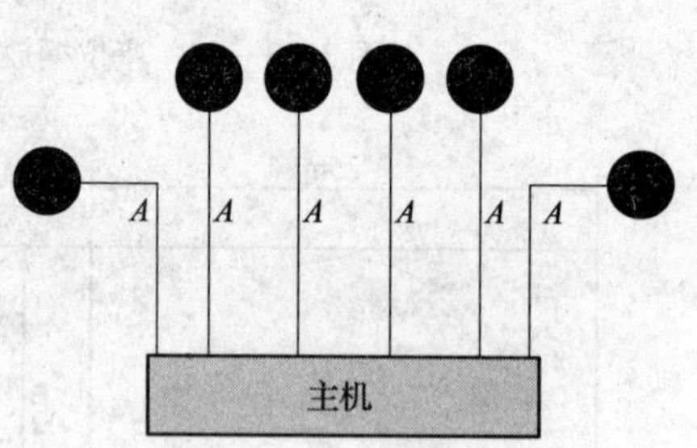

图 3—3—18　未使用分路器的主机与数字红外收发器间线缆长度均为 *A*

3）数字红外收发器到主机之间的线缆应避免与强电并行布线。如果数字红外收发器电缆与强电线缆并行布线，有可能发生串扰[①]，使数字红外收发器与主机之间的通信受到强电干扰。所以，在线路规划时，应尽量避免数字红外收发器电缆与强电线缆并行布线，以降低干扰。如果无法避免，可改用金属管进行信号屏蔽布线。

（2）分路器的使用原则

一般分路器是“一进四出”结构。当使用分路器时，切忌在同一支路中使用多个分路器，否则会增加高频信号损耗，并可能导致系统故障。

在同一系统中，没有连接分路器的数字红外收发器和连接 1 个分路器的数字红外收发器可以混合使用，但它们与主机之间的线缆长度必须相等，如图 3—3—19 和图 3—3—20 所示。

当所有数字红外收发器和分路器都安装在同一会场时，所有电缆长度 *A* 必须相等。

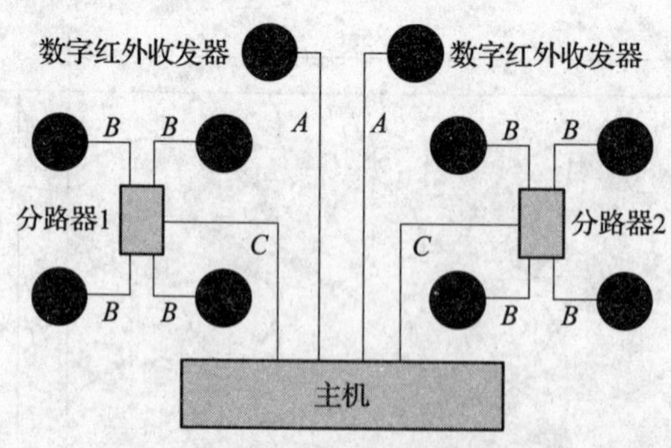

图 3—3—19　主机与数字红外收发器间使用分路器的线路规划

① 串扰（Crosstalk）是两条信号线之间的耦合、信号线之间的互感和互容引起线上的噪声。容性耦合引发耦合电流，而感性耦合引发耦合电压。

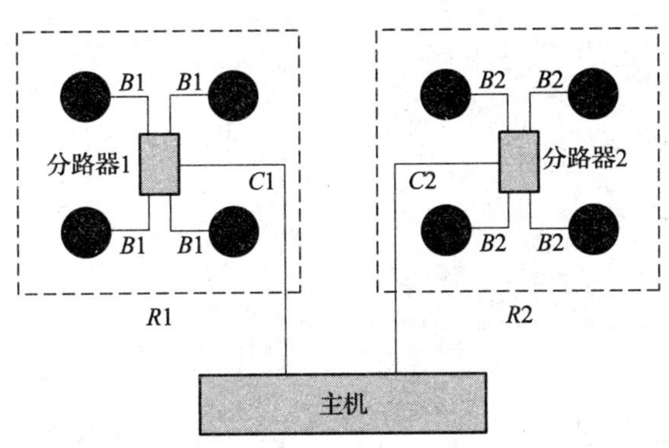

图 3—3—20　数字红外收发器位于不同房间的线路规划

在图 3—3—20 中，所有电缆长度 B 必须相等。

所有电缆长度 C 必须相等。

且 $A=B+C$。

当数字红外收发器和分路器安装于多房间时，连接至不同房间的电缆不要求长度一致。

所有的电缆长度 $B1$ 必须相等。

所有的电缆长度 $B2$ 必须相等。

$C1$ 和 $C2$ 用于不同房间，不要求 $C1=C2$。

$B1$ 和 $B2$ 用于不同房间，不要求 $B1=B2$。

注意：

以上情况同样适用于包含会议主席单元和代表单元，且在同一房间内相隔较远的两个会议系统，这样两个系统不会互相通信。

3. 安装数字红外收发器

（1）数字红外收发器吸顶式安装Ⅰ

数字红外收发器吸顶式安装Ⅰ如图 3—3—21 所示，其安装步骤如下。

步骤一：将天花板安装组件安装至数字红外收发器顶部。

步骤二：在天花板上开一个直径为 98 mm 的安装孔，该安装孔兼有散热作用。

步骤三：将数字红外收发器电缆穿过安装孔。

步骤四：将扭簧扳直，竖直塞进安装孔，直至数字红外收发器底面与天花板贴合，安装完毕。

注意：须保持安装孔不被覆盖，确保设备通风散热性能良好。

（2）数字红外收发器吸顶式安装Ⅱ

数字红外收发器吸顶式安装Ⅱ如图 3—3—22 所示，其安装步骤如下。

步骤一：根据数字红外收发器的安装位置在天花板上定位，并按照硬质天花板安装支架的圆心位置，在天花板上钻两个直径为 5 mm、深 30 mm 的孔。

步骤二：将安装胶塞打进天花板上的安装孔。

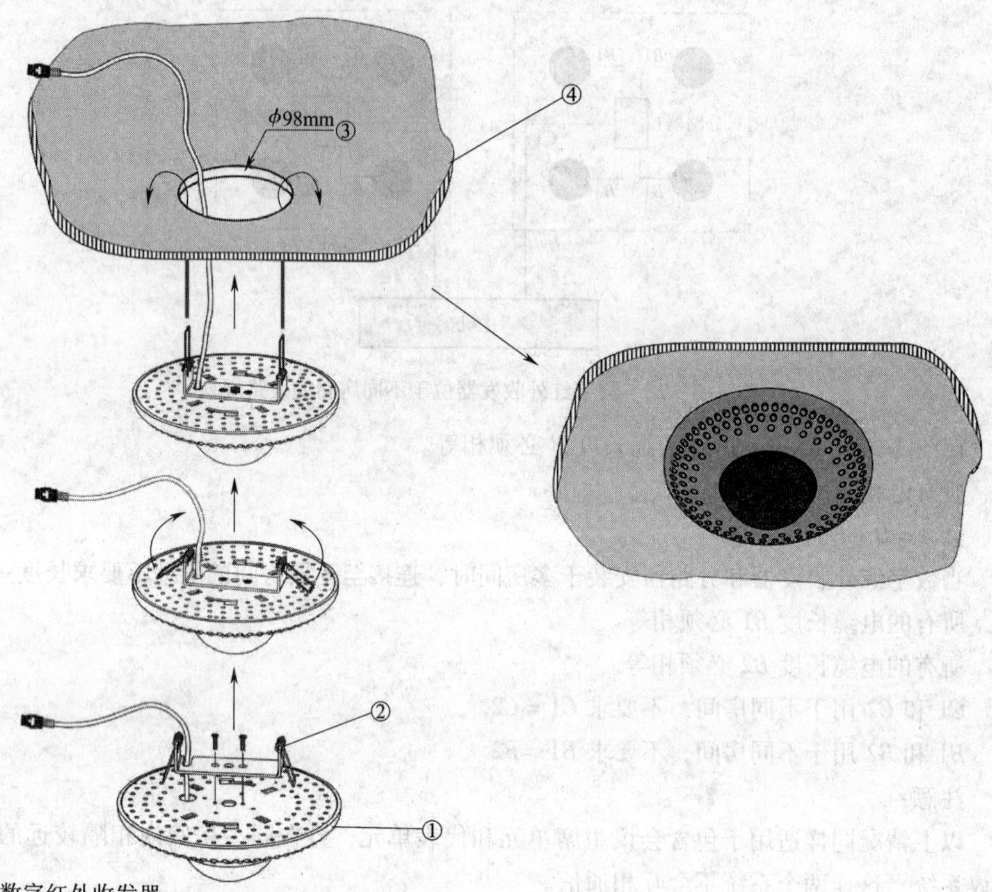

①数字红外收发器
②数字红外收发器天花板安装组件
③安装孔——天花板钻孔
④天花板

图 3—3—21　数字红外收发器吸顶式安装 I

步骤三：用 M3 螺钉将安装支架固定在天花板上。

步骤四：将数字红外收发器底端卡槽对准硬质天花安装支架卡扣扣入，并顺时针旋转卡紧。

注意：此安装方式适用于天花板厚度大于胶塞长度的情况。

（3）数字红外收发器支架式安装 I

数字红外收发器支架式安装 I 如图 3—3—23 所示，其安装步骤如下。

步骤一：将安装支架扣入收发器底部，并旋转卡紧。

步骤二：将数字红外收发器底部固定孔对准三脚支架 M10 螺栓。

步骤三：顺时针旋入，直至锁紧。

（4）数字红外收发器支架式安装Ⅱ

数字红外收发器支架式安装Ⅱ如图 3—3—24 所示，其安装步骤如下。

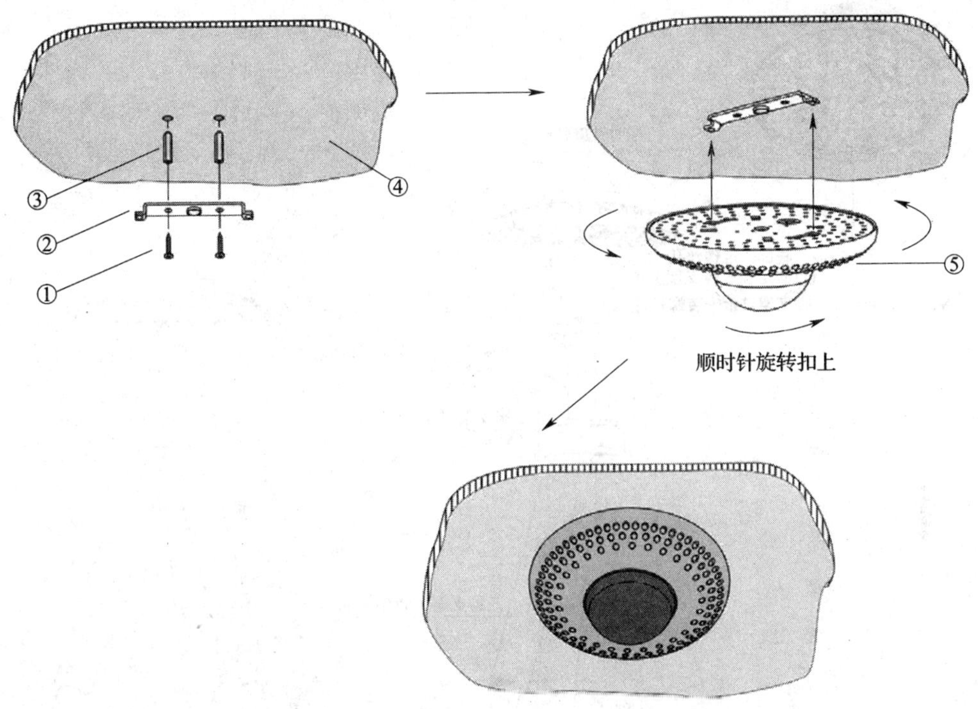

①M3螺钉
②硬质天花板安装支架
③胶塞
④硬质天花板（一般为水泥天花板）
⑤数字红外收发器

图 3—3—22　数字红外收发器吸顶式安装Ⅱ

步骤一：用 M3 螺钉将数字红外收发器固定在墙壁安装支架上。

步骤二：用 M3 螺钉将三脚架安装固定片固定在墙壁安装支架的另一端。

步骤三：将三脚架安装固定片底部固定孔对准三脚支架 M10 螺栓。

步骤四：顺时针旋入，直至锁紧。

（5）数字红外收发器挂墙式安装

数字红外收发器挂墙式安装如图 3—3—25 所示，其安装步骤如下。

步骤一：用 M3 螺钉将数字红外收发器固定在墙壁安装支架上。

步骤二：根据墙壁安装支架的安装位置在墙壁上定位，并按照安装支架固定孔的圆心位置在墙壁上钻四个直径为 5 mm、深 30 mm 的孔。

步骤三：将安装胶塞打进墙壁上的安装孔。

步骤四：用 M3 螺钉将墙壁安装支架固定在墙壁上。

注意：此安装方式适用于墙壁厚度大于胶塞长度的情况。

（6）数字红外收发器吊杆式安装

数字红外收发器吊杆式安装如图 3—3—26 所示，其安装步骤如下。

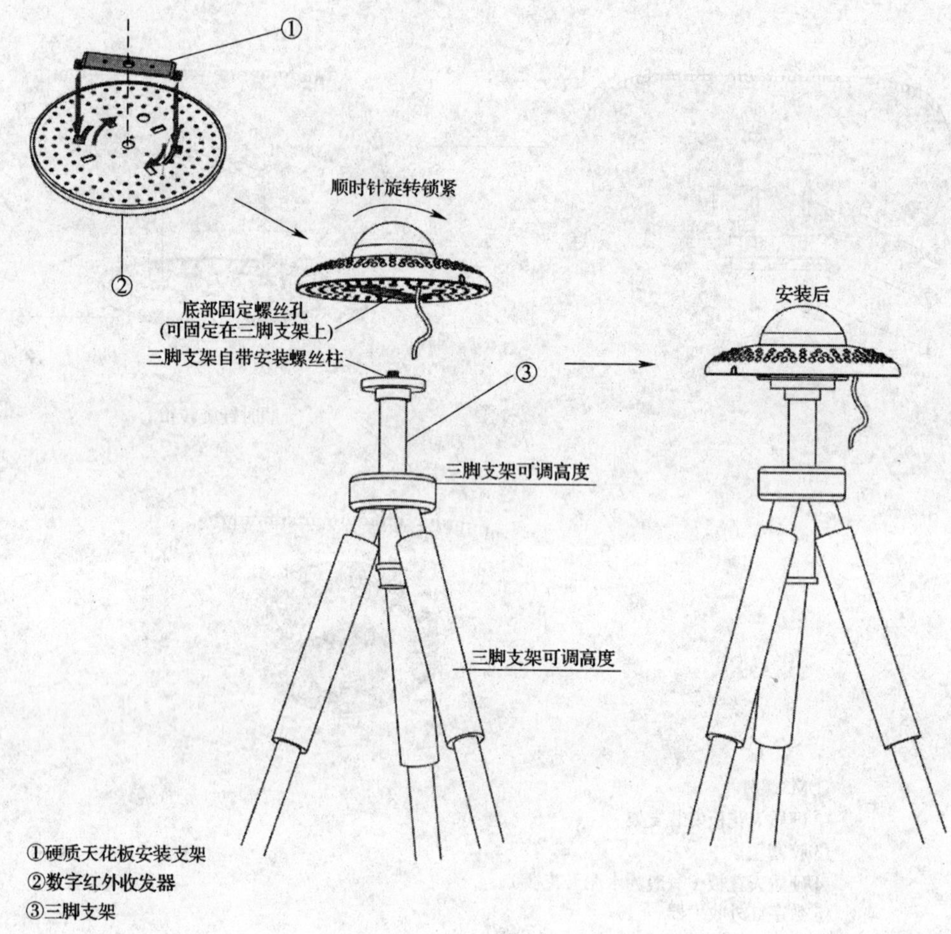

图 3—3—23 数字红外收发器支架式安装 I

步骤一：将 M6 ×60 钩形涨铆螺栓固定在硬质天花板上。

步骤二：用 M3 ×12 螺钉将数字红外收发器与吊杆固定。

步骤三：将 M4 螺钉穿过吊杆顶部圆孔，并用 M4 螺母固定。

步骤四：将吊杆挂在 M6 涨铆螺钉上，安装完毕。

注意：

此安装方式适用于硬质天花板（一般指水泥天花板），且天花板厚度大于 M6 涨铆螺栓长度的情况。

吊杆一般需要定制，其尺寸如图 3—3—27 所示。

4. 连接数字红外收发器与会议主机

如果数字红外收发器使用专用的 6 芯 100 Mbps 高速电缆连接会议主机，连接方法如图 3—3—28 所示。

如果数字红外接收器使用专用 4 芯 100 Mbps 高速电缆连接，必须配合分路器与主机连接，如图 3—3—29 所示。

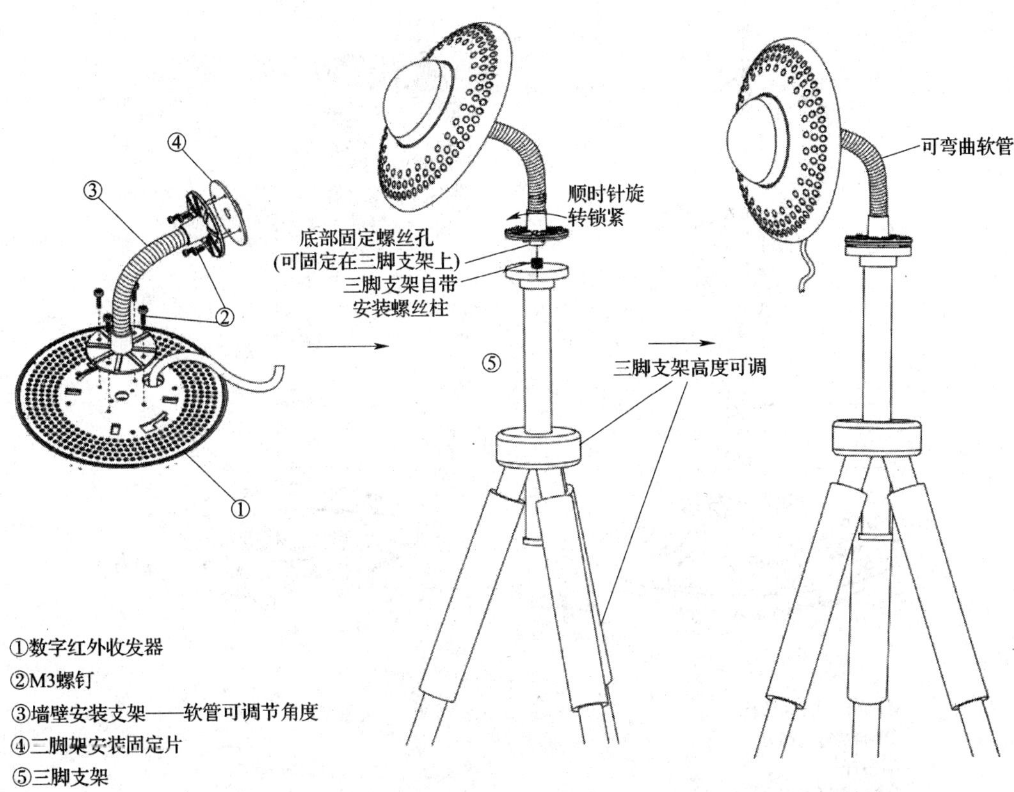

图 3—3—24　数字红外收发器支架式安装Ⅱ

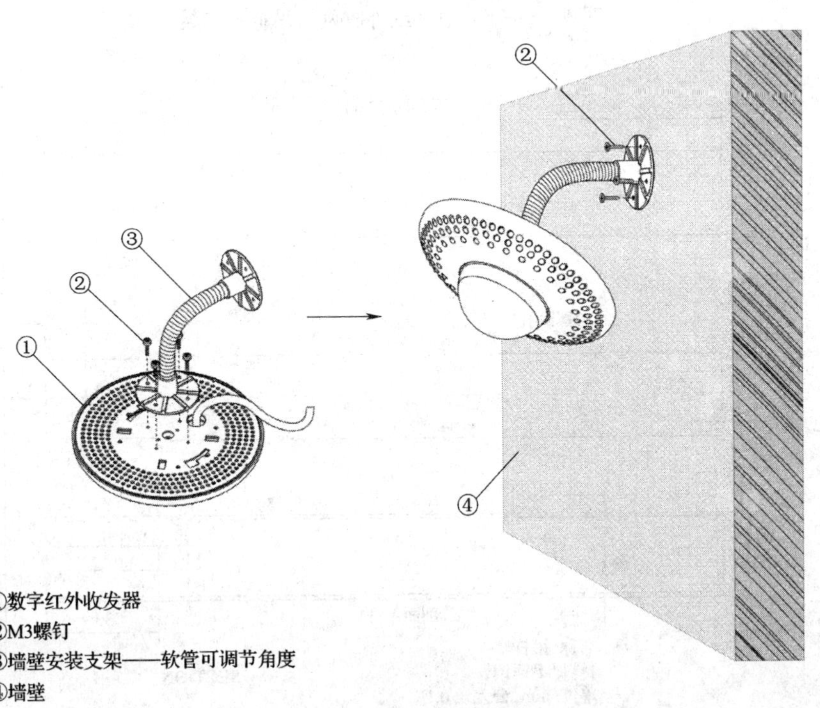

图 3—3—25　数字红外收发器挂墙式安装

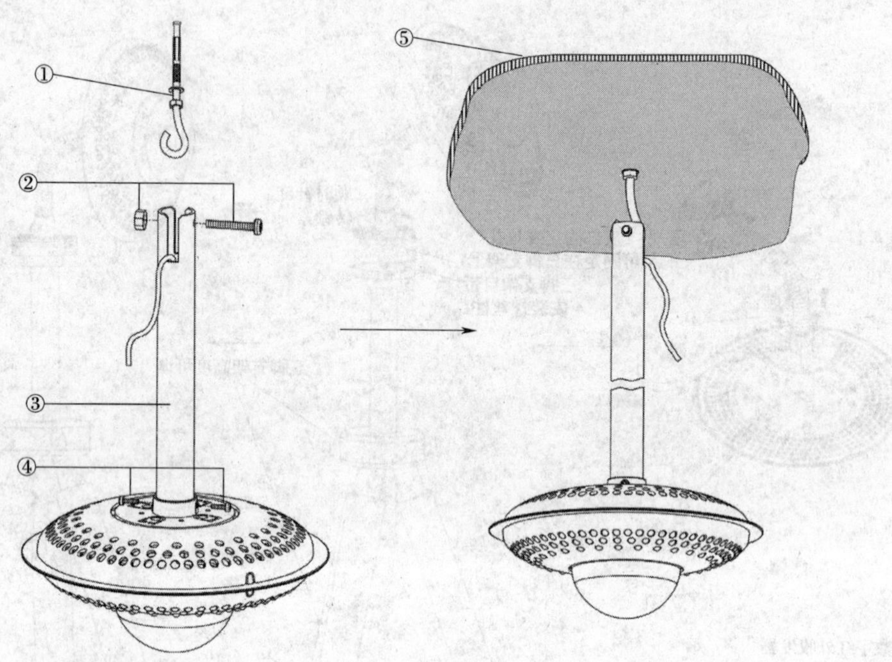

①M6钩形涨铆螺栓
②M4螺钉及螺母
③吊杆
④M3螺钉
⑤硬质天花板（一般指水泥天花板）

图 3—3—26　数字红外收发器吊杆式安装

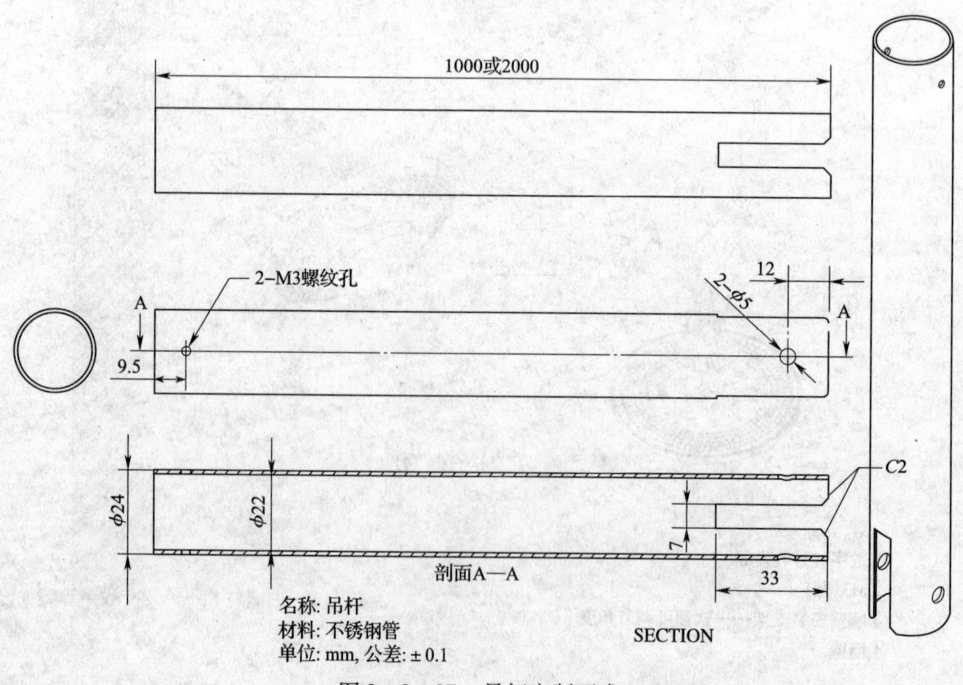

名称: 吊杆
材料: 不锈钢管
单位: mm, 公差: ± 0.1

图 3—3—27　吊杆定制要求

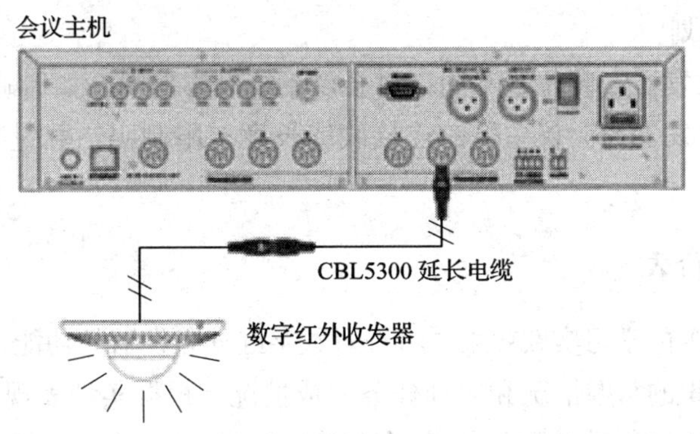

图 3—3—28　数字红外收发器使用专用 6 芯 100 Mbps 高速电缆连接会议主机

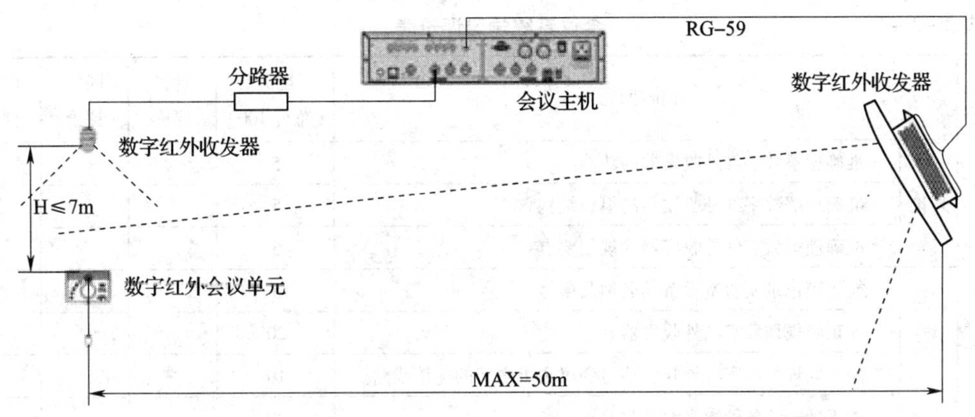

图 3—3—29　数字红外接收器使用专用 4 芯 100 Mbps 高速电缆连接会议主机

注意：

根据数字红外收发器的工作状态指示灯，确认电缆是否正确连接。当指示灯不亮时，应考虑并检查电缆是否连接或发生了短路。

5. 还原实训现场

整理清洁现场，设备系统还原。通电验收检查，填写设备使用记录，设备移交，实训结束。

总结评价

1. 主题讨论

通过本次任务，规划了数字红外收发器；规划了会议主机与收发器之间的线路；安装了各种数字红外收发器；完成了数字红外收发器与会议主机的连接。请各个小组讨论并回答下列问题：

（1）数字红外收发器有几种类型？

（2）数字红外收发器规划方案有哪几种？它们各有什么特点？若会场有立柱，如何实施数字红外收发器规划？

（3）数字红外收发器安装位置不同，对会议系统有影响吗？如何确定最佳安装位置？

（4）数字红外收发器与会议主机的连接线缆长度有限制吗？数量有限制吗？阐明具体情况。

2. 填写实训评价表

为了检验本次任务的学习实践效果，考查对数字红外收发器的功能、结构、原理、安装、连接、配置等基本知识的掌握情况和实训任务完成情况，根据实训表现和实训效果，结合口试成绩，以分值的方式进行总结评价并填写评价表 3—3—1，给出本任务完成情况的实训成绩。

表 3—3—1　　会议系统学习评价表

<table>
<tr><th>能力</th><th colspan="2">评价项目</th><th>配分
（总分 100）</th><th>自我
评价</th><th>同学
评价</th><th>教师
评价</th></tr>
<tr><td rowspan="9">职业
能力</td><td rowspan="3">理论</td><td>准确理解数字红外收发器的功能</td><td>5</td><td></td><td></td><td></td></tr>
<tr><td>准确理解数字红外收发器的组成结构</td><td>5</td><td></td><td></td><td></td></tr>
<tr><td>准确理解数字红外收发器的规划要点</td><td>5</td><td></td><td></td><td></td></tr>
<tr><td rowspan="6">实践</td><td>能正确记录实验室设备的名称及型号</td><td>5</td><td></td><td></td><td></td></tr>
<tr><td>能正确规划数字红外收发器</td><td>20</td><td></td><td></td><td></td></tr>
<tr><td>能正确规划数字红外收发器与会议主机之间的连接线路</td><td>10</td><td></td><td></td><td></td></tr>
<tr><td>能正确安装各种数字红外收发器</td><td>20</td><td></td><td></td><td></td></tr>
<tr><td>能正确连接数字红外收发器与系统主机</td><td>10</td><td></td><td></td><td></td></tr>
<tr><td>现场整理与设备移交（其中，未切断总电源扣 2 分，未移交扣 1 分，未清理扣 1 分，清理不干净扣 1 分）</td><td>5</td><td></td><td></td><td></td></tr>
<tr><td rowspan="3">通用
能力</td><td colspan="2">观察能力</td><td>5</td><td></td><td></td><td></td></tr>
<tr><td colspan="2">动手能力</td><td>5</td><td></td><td></td><td></td></tr>
<tr><td colspan="2">自我提高能力</td><td>5</td><td></td><td></td><td></td></tr>
<tr><td rowspan="2">自我
评价</td><td colspan="2" rowspan="2"></td><td>综合
评分</td><td colspan="3" rowspan="2">自己签名：</td></tr>
<tr><td></td></tr>
<tr><td rowspan="2">小组
评价</td><td colspan="2" rowspan="2"></td><td>综合
评分</td><td colspan="3" rowspan="2">组长签名：</td></tr>
<tr><td></td></tr>
<tr><td rowspan="2">教师
评价</td><td colspan="2" rowspan="2"></td><td>综合
评分</td><td colspan="3" rowspan="2">教师签名：</td></tr>
<tr><td></td></tr>
</table>

任务四 部署并配置红外无线会议单元

任务描述

1. 部署红外无线会议单元
2. 配置红外无线会议单元（代表单元）
3. 配置红外无线会议单元（主席单元）

基础知识

1. 红外无线会议单元的概念

红外无线会议单元是与会者用于参与会议的基本设备单元，按使用权限分为主席单元和代表单元。根据会议单元类型的不同，与会者可以获得不同的功能，这些功能包括收听、发言、LCD 显示、按键签到、投票表决、同声传译等。

2. 红外无线会议单元的设备类型

（1）红外无线会议主席单元（发言、表决、3 +1 通道选择器、中文面板）
（2）红外无线会议主席单元（发言、表决、3 +1 通道选择器、英文面板）
（3）红外无线会议代表单元（发言、表决、3 +1 通道选择器、中文面板）
（4）红外无线会议代表单元（发言、表决、3 +1 通道选择器、英文面板）
（5）红外无线会议代表单元（发言、3 +1 双通道选择、双话筒 ID）
（6）红外无线会议主席单元（发言）
（7）红外无线会议代表单元（发言）
（8）红外无线麦克风
（9）便携式数字红外发送器

3. 红外无线会议单元功能

红外无线会议单元各部分的功能如图 3—4—1 所示。

①红外信号收发端

嵌于会议单元面板前端，用于收发红外信号。

②充电指示灯

③充电饱和指示灯

④LCD 显示屏

显示通道号、语种名称、信号图标、电池电量及发射角度。

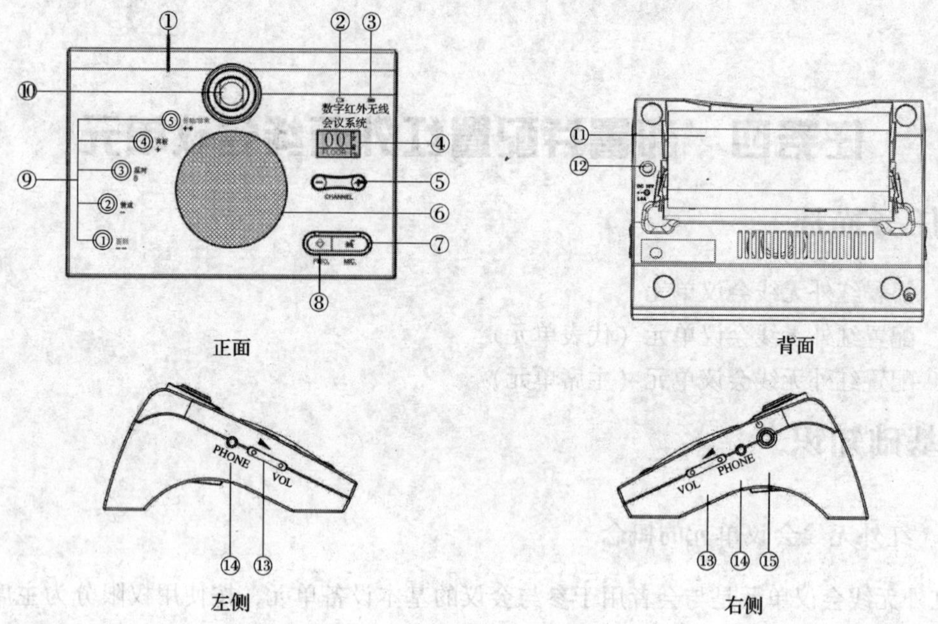

图 3—4—1　红外无线会议单元

⑤同声传译通道选择按键

使用时须插上耳机。

⑥内置扬声器一只输出原音通道语音，其音量由主机或应用软件调节。话筒开启时，此扬声器会自动静音抑制啸叫。

⑦话筒开关键

周围有指示灯。

主席单元：话筒开启数量小于 4，按下此键可直接开关话筒。

代表单元：在“OVERRIDE”模式下，按下此键可开启/关闭话筒；在“OPEN”模式下，当开启代表单元数量未达到开机数量时，按下此键可开启/关闭话筒。

⑧优先权键——主席单元

如果主机的主席优先权模式设置为“全部静音”，则按下此键会将所有开启的会议单元暂时静音，松开按键后，被静音的代表单元恢复开启状态。

如果主机的主席优先权模式设置为“全部关闭”，则按下此键会将所有开启的会议单元关闭。

如果主席单元话筒未开启，按下此键会同时将主席单元话筒开启，松开按键主席单元话筒关闭。

如果主机“铃声”设置为开，则按下此键的同时会发出琴声提示。

⑨多功能按键

数量 5 个，周围有指示灯。

签到/候选 1/响应 -- 按键（“ATTEND/1/ --”）。当系统进入按键签到状态时，指示灯闪烁，按下此键表示签到；当系统进入投票表决状态选举/调查方式时，指示灯闪烁，按

下此键表示选择 1 号候选人；当系统进入投票表决状态响应/评议方式时，指示灯闪烁，按下此键表示对议案的评价为 0 分（“－－”）。

赞成/候选 2/响应－按键（“YES/2/－”）。当系统进入投票表决状态表决方式时，指示灯闪烁，按下此键表示对议案投赞成票；当系统进入投票表决状态选举/调查方式时，指示灯闪烁，按下此键表示选择 2 号候选人；当系统进入投票表决状态响应/评议方式时，指示灯闪烁，按下此键表示对议案的评价为 25 分（“－”）。

反对/候选 3/响应 0 按键（“NO/3/0”）。当系统进入投票表决状态表决方式时，指示灯闪烁，按下此按键表示对议案投反对票；当系统进入投票表决状态选举/调查方式时，指示灯闪烁，按下此键表示选择 3 号候选人；当系统进入投票表决状态响应/评议方式时，指示灯闪烁，按下此键表示对议案的评价为 50 分（“0”）。

弃权/候选 4/响应＋按键（“ABSTAIN/4/＋”）。当系统进入投票表决状态表决方式时，指示灯闪烁，按下此按键表示对议案投弃权票；当系统进入投票表决状态选举/调查方式时，指示灯闪烁，按下此键表示选择 4 号候选人；当系统进入投票表决状态响应/评议方式时，指示灯闪烁，按下此键表示对议案的评价为 75 分（“＋”）。

开始/结束/候选 5/响应＋＋按键（“START/STOP/5/＋＋”）。当系统进入投票表决状态选举/调查方式时，指示灯闪烁，按下此键表示选择 5 号候选人；当系统进入投票表决状态响应/评议方式时，指示灯闪烁，按下此键表示对议案的评价为 100 分（“＋＋”）。

对于主席单元，如果连接了计算机且应用软件设定表决控制方式为主席控制，在应用软件的表决界面按下“开始表决”进入表决过程后，主席单元上该按键指示灯会闪烁，按下此按键系统即进入投票表决状态；当主席表决后，指示灯会再次闪烁，在确认所有代表都已表决后，主席按下此按键可结束表决过程，计算机将对议案结果进行统计。

⑩可拆卸式话筒插口

⑪锂电池安装位置

⑫电源适配器接口

⑬耳机音量调节按钮

⑭耳机插口

ϕ3. 5 mm 立体声耳机插孔。

⑮电源开关

注意：

请勿放置任何物体阻止红外线到达会议单元，否则将导致信号传输中断。

4. 便携式数字红外发送器功能

便携式数字红外发送器是利用红外光作为载波发送音视频数据的设备，它与便携式数字红外无线麦克风结合在一起使用，其主要功能如图 3—4—2 所示。图中，①电源开关；②通道选择按钮；③数字红外无线耳麦接口；④电源指示灯；⑤双色充电指示灯（蓝色：充电饱和；红色：充电中）；⑥通道占用指示灯；⑦充电触点；⑧便携式卡扣；⑨电池后盖。

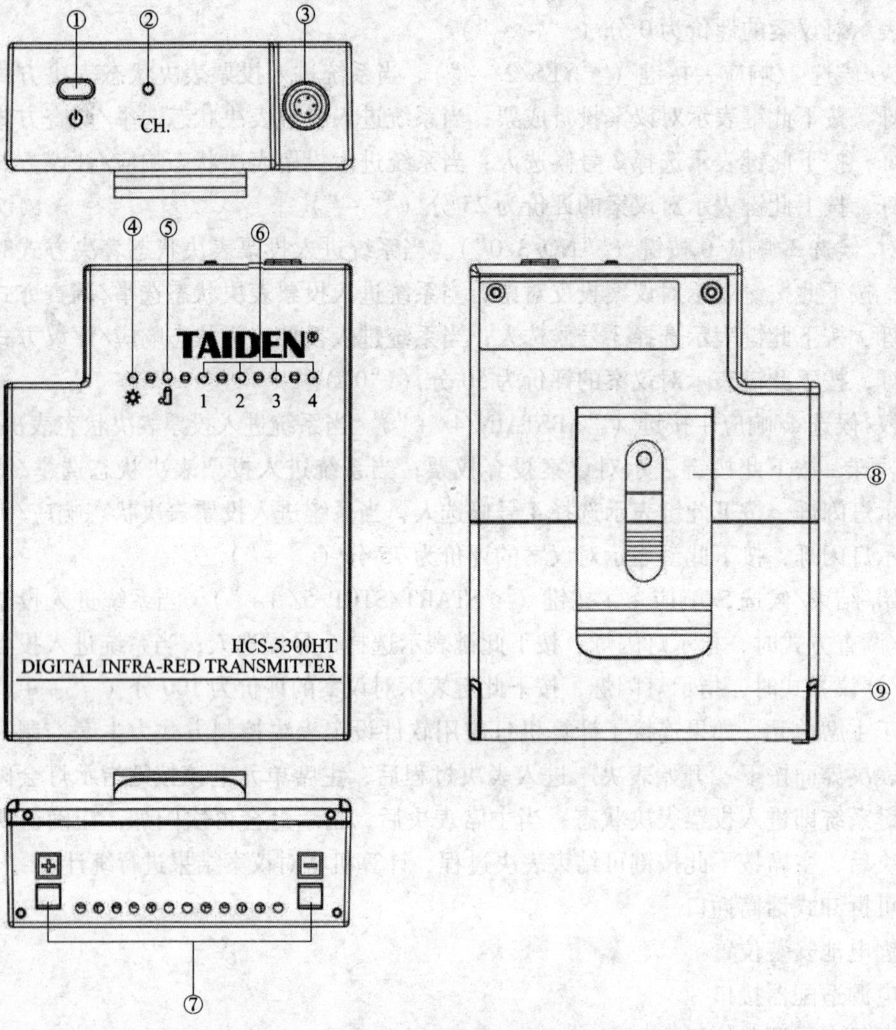

图 3—4—2　便携式数字红外发送器

任务实施

1. 部署红外无线会议单元

红外线是一种具有方向性的不可见光线，红外无线会议单元正对着收发器时灵敏度最佳。为最大程度上达到最佳收发信号效果，红外无线会议单元将红外镜嵌于面板前端，保证较大的接收角度。

另外，根据收发器安装位置选择“垂直”“水平”或“全角度（垂直 + 水平）”工作区（红外无线发送器 + 红外无线麦克风信号覆盖区），如图 3—4—3 所示，以保证最有效地收发红外信号，避免造成不必要的电量损耗。

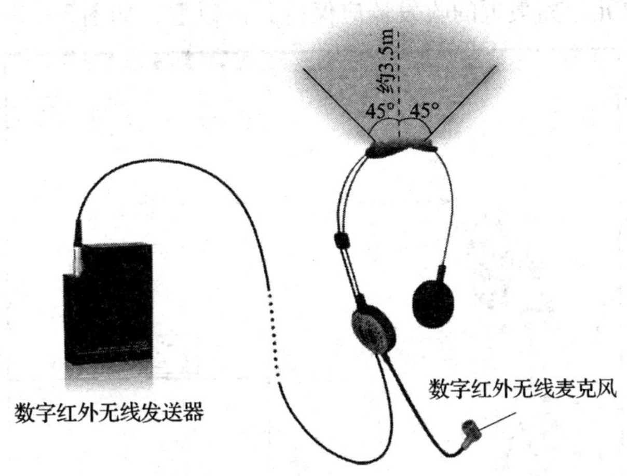

图 3—4—3　数字红外收发器工作区

在使用过程中，须确保红外无线会议单元的红外信号收发端不会受到阳光直射，否则接收信号可能中断，所以，在窗前应悬挂窗帘，避免阳光直射会议单元。如图 3—4—4 所示。

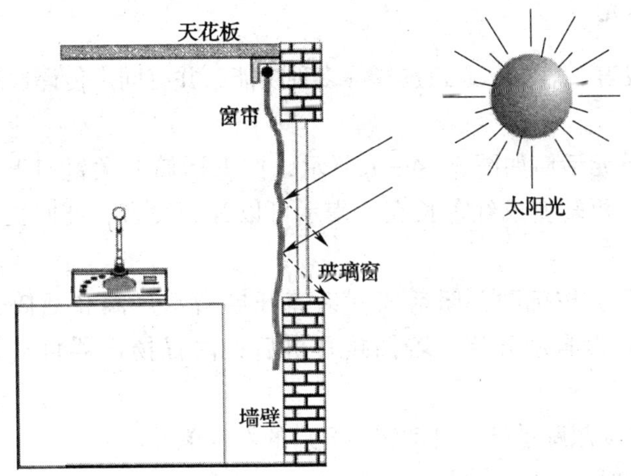

图 3—4—4　挂上窗帘避免会议单元受阳光直射

相邻的会议单元间距至少 0.5 m，相对的会议单元间距至少 0.8 m，如图 3—4—5 所示。

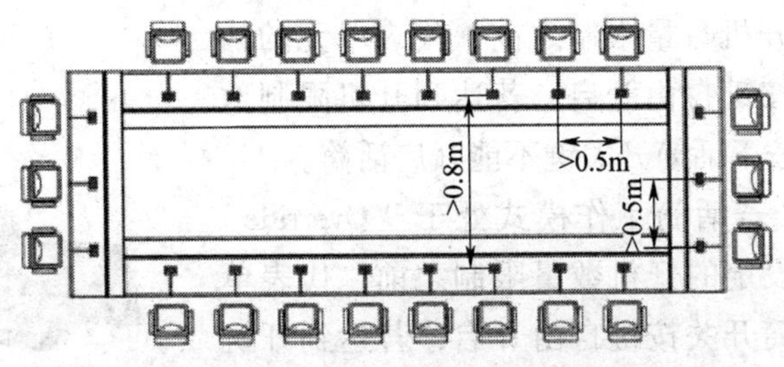

图 3—4—5　红外无线会议单元间距

红外无线会议单元距离最近的收发器应保持 2 m 以上，如图 3—4—6 所示。

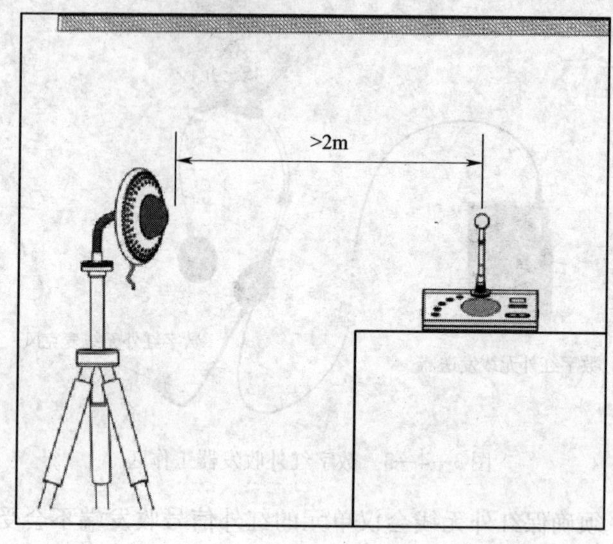

图 3—4—6　红外无线会议单元与收发器间距

2. 配置代表单元

代表单元具有发言、表决、通道选择等多种功能，并有同声传译通道号显示功能。

（1）开/关话筒

红外无线会议单元话筒如图 3—4—7 所示，按下话筒开关键打开话筒时，话筒开启指示灯圈先亮蓝色，再转变成红色长亮，表示可以开始发言，此时内置扬声器会自动关闭。

再按一下话筒开关按键则关闭话筒，话筒开启指示灯圈和话筒开关按键指示灯熄灭，结束发言，扬声器自动开启。若插接耳机后，内置扬声器自动关闭，直到拔出耳机为止。

连接的摄像机自动跟踪系统会自动转向开启的发言单元。

（2）两种发言方式

代表单元的发言方式取决于红外无线会议系统主机设定的话筒工作模式。

1）“Open”。若话筒工作模式处于“Open”时，在没有达到主机设定的开机数量限制之前，代表单元的话筒可以通过话筒开关按键自由开启；若达到开机限制数量，下一个代表单元按下话筒开关键不能开启话筒。

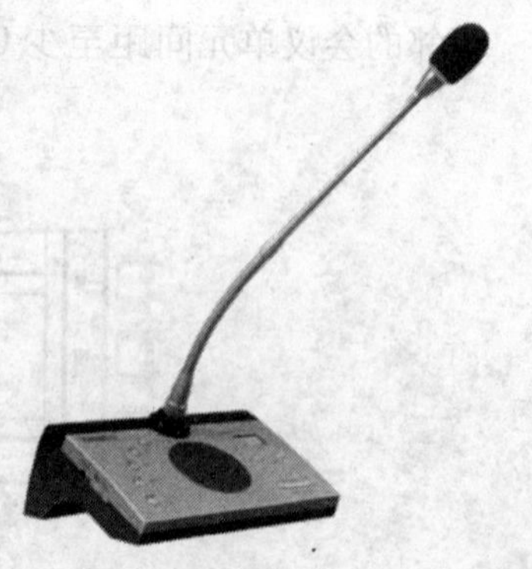
图 3—4—7　红外无线会议单元话筒

2）“Override”。若话筒工作模式处于“Override”时，在没有达到主机设定的开机数量限制之前，代表单元的话筒可以通过话筒开关按键自由开启；若达到开机限制数量，下一个代表单元按下话筒开关键打开话筒时，

会自动将最先开启的代表单元的话筒关闭。

（3）表决

一般由应用软件控制表决开始。

代表单元候选选项对应按键指示灯开始闪烁，代表按下相应的按键就可以进行投票。

对于“第一次按键有效”的议案，代表只能进行一次按键表决。代表表决后，其所在单元的所有表决指示灯熄灭。

对于“最后一次按键有效”的议案，代表可以进行多次表决，代表按一次表决按键后，其所选择的按键指示灯恒亮，而所有其他按键指示灯熄灭，约 1 s 后，候选选项对应按键指示灯继续闪烁，代表可以重新表决。表决结果以代表最后一次按键的结果为准。

（4）通道选择

会议主机连接翻译单元或外部音频输入，具备同声传译功能，同时通道选择功能被激活。要使用通道选择功能，必须在具备通道选择功能的单元上插接耳机，用通道选择键选择语种。

当耳机拔出后，会议单元自动切换到原音通道。

（5）红外工作角度选择

根据收发器安装位置选择“垂直”“水平”或“全角度”工作区，保证最有效地收发红外信号。其操作步骤如下：

1）同时按下单元同声传译通道按键（“CHANNEL -”）及右侧音量（“VOL -”）按键进入选择界面。

2）通过同声传译通道选择键（“CHANNEL +”或“CHANNEL -”）选择红外工作范围为“垂直”“水平”或“全角度”。

3）按“VOL -”或“VOL +”确认选择并退出菜单。

（6）LCD 显示

1）开机界面。代表单元上电显示开机界面，包括分机型号、版本号、ID、电池电量、发射角度，如图 3—4—8 所示。

图 3—4—8　开机界面

2）通道及语种名称显示界面。开机界面之后进入原音通道显示界面，包括通道号、语种、信号图标、电池电量、发射角度，如图 3—4—9 所示。

图 3—4—9　通道与语种

如果主机使用了同声传译功能，插上耳机，可通过 LCD 屏下方的通道选择按键选择所要收听的语言通道。对应的通道号及语种名称会显示在 LCD 屏上。

3）3 键表决结果显示界面。由应用软件控制的 3 键表决，当控制软件选择显示表决结果时，代表单元 LCD 屏显示相应表决结果，如图 3—4—10 所示。

4）红外工作角度选择界面。红外工作角度选择界面如图3—4—11所示。

(7) 按键签到

签到功能需要控制软件支持，当系统进入按键签到状态时，代表单元上的“签到”指示灯闪烁，按下签到按键，指示灯灭，表示代表单元已确认签到。

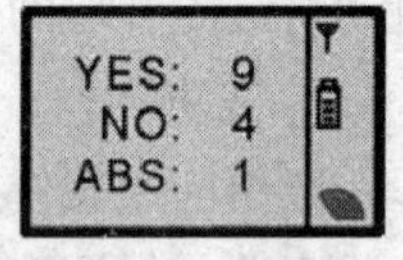

图 3—4—10 表决结果

(8) 音量调节

代表单元的内置扬声器音量通过主机的扬声器音量旋钮调节。

代表单元机身侧面的耳机音量调节旋钮，可调节耳机的音量大小，当插上耳机后，内置扬声器自动关闭。

图 3—4—11 红外工作角度选择

3. 配置主席单元

主席单元除具有代表单元的全部功能外，还具有优先权功能。

会议进行时，如果主机设置的主席优先权模式为“全部静音”，则主席按下优先权按键，会将所有开启的会议单元暂时静音，松开按键后，被静音的会议单元恢复开启状态。

如果主机设置的主席优先权模式为“全部关闭”，则主席按下优先权按键，会将所有开启的会议单元关闭。

注意：

当系统中使用了两个以上的主席单元，其中一台主席单元正在优先发言时，另一台主席单元的优先权按键会被屏蔽。

4. 还原实训现场

整理清洁现场，设备系统还原。通电验收检查，填写设备使用记录，设备移交，实训结束。

总结评价

1. 主题讨论

通过本次任务，部署了红外无线会议单元；配置了红外无线会议单元中代表单元和主席单元。请各个小组讨论并回答下列问题：

(1) 部署红外无线会议单元有哪些要点？

(2) 配置红外无线会议单元有哪些操作？代表单元与主席单元有什么不同？

2. 填写实训评价表

为了检验本次任务的学习实践效果，考查对红外无线会议单元的功能、结构、原理、部署、配置等基本知识的掌握情况和实训任务完成情况，根据实训表现和实训效果，结合口试成绩，以分值的方式进行总结评价并填写评价表3—4—1，给出本任务完成情况的实训成绩。

表3—4—1　　会议系统学习评价表

能力		评价项目	配分（总分100）	自我评价	同学评价	教师评价
职业能力	理论	准确理解红外无线会议单元的概念	5			
		准确理解红外无线会议单元的设备类型	5			
		准确理解红外无线会议单元的功能	5			
	实践	能正确记录实验室设备的名称及型号	5			
		能正确部署红外无线会议单元	20			
		能正确配置代表单元	10			
		能正确配置主席单元	10			
		能正确分析故障现象，诊断故障原因并处理故障	20			
		现场整理与设备移交（其中，未切断总电源扣2分，未移交扣1分，未清理扣1分，清理不干净扣1分）	5			
通用能力	观察能力		5			
	动手能力		5			
	自我提高能力		5			
自我评价			综合评分	自己签名：		
小组评价			综合评分	组长签名：		
教师评价			综合评分	教师签名：		

任务五　拆分与合并红外无线会议室

任务描述

1. 连接红外多会议室控制器
2. 配置红外多会议室控制器

基础知识

1. 拆分与合并会议室的必要性

在会议系统应用过程中，经常会遇到会议室的合并与拆分情况，比如开大会时需要合并会议室，分组讨论时需要拆分会议室。要想实现多个会议室任意拆分与合并，须使用多会议室控制器。

2. 红外多会议室控制器的功能及指示

要应用数字红外多会议室控制器，必须先了解其结构和各部分的功能，如图3—5—1所示。

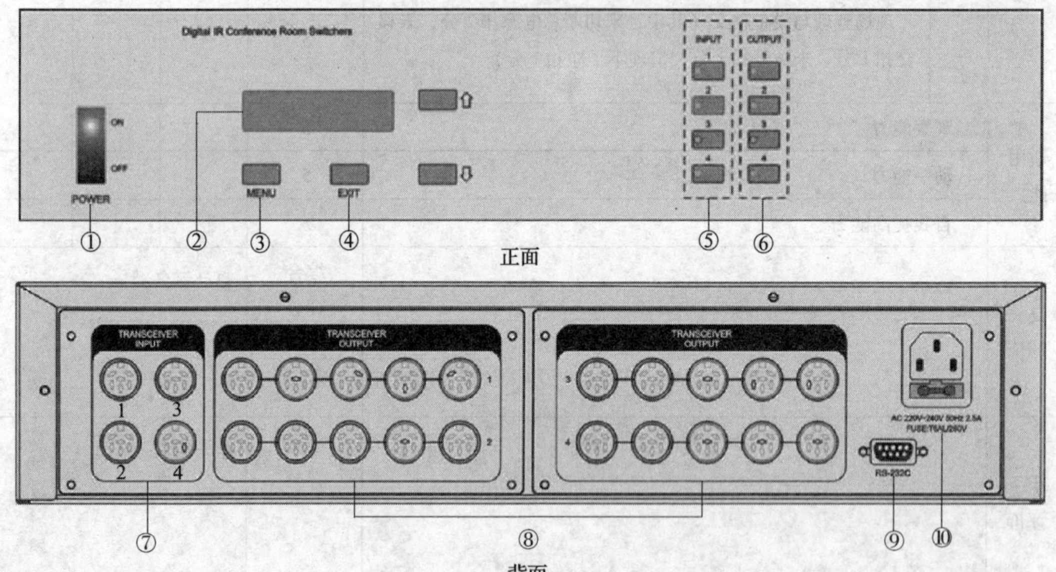

图3—5—1　数字红外多会议室控制器

①电源开关　②分辨率为256像素×32像素LCD显示屏　③“MENU”按键　显示版本信息。　④“EXIT”键　显示输入输出通道状态。　⑤输入通道选择键及指示灯（1~4）　⑥输出通道组选择键及指示灯（1~4）　⑦输入通道（1~4）　连接红外无线会议系统主机。　⑧输出通道组（1~4组，每组包含5个通道）　可连接20台数字红外收发器。　⑨RS-232C连接串口　用于连接中控系统，实现集中控制。　⑩电源插座

任务实施

1. 连接

多会议室控制器使用 CBL6PS 线缆将多个会议室任意拆分与合并。一台多会议室控制器最多可将 4 个会议室合并为一个会议室或将一个会议室拆分为 4 个会议室，如图 3—5—2 所示。

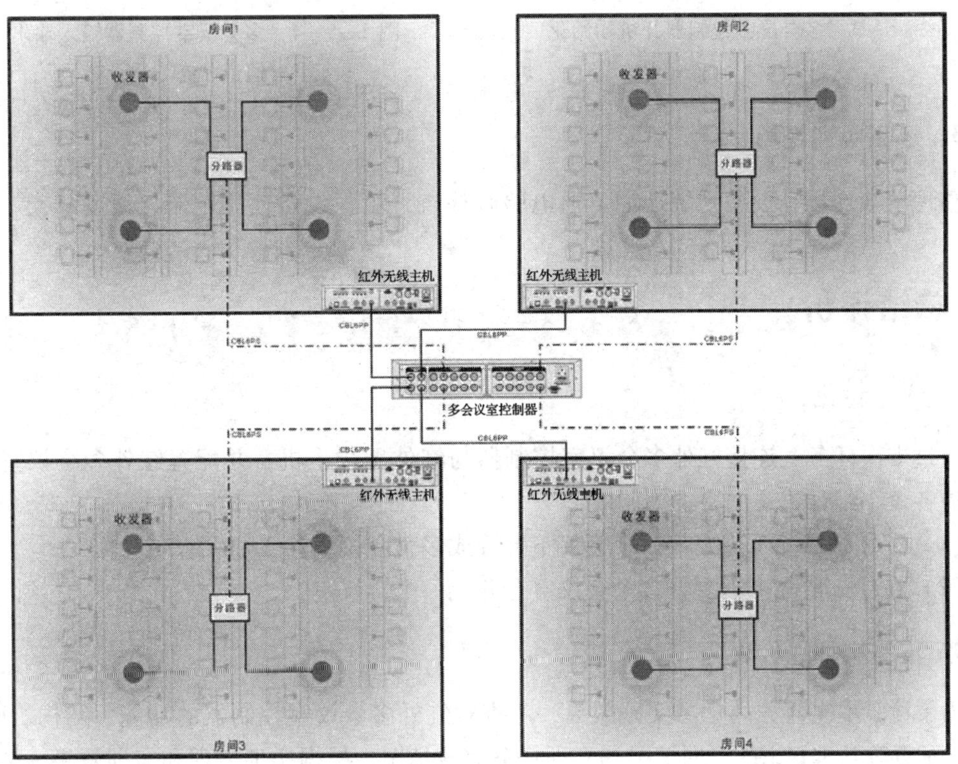

图 3—5—2　多会议室控制器拆分与合并多个会议室（示意图）

2. 设置

开启电源开关，数字红外多会议室控制器进行开机初始化，如图 3—5—3 所示。

初始化完毕，进入多会议室控制器输入输出通道状态显示界面，如图 3—5—4 所示。

在此界面下，通过前面板按键可进行以下操作：

按“MENU”键显示当前控制器版本号。

按“EXIT”键返回输入输出通道状态显示界面。

按通道选择键进行输入输出通道矩阵切换。

按“INPUT 1…4”输入通道选择键，选择要切换的输入通道，对应通道指示灯亮起。

按“OUTPUT 1…4”输出通道组选择键，将已选定的输入通道信号切换到指定的输出通道组上，对应输出通道组指示灯亮起。再次按下可取消选择。“×”表示对应的输出通道组无输出，对应输出通道组指示灯熄灭。

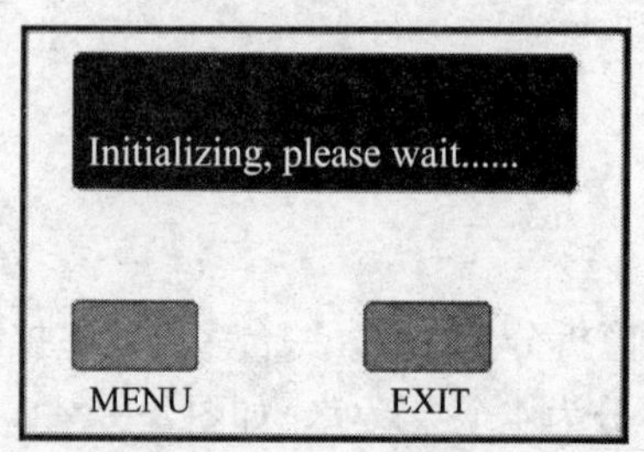

图 3—5—3　多会议室控制器开机初始化

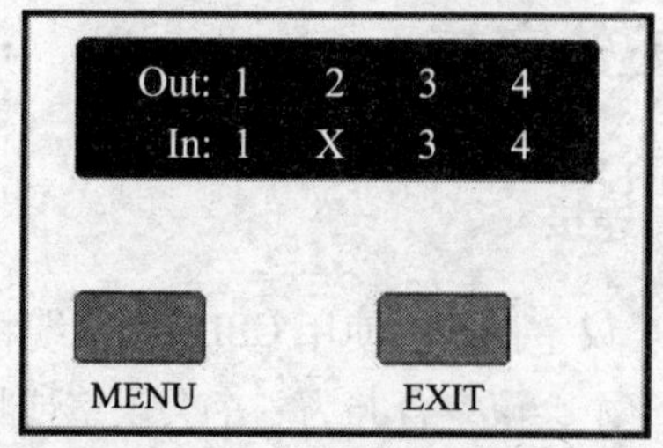

图 3—5—4　多会议室控制器输入输出通道状态

3. 还原实训现场

整理清洁现场，设备系统还原。通电验收检查，填写设备使用记录，设备移交，实训结束。

总结评价

1. 主题讨论

通过本次任务，连接红外多会议室控制器与红外无线主机，并配置红外多会议室控制器。请各个小组讨论并回答下列问题：

（1）在什么情况下需要将一个会议室拆分成多个会议室？

（2）在什么情况下需要将多个会议室合并成一个会议室？

2. 填写实训评价表

为了检验本次任务的学习实践效果，考查对红外多会议室控制器的功能、结构、原理、连接、配置等基本知识的掌握情况和实训任务完成情况，根据实训表现和实训效果，结合口试成绩，以分值的方式进行总结评价并填写评价表 3—5—1，给出本任务完成情况的实训成绩。

表 3—5—1　会议系统学习评价表

能力	评价项目		配分（总分 100）	自我评价	同学评价	教师评价
职业能力	理论	准确理解红外无线会议室拆分与合并的必要性	5			
		准确理解红外多会议室控制器的组成结构	5			
		准确理解红外无线会议单元的功能	5			
	实践	能正确记录实验室设备的名称及型号	5			
		能正确连接红外多会议室控制器	20			
		能正确配置红外多会议室控制器	20			
		能正确分析故障现象，诊断故障原因并处理故障	20			
		现场整理与设备移交（其中，未切断总电源扣 2 分，未移交扣 1 分，未清理扣 1 分，清理不干净扣 1 分）	5			

续表

<table>
<tr><th>能力</th><th>评价项目</th><th>配分
（总分 100）</th><th>自我
评价</th><th>同学
评价</th><th>教师
评价</th></tr>
<tr><td rowspan="3">通用
能力</td><td>观察能力</td><td>5</td><td></td><td></td><td></td></tr>
<tr><td>动手能力</td><td>5</td><td></td><td></td><td></td></tr>
<tr><td>自我提高能力</td><td>5</td><td></td><td></td><td></td></tr>
<tr><td rowspan="2">自我
评价</td><td rowspan="2"></td><td>综合
评分</td><td colspan="3" rowspan="2">自己签名：</td></tr>
<tr><td></td></tr>
<tr><td rowspan="2">小组
评价</td><td rowspan="2"></td><td>综合
评分</td><td colspan="3" rowspan="2">组长签名：</td></tr>
<tr><td></td></tr>
<tr><td rowspan="2">教师
评价</td><td rowspan="2"></td><td>综合
评分</td><td colspan="3" rowspan="2">教师签名：</td></tr>
<tr><td></td></tr>
</table>